高等学校计算机课程规划教材

软件性能测试
——基于LoadRunner应用

魏娜娣 李文斌 裴军霞 编著

清华大学出版社
北京

内 容 简 介

本教材主要结合主流的性能测试工具 LoadRunner 9.5 及性能测试真实流程全面开展讲解，并贯穿项目实例和同步训练来进一步巩固知识点，主要内容包括性能测试基本理论、性能测试需求分析、性能测试用例及场景设计、LoadRunner 工具具体使用、性能测试案例实战、LoadRunner 脚本开发等。本书还汇总了常见性能测试面试题目及认证考试题目，以便读者通过学习能够体会性能测试项目完整的工作过程，真正跨入性能测试领域的大门。

本书内容全面、层次清晰、难易适中，所采用的工具和项目同企业实际情况紧密结合，并且本书讲练结合，使读者更好地理解和掌握各款工具的使用，在实际工作中能够灵活有效地开展自动化测试。

本书可作为高等院校、示范性软件学院、高职高专院校的计算机相关课程和软件工程专业的教材，也可作为各大软件培训机构的培训教程，同时也可供从事软件开发及测试工作的人员以及对软件测试有兴趣的读者参考与学习。

本书封面贴有清华大学出版社防伪标签，无标签者不得销售。
版权所有，侵权必究。举报：010-62782989，beiqinquan@tup.tsinghua.edu.cn。

图书在版编目(CIP)数据

软件性能测试：基于 LoadRunner 应用/魏娜娣，李文斌，裴军霞编著．—北京：清华大学出版社，2012.2（2020.12重印）
（高等学校计算机课程规划教材）
ISBN 978-7-302-27227-4

Ⅰ．①软…　Ⅱ．①魏…②李…③裴…　Ⅲ．①性能试验－软件工具，LoadRunner－高等学校－教材　Ⅳ．①TP311.56

中国版本图书馆 CIP 数据核字(2011)第 225654 号

责任编辑：汪汉友
封面设计：傅瑞学
责任校对：时翠兰
责任印制：吴佳雯

出版发行：清华大学出版社
　　网　　址：http://www.tup.com.cn, http://www.wqbook.com
　　地　　址：北京清华大学学研大厦 A 座　　邮　编：100084
　　社 总 机：010-62770175　　邮　购：010-83470235
　　投稿与读者服务：010-62776969，c-service@tup.tsinghua.edu.cn
　　质量反馈：010-62772015，zhiliang@tup.tsinghua.edu.cn
　　课件下载：http://www.tup.com.cn, 010-83470236
印 装 者：三河市龙大印装有限公司
经　　销：全国新华书店
开　　本：185mm×260mm　　印　张：19.5　　字　数：476 千字
版　　次：2012 年 7 月第 1 版　　印　次：2020 年 12 月第 9 次印刷
定　　价：59.00 元

产品编号：042347-03

出版说明

信息时代早已显现其诱人魅力,当前几乎每个人随身都携有多个媒体、信息和通信设备,享受其带来的快乐和便宜。

我国高等教育早已进入大众化教育时代,而且计算机技术发展很快,知识更新速度也在快速增长,社会对计算机专业学生的专业能力要求也在不断翻新,这就使得我国目前的计算机教育面临严峻挑战。我们必须更新教育观念——弱化知识培养目的,强化对学生兴趣的培养,加强培养学生理论学习、快速学习的能力,强调培养学生的实践能力、动手能力、研究能力和创新能力。

教育观念的更新,必然伴随教材的更新。一流的计算机人才需要一流的名师指导,而一流的名师需要精品教材的辅助,而精品教材也将有助于催生更多一流名师。名师们在长期的一线教学改革实践中,总结出了一整套面向学生的独特的教法、经验、教学内容等。本套丛书的目的就是推广他们的经验,并促使广大教育工作者更新教育观念。

在教育部相关教学指导委员会专家的帮助和指导下,在各大学计算机院系领导的协助下,清华大学出版社规划并出版了本系列教材,以满足计算机课程群建设和课程教学的需要,并将各重点大学的优势专业学科的教育优势充分发挥出来。

本系列教材行文注重趣味性,立足课程改革和教材创新,广纳全国高校计算机优秀一线专业名师参与,从中精选出佳作予以出版。

本系列教材具有以下特点。

1. 有的放矢

针对计算机专业学生并站在计算机课程群建设、技术市场需求、创新人才培养的高度,规划相关课程群内各门课程的教学关系,以达到教学内容互相衔接、补充、相互贯穿和相互促进的目的。各门课程功能定位明确,并去掉课程中相互重复的部分,使学生既能够掌握这些课程的实质部分,又能节约一些课时,为开设社会需求的新技术课程准备条件。

2. 内容趣味性强

按照教学需求组织教学材料,注重教学内容的趣味性,在培养学习观念、学习兴趣的同时,注重创新教育,加强"创新思维"、"创新能力"的培养、训练;强调实践,案例选题注重实际和兴趣度,大部分课程各模块的内容分为基本、加深和拓宽内容3个层次。

3. 名师精品多

广罗名师参与,对于名师精品,予以重点扶持,教辅、教参、教案、PPT、实验大纲和实验指导等配套齐全,资源丰富。同一门课程,不同名师分出多个版本,方便选用。

4. 一线教师亲力

专家咨询指导,一线教师亲力;内容组织以教学需求为线索;注重理论知识学习,注重学习能力培养,强调案例分析,注重工程技术能力锻炼。

经济要发展,国力要增强,教育必须先行。教育要靠教师和教材,因此建立一支高水平的教材编写队伍是社会发展的关键,特希望有志于教材建设的教师能够加入到本团队。通过本系列教材的辐射,培养一批热心为读者奉献的编写教师团队。

清华大学出版社

序

　　软件产业发展已逾 30 年,至今逐步渗透到各个领域,成为越来越不可或缺的技术成分。回想当年,开发软件时唯一能够参考的指南,只有一本用户手册。当时的测试流程纯粹是为测试而测试,只要确保程序能够正常运行,全然没有面向国际市场开发相应版本的概念。

　　而如今,随着硬件和软件语言不断演进,各种开发方法五花八门,无论是哪种技术、哪种语言、哪种部署方案,无论是什么样的时间表,无论组织的整体技术水平如何,都能对一般软件产品开发应对自如。企业可以有效规划新产品开发成什么样、推介到何种程度,并面向各目标市场对产品进行优化。

　　然而,即便软件开发取得了如此长足的进展,因软件中的各种缺陷带来的经济成本也仍然居高不下。仅仅在美国市场,每年就有数百亿美元之巨。软件向国际市场推出后,其代码经过各个本地化阶段的再处理,最终的缺陷往往比原始版本更多。据估计,在生产过程中发现并修复一个缺陷的平均成本是 15 000 美元,这就进一步压缩了原本就很微薄的利润空间。若是开发的软件要用于多个国家或地区的大量消费设备,所耗成本就会更高,利润空间也就更加有限。

　　在今天面临的挑战中,如何以国际化销售为目标,在一个国家开发出好的软件?如何在设计、开发和测试软件时,既有效简化产品的"国际化"流程,同时确保必要的利润空间?这不仅是摆在国内软件行业面前的症结,同时也是高校应积极面对研究解决的问题。

　　河北师范大学软件学院从 2007 年成立伊始,就致力于如何培养区域高等教育人才去适应和促进地方经济社会的全面发展。作为省属综合性大学,新形势下如何进一步更新教育观念,深化教学改革,全面提升教育教学质量,推动行业研究,服务于社会经济发展,是当前的重点工作之一。其中,教材建设与管理是提高教学质量,体现教学内容和教学方法的知识载体,同时也是推进行业研究发展的重要一环。

　　本书是河北师范大学软件学院测试教研室教师在多年软件工程技术工作中,其工作团队多年合作积累的经验与方法集萃,其中一些观点与见解已经成为该学院软件测试的基本工作准则。本书通过实例全面描述了软件测试的整个过程,覆盖了测试管理的各个重要方面。对测试管理的各个层次和环节做了系统的介绍,包括测试策略制定、风险控制、缺陷跟踪和分析、测试管理系统的应用等,并且进一步对如何执行本地化测试和国际化测试进行了阐述。作者把重点聚焦在实践性,从软件测试项目启动、测试计划开始、深入到测试用例设计、测试工具选择、脚本开发到功能测试和系统测试等各个步骤都做了详细阐述。

　　高质量的教材是在教学过程中逐渐形成的,甚至是由教师的教案整理而成的,不少教案往往是教材最为原始的版本。因此,应用型学科的教材建设,就需要与课程建设及教师队伍建设结合起来。就此而言,河北师范大学软件学院作为河北省教学改革重点单位,此套教材的出版和与之相关的教学实践有着一定的示范意义。另外,在探索高效软件测试的过程中,该书覆盖了全面的理论分析和详细的实战阐述,对从事软件测试和软件工程管理的人员,以及高校软件工程相关专业的师生,都具有一定的参考价值。希望书中的一些真知灼见对广大读者有所裨益。

蒋春澜
2011年10月30日于河北师范大学

前　言

伴随着软件行业发展,测试在整个软件开发生命周期中占的比重越来越高。据调查统计,智联招聘2011年1月份软件测试工程师的需求量为3000余人,仅此足以看到软件测试在目前市场上的需求量很大,但在软件测试行业从业人员中,测试技术扎实,符合企业要求的自动化测试工程师却非常匮乏,因此自动化测试工程师也越来越受到企业的青睐与重视。

目前市场上关于自动化测试方面的书籍很少,其中能够专业化、系统化,并且与实践相结合,深入浅出来剖析的书籍就更是凤毛麟角,这也是造成目前软件自动化测试人才培养困难的一个原因。同时,目前面向高校发行的自动化测试书籍不仅数量少,而且重理论轻实践,与市场结合不够紧密,这就在某种程度上加大了读者从业余水平步入专业化的难度。

"河北师范大学软件学院软件测试教研室"由工作在一线的具备多年测试及管理工作经验的专业测试工程师组成,基于市场的现状,着眼于高等院校的需求,经过长期软件测试项目实践及三年实际教学不断积累,经多次讨论、精心设计、修改后,形成了一套成熟可行的软件测试课程体系,从中提取精华形成了自动化测试工具的系列教材。其主要目的如下:

(1) 为顺应高等教育普及化迅速发展的趋势,配合高等院校的教学改革和教材建设,更好地协助河北师范大学向"应用型、就业型"院校发展;

(2) 协助河北师范大学软件学院建设更加完善的IT人才培养机制,建立完整的软件测试课程体系及测试人才培训方案,进一步培育出符合当前测试企业需要的自动化测试人才;

(3) 使学生更加高效、快捷、有针对性地学习自动化测试技术,并通过理论与实践的结合进一步锻炼学生的动手实践能力,为跨入自动化测试领域打下坚实基础;

(4) 为企业测试人员提供自动化测试技术学习的有效途径,同样理论和实践的有效结合,能使各位测试人员更加真实、快捷地体验自动测试的开展。

本教材作为该系列教材之一,主要结合主流的性能测试工具LoadRunner 9.5及性能测试真实流程全面开展讲解,并贯穿项目实例和同步训练来进一步巩固知识点。主要内容包括性能测试基本理论、性能测试需求分析、性能测试用例及场景设计、LoadRunner工具具体使用、性能测试案例实战、LoadRunner脚本开发等内容,并且汇总了常见性能测试面试题目及认证考试题目等,供读者进行学习和拓展。使读者通过学习能够体会性能测试项目完整的工作过程,真正跨入性能测试领域的大门。其内容全面、层次清晰、难易适中,所采用的工具和项目同企业实际情况紧密结合,并且本书讲练结合,使读者更好地理解和掌握各款工具的使用,在实际工作中能够灵活有效地开展自动化测试。

本教材由魏娜娣、李文斌、董纪悦撰写,且在教材的撰写过程中得到了多方面的支持、关心与帮助,在此深表感谢。首先,要感谢河北师范大学校长蒋春澜教授,他在软件学院教学改革上的主张及所付出的心血使软件学院凝聚了一批来自于企业的优秀工程师及师大的优秀教师,使软件学院在教材建设、实习实训、学生就业等方面取得了一系列的成果。要感谢软件学院的测试方向的全体学生,他们试用、试读了本系列教材,提出了不少宝贵建议。还要感谢软件学院的全体职工,没有他们的配合,此书是无法完成的。

本教材还提供了教学 PPT、教材随书脚本文件、教学视频文件、教学实验手册等,有需要的读者可通过邮箱 weinadi@edu2act.org 进行联系。

本系列丛书可作为高等院校、示范性软件学院、高职高专院校的计算机相关课程和软件工程专业的教材,也可作为各大软件培训机构的培训教程,同时也可供从事软件开发及测试工作的人员,以及对软件测试有兴趣的读者参考与学习。

编者
2011 年 11 月

目　　录

第1章　性能测试基础知识 …………………………………………………………… 1
1.1　为什么要进行性能测试 ………………………………………………………… 1
1.1.1　性能测试与功能测试的关系 …………………………………………… 1
1.1.2　性能自动化测试优势 …………………………………………………… 2
1.2　性能测试定义与要点 ……………………………………………………………… 4
1.3　性能测试分类 ……………………………………………………………………… 5
1.4　性能测试术语 ……………………………………………………………………… 8
1.4.1　虚拟用户 ………………………………………………………………… 8
1.4.2　并发及并发用户数 ……………………………………………………… 8
1.4.3　响应时间 ………………………………………………………………… 9
1.4.4　每秒事务数 ……………………………………………………………… 10
1.4.5　吞吐量与吞吐率 ………………………………………………………… 10
1.4.6　点击率 …………………………………………………………………… 10
1.4.7　性能计数器 ……………………………………………………………… 10
1.4.8　资源利用率 ……………………………………………………………… 11
1.5　性能测试流程 ……………………………………………………………………… 11
1.6　性能需求分析 ……………………………………………………………………… 12
1.6.1　什么是性能需求 ………………………………………………………… 13
1.6.2　常用的性能需求获取方法 ……………………………………………… 13
1.6.3　通过服务器日志获取需求 ……………………………………………… 15
1.7　性能测试用例与场景设计 ………………………………………………………… 23
1.7.1　性能测试用例与场景设计原则 ………………………………………… 24
1.7.2　性能测试用例与场景设计思路 ………………………………………… 24
1.7.3　SCIS 系统实例分享 …………………………………………………… 24
1.8　性能测试工具 ……………………………………………………………………… 27

第2章　LoadRunner 基础知识 ………………………………………………………… 31
2.1　LoadRunner 概述 ………………………………………………………………… 31
2.2　LoadRunner 部署与安装 ………………………………………………………… 31
2.2.1　LoadRunner 安装环境要求 …………………………………………… 32
2.2.2　LoadRunner 安装过程 ………………………………………………… 32
2.2.3　LoadRunner 的授权 …………………………………………………… 34

2.3 LoadRunner 原理与工作流程 ··· 36
　　2.3.1 LoadRunner 工具组成 ··· 36
　　2.3.2 LoadRunner 工具原理 ··· 37
　　2.3.3 LoadRunner 工作流程 ··· 39
2.4 LoadRunner 基础使用演示 ··· 39
　　2.4.1 LoadRunner 自带程序演示 ··· 39
　　2.4.2 BugFree 项目案例演示 ··· 43
　　2.4.3 LoadRunner 入门操作演示 ··· 49
2.5 同步训练 ·· 54
　　2.5.1 实验目标 ·· 54
　　2.5.2 前提条件 ·· 54
　　2.5.3 实验任务 ·· 54

第 3 章 用户行为脚本录制与开发 ··· 55

3.1 VuGen 基础 ·· 55
　　3.1.1 VuGen 简介 ··· 55
　　3.1.2 VuGen 录制原理 ·· 57
　　3.1.3 VuGen 录制的前期准备 ·· 58
3.2 VuGen 脚本录制 ·· 61
　　3.2.1 脚本录制 ·· 61
　　3.2.2 脚本查看与阅读 ·· 64
　　3.2.3 脚本编译回放及调试 ·· 81
　　3.2.4 脚本保存 ·· 83
　　3.2.5 配置录制参数 ··· 83
3.3 VuGen 脚本增强 ·· 92
　　3.3.1 脚本增强的意义 ·· 92
　　3.3.2 什么是脚本增强 ·· 92
　　3.3.3 脚本增强的方式 ·· 94
3.4 VuGen 相关设置 ·· 133
　　3.4.1 "运行时设置" ··· 133
　　3.4.2 配置"常规选项" ··· 138
3.5 同步训练 ·· 139
　　3.5.1 实验目标 ·· 139
　　3.5.2 前提条件 ·· 139
　　3.5.3 实验任务 ·· 139

第 4 章 用户活动场景创建执行与监控 ··· 142

4.1 Controller 基础 ·· 142
　　4.1.1 Controller 简介 ··· 143

4.1.2　场景类型介绍……………………………………………………………… 145
　4.2　测试场景设计…………………………………………………………………… 148
　　　4.2.1　Manual Scenario 场景类型……………………………………………… 148
　　　4.2.2　Goal-Oriented Scenario 场景类型……………………………………… 161
　　　4.2.3　配置集合点策略…………………………………………………………… 165
　　　4.2.4　配置 IP 欺骗……………………………………………………………… 166
　4.3　测试场景执行与监控…………………………………………………………… 169
　　　4.3.1　启动场景…………………………………………………………………… 169
　　　4.3.2　场景组查看与监控………………………………………………………… 170
　　　4.3.3　操作按钮…………………………………………………………………… 172
　　　4.3.4　场景状态查看与监控……………………………………………………… 173
　　　4.3.5　查看联机图………………………………………………………………… 174
　　　4.3.6　集合点手动释放…………………………………………………………… 175
　4.4　系统资源监控…………………………………………………………………… 175
　　　4.4.1　系统资源监控简介………………………………………………………… 175
　　　4.4.2　Windows 系统资源监控………………………………………………… 176
　　　4.4.3　Linux 系统资源监控……………………………………………………… 180
　4.5　同步训练………………………………………………………………………… 182
　　　4.5.1　实验目标…………………………………………………………………… 182
　　　4.5.2　前提条件…………………………………………………………………… 182
　　　4.5.3　实验任务…………………………………………………………………… 182

第 5 章　性能测试结果分析……………………………………………………………… 184
　5.1　Analysis 基础…………………………………………………………………… 184
　　　5.1.1　Analysis 简介……………………………………………………………… 185
　　　5.1.2　Analysis 启动与界面……………………………………………………… 185
　5.2　Analysis 分析概要……………………………………………………………… 186
　5.3　Analysis 图……………………………………………………………………… 189
　　　5.3.1　虚拟用户图………………………………………………………………… 191
　　　5.3.2　Error 图…………………………………………………………………… 192
　　　5.3.3　事务图……………………………………………………………………… 194
　　　5.3.4　Web 资源图………………………………………………………………… 199
　　　5.3.5　网页细分图………………………………………………………………… 202
　　　5.3.6　系统资源图………………………………………………………………… 208
　5.4　Analysis 报告…………………………………………………………………… 209
　　　5.4.1　HTML 报告………………………………………………………………… 209
　　　5.4.2　Word 报告………………………………………………………………… 209
　　　5.4.3　Crystal Report …………………………………………………………… 211
　5.5　Analysis 常用操作及配置……………………………………………………… 212

		5.5.1 服务水平协议配置 ……………………………… 213
		5.5.2 事务分析选项配置 ……………………………… 213
		5.5.3 图的合并 ……………………………………… 216
		5.5.4 自动关联 ……………………………………… 218
		5.5.5 数据的过滤筛选 ………………………………… 220
		5.5.6 场景及 Analysis 配置查看 ……………………… 222
		5.5.7 场景结果的比较 ………………………………… 224
	5.6	同步训练 ………………………………………………… 225
		5.6.1 实验目标 ………………………………………… 225
		5.6.2 前提条件 ………………………………………… 225
		5.6.3 实验任务 ………………………………………… 225

第 6 章 Discuz!社区项目实战 …………………………………… 227

	6.1	Discuz!社区项目实战背景 ……………………………… 227
		6.1.1 系统介绍 ………………………………………… 227
		6.1.2 系统搭建 ………………………………………… 227
	6.2	性能测试前期准备 ……………………………………… 230
		6.2.1 熟悉需求 ………………………………………… 230
		6.2.2 创建 WBS ……………………………………… 231
		6.2.3 熟悉性能测试规范 ……………………………… 231
	6.3	性能测试计划制定 ……………………………………… 232
		6.3.1 项目概述 ………………………………………… 232
		6.3.2 术语及缩略语 …………………………………… 232
		6.3.3 参考文档 ………………………………………… 232
		6.3.4 测试环境 ………………………………………… 232
		6.3.5 测试工具列表 …………………………………… 233
		6.3.6 测试对象及范围 ………………………………… 233
		6.3.7 测试需求提取及场景设计 ……………………… 234
		6.3.8 角色与职责 ……………………………………… 236
		6.3.9 测试启动和结束准则 …………………………… 236
	6.4	性能测试环境与测试数据准备 ………………………… 237
		6.4.1 性能测试环境准备 ……………………………… 237
		6.4.2 测试数据创建 …………………………………… 237
	6.5	LoadRunner 执行测试 …………………………………… 238
		6.5.1 测试脚本创建 …………………………………… 238
		6.5.2 测试场景创建与执行 …………………………… 250
		6.5.3 测试结果分析 …………………………………… 252
	6.6	性能测试总结 …………………………………………… 258
	6.7	同步训练 ………………………………………………… 258

  6.7.1 实验目标 …… 258
  6.7.2 前提条件 …… 259
  6.7.3 实验任务 …… 259

第 7 章 C Vuser 脚本开发 …… 260
7.1 Vuser 脚本基础知识 …… 260
  7.1.1 Vuser 脚本语言分类 …… 260
  7.1.2 Vuser 函数分类 …… 261
  7.1.3 C Vuser 脚本简介 …… 261
7.2 C 语言基础知识 …… 261
  7.2.1 C 语言结构 …… 261
  7.2.2 C 语言常用语句 …… 262
7.3 C Vuser 函数介绍 …… 265
  7.3.1 hello world 程序 …… 265
  7.3.2 lr 参数的赋值与取值 …… 266
  7.3.3 字符串处理 …… 266
  7.3.4 message 函数 …… 269
  7.3.5 Web 操作函数 …… 271
  7.3.6 cookie 函数 …… 275
  7.3.7 身份验证函数 …… 276
  7.3.8 检查函数 …… 277
  7.3.9 dll 文件的调用 …… 280
7.4 C Vuser 脚本开发实例 …… 282
  7.4.1 SMTP 服务器选择 …… 282
  7.4.2 环境配置与测试 …… 282
  7.4.3 脚本开发 …… 286

附录 A …… 292

附录 B …… 294
 B.1 2009 年上半年软件评测师下午试题 …… 294
 B.2 2008 年上半年软件评测师下午试题 …… 295
 B.3 2007 年上半年软件评测师下午试题 …… 296

参考文献 …… 298

第1章 性能测试基础知识

近年来,软件测试越来越受到软件企业的重视。软件测试领域呈现新的特点:首先,测试领域不断扩展,从 Windows 应用到 Web 应用,从 PC 上的应用到嵌入式应用;其次,仅对软件进行功能级别的验证已远不能满足用户的需求,人们还需要了解软件在未来实际运行情况下的性能。例如,人们往往需要了解"大量用户同时访问一个页面"或"系统连续运行一个月甚至更久"或"系统中存放着历来 3 年的客户操作数据"等实际运行情景下,所开发的软件是否能"一路平安"。性能测试已成为测试工作中不容忽视的一个领域,它已成为发现软件性能问题的最有效手段。

性能测试追求完备性和有效性,它是一门很高深的学问,它需要测试人员具备多方面的知识储备。本章将给读者讲解性能测试相关基础知识,包括前期性能需求分析、性能测试场景设计方法等。其目的是为了让读者从宏观上认识软件性能测试,掌握开展性能测试相关的基础知识,为掌握 LoadRunner 这一性能测试工具乃至性能测试方法奠定基础。

本章讲解的主要内容如下:
(1) 为什么要进行性能测试;
(2) 性能测试定义与要点;
(3) 性能测试分类;
(4) 性能测试术语;
(5) 性能测试流程;
(6) 性能需求分析;
(7) 性能测试用例与场景设计;
(8) 性能测试工具。

1.1 为什么要进行性能测试

说起为什么要进行性能测试,前面已经多少谈到一些。下面,从"性能测试与功能测试关系"及"性能自动化测试优势"两方面进行介绍。

1.1.1 性能测试与功能测试的关系

性能测试和功能测试是测试工作中两个不同的方面,只是在关注的内容上有差异而已。前者侧重"性能"而后者侧重"功能"。但是,殊途同归,它们的最终目的都是为了提高软件质量,以更好地满足用户需求。

软件的"功能"指的是在一般条件下,软件系统能够为用户做什么以及能够满足用户什么样的需求。例如一个论坛网站,用户期望这个网站能够提供浏览帖子、发布帖子、回复帖子等功能,则只有这些功能都正确实现了,用户才认为满足了他们的功能需求。但是,一个论坛除了满足用户的"功能"需求之外,还必须满足"性能"需求。例如,服务器需要能够及时处理大量用户的同时访问请求;服务器程序不能出现死机情况;不能让用户等待"很久"才打开想要的页面;数据库必须能够支持大量数据的存储以实现对大量的发帖和回帖数据的保存;论坛一天24小时都可能有用户访问,夜间也不能停下来休息,它必须承受长时间的运转等。

从上面的描述来看,软件系统"能不能工作"已经是一个基本的要求,而能够"又好又快地工作"才是用户追求的目标。"好"体现在降低用户硬件资源成本,减少用户硬件方面的支出上;"快"体现在系统反应速度上,用户在进行了某项操作后能很快得到系统的响应,避免了用户时间的浪费。这些"好、快"的改进都体现在软件性能上。换言之,"性能"就是在空间和时间资源有限的条件下系统的工作情况。

综上,功能考虑的是软件"能做什么"的问题;而性能关注的是软件所完成的工作"做得如何"的问题。显然,软件性能的实现是建立在功能实现的基础之上,只有"能做"才能考虑"做得如何"。

在了解功能和性能的区别之后,再理解功能测试和性能测试就很容易了。功能测试主要针对于软件功能开展检测,常常会依据需求规格说明书开展测试;性能测试主要针对于系统性能进行检测,通常会依据性能方面的一些指标或需求进行测试(对于如何获取性能需求请参考本书第1.6节)。性能测试的目的是验证软件系统是否能够达到用户提出的性能指标,发现软件系统中存在的性能瓶颈以优化软件和系统。在理论上来讲,功能测试和性能测试没有先后顺序,都是系统测试的一部分。测试过程中,要随时注意性能方面的检测。但在很多企业的实际测试工作中,一般会先进行功能测试。所测软件在功能上不存在严重问题且其流程能够"跑通"之后再对它做性能测试。正如前面所说,任何一个产品首先要保证其最基本功能的实现,否则,其性能即使再好也失去了存在的意义。

注意:软件包含程序、文档和数据,故软件测试也不能只针对程序进行检测,还应对其配套文档和系统中数据进行测试。

1.1.2 性能自动化测试优势

性能测试可通过"手工"和"自动化"(自动化测试需要借助于自动化测试工具)两种测试手段实现。相比于"性能手工测试"而言,"性能自动测试"具有很多优势。下面,首先阐述"性能手工测试的弊端"以使读者认识到引入自动化测试(或者说学习自动化测试工具和方法)的必要性。

1. 性能手工测试的弊端

通过一个例子加以说明。假设要测试一个Web系统的性能,验证其是否支持50个用户并发访问,如图1.1所示。下面,采用"手工"方式实现这一测试需求。

(1) 准备足够的资源:50名测试人员,每人有一台计算机以进行操作支持。

(2) 准备一名"嗓音足够大"的指挥人员统一发布号令以调度测试人员对系统进行同步测试。每位参与测试的人员需要注意力集中,在听到指挥员"开始测试"的号令后进行"理论上的同时"操作(每个人反应速度不好控制,所以为理论上的"同时")。

(3) 在50个测试人员"同时"执行操作后,对每台计算机上的测试数据和服务器中的测试数据进行搜集和整理。

(4) 在缺陷被修复后,要开展回归测试(是指在发生修改之后重新测试先前的测试以保

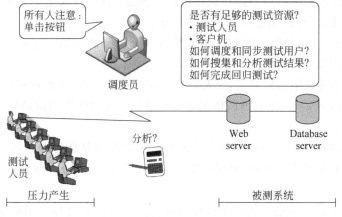

图 1.1　性能手工测试弊端

证修改的正确性），即需要再执行 1～4 步直到满足性能需求为止。

不难看出，"手工"测试需求的人力量很大（上面只是假设了 50 个并发访问的情况，如果是 5 万个呢，难道要准备 5 万个测试人员？）。此外，支持"理论上的同时"访问并不是真正想要的性能，而是需要"真正意义上的"并发访问。再者，回归测试往往需要在相同的"场景"下进行，在手工测试下，根本不可能"再现"上一次的测试场景。也就是说，第 4 步中的回归测试也不是真正意义上的回归测试。

总归一句话，"性能手工测试"弊病很多。

2. 性能自动化测试的优势

性能自动化测试工具可轻松化解性能手工测试中暴露出来的一系列问题，如图 1.2 所示。其解决的方式如下。

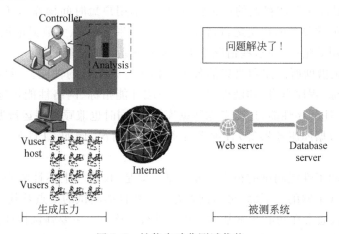

图 1.2　性能自动化测试优势

（1）准备好性能测试工具和一台计算机，而无须号召至少 50 个测试人员协助测试和 50 台机器。性能自动化测试工具能"虚拟"出任意多个用户（这些虚拟用户不会在工作中带上个人情绪和疲劳的状态），该工具可以在一台测试机上"模拟"出 50 个用户的同时访问。显然，相比于"手工测试"，自动化测试节省了大量的硬件资源和人力资源。

（2）无须指挥人员发布号令进行调度和同步测试用户，自动化工具可以自动控制虚拟用户的运行与同步，实现严格意义上的并发操作。

（3）测试完毕后，工具将自动收集测试数据并分析测试结果而无须逐一收集各台机器（含服务器）上的测试数据和结果。

（4）测试完毕并缺陷被修复后，要开展回归测试。此时，只需要重新运行上一次测试操作的"录制"脚本即可，上一次的测试情景将立刻重现。可对两次测试结果进行自动比较，分析其中的不同之处。

性能自动化测试工具能帮助测试人员模拟出很多真实复杂的业务场景，能够让系统持续运行几天几夜甚至更久的时间，还能捕捉到很多难以捕获的结果等，这些都是手工测试所不能完成的。

尽管读者对上面的描述可能还不尽理解，但有一点，读者是肯定理解了的，即性能自动化测试是值得推广和采用的。

1.2 性能测试定义与要点

对性能测试的定义，仁者见仁，智者见智。尽管定义很多，但它们的核心内容是保持一致的。较常见的关于性能测试的定义如下。

性能测试是通过自动化的测试工具模拟多种正常、峰值以及异常负载条件来对系统的各项性能指标进行测试。

上述定义主要包含了3层含义。

（1）通常，性能测试需要借助工具实现。与功能测试主要借助手工开展不同，性能测试一定要借助工具来协助完成。

（2）性能测试除了关注普通的正常情况外（如单用户短时间操作），还重点关注空间和时间上的很多峰值或异常的系统运行情况，如多用户并发操作、大数据量积累、超负载运行、系统长期持续使用等情况，而这些情况下更容易暴露系统的性能问题。

（3）性能测试借助所监控和收集的各项指标来分析系统的性能。指标的范围很广，涵盖了系统软件指标（程序自身）和硬件指标（客户端性能指标、网络性能指标、服务器端性能指标）。它不仅关注程序性能，还要考虑数据库性能，同时也兼顾程序运行期间客户端、服务器（应用服务器、数据库服务器等）各项系统资源运行情况，例如CPU使用率、内存及磁盘使用情况等。

上述定义强调了性能测试的很多重要信息。但是，仅依靠上述性能测试的定义来理解性能测试还是远远不够的。下面，再给读者补充一些性能测试的要点及其分析。

（1）性能测试通常在功能测试基本完成后进行。该要点主要强调性能测试开展的时间问题。虽然总是强调功能测试和性能测试同等重要，应同时开展。但在大多数实际工作中，性能测试的开展会滞后于功能测试。其原因主要在于性能测试属于综合性测试，只有在功能测试通过后，性能测试才会有较大意义。但是对于两类软件存在例外，其性能测试一般进行得较早，几乎伴随着单元测试同步进行。第一类是系统软件，如操作系统或者数据库。这类软件的性能测试就需要尽早开展，否则在最后阶段发现性能问题的话，则很有可能导致整个系统被推翻。第二类是对性能要求较高的应用软件，如奥运会、银行、联通的系统，这类软件对性能的要求远高于一般软件，倘若在最后测试时发现性能问题，通常是系统架构或者某些关键算法设计不合理所导致，这时候再进行修复会给整个项目带来很大的困扰，甚至也会推翻整个系统。

（2）性能测试计划、测试方案和测试用例大多情况统一在一个文档里。很多企业会将性能测试相关的内容作为一个"性能测试方案文档"专门编写，里面会涵盖性能测试的场景设计、测试脚本、测试结果分析等，这样可以作为一个整体提供给其他部门或客户。

（3）性能测试环境应尽可能同用户生产环境保持一致。该条规则十分重要，直接影响着性能测试结果的真实性和有效性。强调测试环境的一致性主要从以下方面考虑：

① 硬件环境，包括客户端、服务器和网络三方面的环境要求。例如客户端系统硬件配置、服务器的各项配置、是否和其他应用程序进行资源共享、是否在集群环境下、是否进行负载均衡、网络速度等。

② 软件环境，包括软件版本、参数设置方面的一致性要求。例如操作系统或数据库的版本、被测的应用软件的版本以及使用到的第三方软件的版本、数据库的并发读写数、SGA/PGA 设置、连接池参数设置等。

③ 测试使用场景的一致性。如使用的基础数据、模拟用户真实使用场景的一致性等。

（4）性能测试工作的重点和难点在于前期数据设计和后期数据分析。这条规则强调千万不要认为借助工具可以代替我们做所有的测试工作。工具的使用很简单，但是前期的用例设计、场景分析需要花大量功夫去研究。工具帮助我们收集了大量的测试数据之后，重中之重的一项工作就是对数据进行分析，确定系统瓶颈所在，这一部分工作往往需要测试工程师具备丰富的项目经验和扎实的技术功底。

（5）性能测试用例通常基于系统整体架构进行设计，往往具备高复用性。通常不随系统某个功能点的修改而变更。但当系统发生较大变动（如系统业务流程修改）后，建议读者重新设计性能测试用例。

注意：性能测试定义及测试要点虽然均属于很理论的知识，但是能够帮助读者对性能测试实际工作的开展状况有个初步认识，对性能测试有个宏观的理解，且上述知识在性能测试面试中较为常见。

1.3 性能测试分类

性能测试涉及范围甚广，相关的名称和方法繁多，而且很容易混淆，如性能测试、一般性能测试、负载测试、压力测试、大数据量测试、配置测试、稳定性测试等，它们均属于性能测试范畴。下面分别加以简介和区分。值得强调的是，读者只需体会它们的关注点，而非严格区分它们。因为在真正实施性能测试时，往往会综合使用各类方法来设计和开展测试。

1. 性能测试

上面提到的一般性能测试、负载测试、压力测试等测试均属于性能测试范畴，由于它们的侧重点不同而在名称上有别。

下面的描述以对自己搭建的 Discuz! 论坛（搭建方法请参见本书第 6.1.2 小节）进行性能测试为例展开，并假定一个前提条件：当 10 个人并发访问 Discuz! 论坛时，系统运行良好，各项指标正常；当逐渐增加并发用户数时，系统 CPU 使用率不超过 75%，响应时间不超过5s。

2. 一般性能测试

一般性能测试主要是验证软件在正常环境和系统条件下,即不施加任何压力情况下重复使用系统验证其是否能满足性能指标,如响应时间、系统资源占有情况等。

(1) 举例。让一个人访问或10个人并发访问Discuz!论坛,观察系统运行情况。基于假定的前提条件,此时的系统运行一定非常正常,响应时间非常快,系统资源占有量也非常小,这时可记录下各项指标平均值。

(2) 一般性能测试的作用。通常一般性能测试会在进行负载测试、压力测试等之前进行,作为性能基准测试。通过其测试得到的数据作为后面各项测试的基准值,即后面测试获得的数据可同其进行对比。

3. 负载测试

负载测试主要是在"基于或模拟系统真实运行环境及用户真实业务使用场景"情况下,通过不断给系统增加压力或在一定压力下延长系统运行时间,来验证系统各项性能指标的变化情况,直到系统性能出现"拐点",即某个性能指标达到了事先约定的指标域值(极限值)。

(1) 举例。在Discuz!论坛正常运行前提下,即系统CPU使用率不能超过75%,响应时间不能超过5s的情况下,不断给论坛增加用户访问量,直至当CPU使用率或响应时间达到了预期值为止,这就是所述的负载测试。

(2) 负载测试的作用。该方法能帮助人们了解系统的处理能力,即在某些目标下系统所能承受的负载量极限值,为系统性能调优提供有力依据。

4. 压力测试

压力测试主要是在"模拟系统已处于极限负载下或某指标已经处于饱和状态"情况下,继续给系统增大负载或运行时间,观察系统性能表现,验证系统是否出现内存泄漏、系统宕机等严重异常。

(1) 举例。在Discuz!论坛各项资源已经饱和的前提下,即系统CPU使用率已达到75%,响应时间达到5s的情况下,不断给论坛增加用户访问量,直至系统出现严重故障为止,这就是所述的压力测试。

(2) 压力测试的作用。该方法有助于进行系统稳定性的验证及性能瓶颈的确定。

注意:

① 在面试中经常会问到"负载测试与压力测试的区别",请读者重视!简单总结一下:压力测试侧重给一个饱和前提,然后继续加压至系统崩溃;负载测试侧重在系统正常情况下运行,然后继续加压至达到预期指标阈值,即负载测试强调逐步增加然后再验证。

② 性能测试实施中无须追求各测试名称的严格区分,往往综合进行测试。

5. 大数据量测试

大数据量测试包含两层意思,既可指在某些容器(如数据库、存储设备等)中有较大数量的数据记录情况下对系统进行的测试,也可指进行并发或某些操作时创建大量数据来动态的开展测试。大数据量测试主要是指使用大批量数据对系统产生压力或影响,同时验证系统各项指标运行是否正常。

(1) 举例1:在对Discuz!论坛进行大数据量测试时,首先应该估算其真实运行过程中可能拥有的用户量、帖子量、文章量等数据,之后在其数据库中创建数量级相当的批量历史数据,在此情况下,进行各项操作及进行性能指标的观察和分析。

(2) 举例 2:在对 Discuz!论坛进行大数据量测试时,除了上述举例 1 中的测试外,还应进行如下测试:模拟其真实运行时可能出现的并发用户数(例如 5000 人),让这些用户同时进行发帖操作(此时,大数据量即是这些用户各自发的帖),在该操作过程中再来观察系统运行及各项性能指标的情况。

(3) 大数据量测试的作用。该方法有助于进行系统可扩展性的验证及性能瓶颈的确定。

注意:大数据量测试中所需的大量数据有很多种生成方式,可借助工具也可直接使用 SQL 语句进行创建。

6. 配置测试

配置测试主要是在不同的软硬件配置环境下,进行测试以找到系统各项资源的最优分配原则的一种测试。通常,可以通过"正交实验法"去进行用例设计,从而筛选出一定的软硬件配置组合。

(1) 举例。在对 Discuz!论坛进行性能测试中,可以通过调整 MySQL 的最大连接数、内存参数及服务器硬件配置等来进行各项指标的观察,从而找到一个系统运行更好的配置组合。

(2) 配置测试的作用。该方法有助于找到最优的配置组合,确定由数据库设置或服务器硬件等造成的性能瓶颈。

注意:正交实验法是黑盒测试中一项重要的用例设计方法,它利用正交表帮助人们均衡抽样,减少测试配置组合的数量,并且通过该法选取出来的配置组合又具有较强的代表性。网络中有很多关于该方法的介绍,有兴趣的读者可进行相关学习。

7. 稳定性测试

稳定性测试主要强调的是连续运行被测系统,检查系统运行时的稳定程度。通常采用 MTBF(错误发生的平均时间间隔)来衡量系统的稳定性,MTBF 越大,系统的稳定性越强。

(1) 举例。假设 Discuz!论坛在历史版本运行期间,当持续运行了 24 小时后会出现大量的发帖失败的情况,则对于 Discuz!论坛在进行性能测试时,就可以针对于发帖操作,给其施加一定的业务压力如 50 个人进行发帖操作,让其持续运行大于 24 小时的时间,然后观察并分析其事务失败情况及各项性能指标值,这类强调系统持续运行的测试即稳定性测试。

(2) 稳定性测试的作用。该方法有助于找到一些严重问题,如死机、内存泄漏或系统崩溃等。

上述介绍了几种常见的性能测试方法。此外,性能测试还包括并发测试、容量测试、可靠性测试等,这些测试与上述介绍的测试方法非常类似,甚至是某种方法的别称,有兴趣的读者可拓展学习。

在借助工具执行性能测试的过程中,上述方法有很大的共性且彼此密切联系。通常,一个性能测试任务会容纳上述多项测试方法。所以,请读者不要过分追求各类性能测试方法的区别,而是要在实施过程中,灵活地综合应用各类方法以达到测试软件性能、优化软件的目的。

1.4 性能测试术语

性能测试领域中,有着许多术语,如吞吐量、点击率、响应时间、TPS等,它们在性能测试中占有举足轻重的地位。为了使读者能顺利进行性能测试及有效的结果分析,必然要先学习这些术语。

1.4.1 虚拟用户

在测试环境中,LoadRunner在物理计算机上使用Vuser来"虚拟"实际用户。Vuser以一种可重复、可预测的方式模拟典型用户的实际业务操作,对系统施加压力。Vuser(以下称为虚拟用户)的出现和使用能够大大减少人力物力的投入。

1.4.2 并发及并发用户数

在性能测试中,常听到"系统允许500个用户并发访问系统"或"系统支持500个用户并发进行登录操作"等描述,这些都属于"并发操作"。仔细思考一下,会发现这两句话所描述的并发操作存在着实质性差别,为两种不同类型的并发。

前一种并发,含义更广泛,对于用户访问系统所进行的业务操作没有限制。500个用户既可以同时执行同一操作,也可以同时执行不同的操作,只要达到"同时"完成即可,这类并发更加真实地模拟了用户对系统的实际使用情况;而后一种并发,限制更严格,明确对于某项操作进行了并发访问要求,即500个用户同时完成相同的登录操作。

可见,"并发"强调的是"大量用户"的"同时性"操作(该操作需要对服务器产生影响),而具体进行的操作是否相同,则需要结合实际情况进行分析和模拟。

与"并发"直接相关的一个概念是"并发用户数"。它指的是在某一时刻同时进行了对服务器产生影响的操作的用户数量。上例中,500个用户同时进行了操作,都向服务器发送了请求,对服务器产生了影响,因此并发用户数就是500。

值得一提的是,某些情况下,读者可能会对"并发用户数"产生误解。如"系统可有1000个使用用户"、"系统在运行高峰时,最多允许800个用户同时在线",这两句描述中的数字都不是"并发用户数",原因如下。

(1)"系统可有1000个使用用户"表明的是可以使用该系统的全部用户数量为1000。这1000个用户并非都在使用系统(或说都在对服务器产生影响)。因此,此"1000"仅能称为"系统用户数"而非"并发用户数"。

(2)"系统允许800个用户同时在线"表明的是系统最多允许800个用户登录系统。这也并不意味着800个用户同时都对服务器产生了影响,例如,有的用户登录系统后,在系统中打开某网页进行阅读,这个"阅读操作"在当前就没有向服务器发送请求,不会对服务器产生压力(只是最初该用户单击某个页面的时刻,向服务器发送了请求,对服务器产生了压力,而后续页面阅读不会和服务器再有交互,故不对服务器产生压力)。该正在阅读的用户属于在线状态,不应计入"并发用户数"。因此,800应称为"在线用户数",而不是"并发用户数"。

总之,"并发用户数"一定是多个用户同时进行了相同或不同的操作,对服务器产生了影响才行。它与"系统用户数"和"在线用户数"均存在差异。在测试中,经常要用到的概念是

"并发用户数",这个值才是真正对服务器产生压力的值。

既然"并发用户数"在性能测试中很重要,那如何计算出该值呢?通常,可以依据"服务器历史日志分析获取"或通过经验进行推导得出。前一种方法获取该值更加准确(具体讲解参见本书第 1.6.3 小节);经验推导法则比较主观,在没有其他有效数据参考的情况下,往往依据参考公式:系统用户数×(10%~30%)来进行估算。

小测验:
① 用户在注册页面填写个人时,是否对服务器产生压力?
② 用户填写完注册资料后,单击"提交"时,是否对服务器产生压力?
③ 用户不停从一个页面跳转到另一个页面,该操作是否对服务器产生压力?
④ 用户阅读论坛某帖子,未关闭帖子页面情况下去倒水喝,是否对服务器产生压力?

1.4.3 响应时间

"响应时间"通常包含两层含义,一是"请求响应时间",另一个是"事务响应时间"。在正式讲解这两个响应时间之前,先结合图 1.3 回顾一些网络知识。

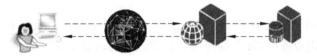

图 1.3 典型的企业 IT 系统的架构图

用户在客户端进行操作(例如单击超链接,单击按钮等)时,将与服务器进行交互,即客户端向服务器发送请求,经服务器处理后,服务器将向客户端做出响应。

用户通过客户端访问服务器(Web 服务器+数据库服务器),需要先穿越网络,然后依次通过各类服务器的处理,再次穿越网络返回到客户端。

用户在客户端进行的一次操作,如进行一次单击超链接操作,可能会导致客户端向服务器发送一次或多次请求,如请求 HTML 页面、请求图片、CSS 框架等内容。具体请求次数依据页面不同将会有所差异。即读者一定要注意:"并非一次单击即产生一次请求,而可能会是多次请求"(这一点可借助第 1.8 节中的"网页分析与优化工具"进行验证)。

读者充分理解了图 1.3 后,则不难理解"请求响应时间"和"事务响应时间"。

(1) 请求响应时间。请求响应时间为对请求做出响应所需要的时间,即从客户端发出请求到得到响应的整个过程的时间,如图 1.3 中虚线所表示的各段时间之和,单位通常为"秒"或"毫秒"。从图中可以看出,请求响应时间包括两部分:"网络响应时间"和"服务器端响应时间"。对性能测试结果进行分析时,若发现请求响应时间过长,则需要分析究竟是哪部分造成的问题。

注意:某些工具中提到的 TTLB(Time to last byte)指的即是请求响应时间,解释为"从客户端发送一个请求开始,至收到最后一个字节的服务器响应为止所经历的时间"。

(2) 事务响应时间。谈起"事务响应时间",首先需要理解什么是事务?事务是一个操作或一系列操作。可将所关注的一系列操作"封装"成一个事务,以使读者对这一系列操作的各项指标进行整体度量(更详细介绍参见第 3.3 节中"事务"的讲解)。"事务响应时间"指的是完成该事务(或说该事务中"封装"的一系列操作)所用的时间。例如,"在购物网站购买商品的事务"由"查询商品"、"添加到购物车"和"在线支付"等操作组成,完成这一系列操作所需要的时间即事务响应时间。如图 1.3 所示,每个操作将引起一次或多次请求。因此,不难理解"事务响应时间"中会包含一个或多个"请求响应时间"。

注意:"响应时间"长短能否被用户接受,常带有用户主观色彩,不同的用户对系统响应时间的感受不同,因此在开展性能测试时,要结合实际客户的需求来确定"合理的响应时间"。

1.4.4 每秒事务数

每秒事务数(Transaction Per Second,TPS)指每秒系统能够处理的交易或事务的数量。在性能测试中,经常听到类似于"取款业务成功率达到 1000 次/秒"这样的需求描述,指的即是 TPS。TPS 是 LoadRunner 中重要的性能参数指标,它能够衡量系统处理能力,例如业务成功率等。

1.4.5 吞吐量与吞吐率

吞吐量(Throughput)与吞吐率也是性能测试中两个常见的性能指标。

吞吐量即在单次业务中,客户端与服务器端进行的数据交互总量。通常,该参数受服务器性能和网络性能的影响。

吞吐量除以传输时间,就是吞吐率。吞吐率是衡量服务器性能和网络性能的重要指标之一。吞吐率一般可用"请求数/秒、页面数/秒、访问人数/天、业务数/小时、字节/天"等单位来衡量。

1.4.6 点击率

点击率(Hit Per Second,HPS)指每秒用户向 Web 服务器提交的 HTTP 请求数。点击率越大,表明对服务器产生的压力也越大。但是,点击率的大小并不能衡量系统的性能高低,因为它并没有代表单击产生的影响。

注意:

① 再次强调点击率中的"一次单击"并非指鼠标的"一次单击操作",因为一次鼠标单击操作可能包含了一个或多个 HTTP 请求。

② 经常把点击率和吞吐率结合来看,正常的系统点击率和吞吐量曲线波动是比较一致的。

1.4.7 性能计数器

性能计数器是一系列用于描述各类服务器或操作系统性能的指标,在进行资源监控和系统瓶颈分析中起着重要的作用。例如在 Windows 任务管理器中使用的内存数(Memory In Usage)、CPU 使用率(%Processor time)、进程时间(Total Process Time)等都是常见的性能计数器。

性能计数器种类繁多且复杂,不同的服务器和操作系统会有不同的计数器,在第 4.4 节中将详细讲解。

1.4.8 资源利用率

资源利用率反映了对系统(例如 Web 服务器、数据库服务器、操作系统等)的各种资源的使用程度,例如 CPU 利用率、内存占有率及磁盘利用率等。资源利用率是性能测试中分析瓶颈、发现问题从而改善性能的主要参数之一。为了方便进行分析,通常用"资源的实际使用/总的资源可用量"的形式来显示资源利用率。

"3000 用户并发进行登录操作时,服务器的 CPU 使用率不超过 75%,内存占有率不超过 10%"的描述中,"75%"和"10%"就是具体的资源利用率值。通常在性能测试时,会用监控得到的资源利用率值与预期设定的期望值或业界的一些通用值进行比较,当超出后,则有可能是该资源不足导致了系统瓶颈。例如,当 CPU 使用率经常高达 90% 以上甚至达到 100% 时,则 CPU 可能就是系统瓶颈所在。

1.5 性能测试流程

为了让读者对性能测试的整体思路有一个认识,本节将对性能测试的流程中的各个步骤进行讲解,如图 1.4 所示。

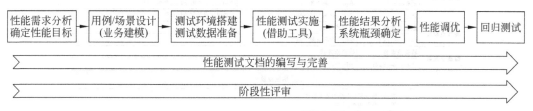

图 1.4 性能测试流程

注意:

① 上述性能测试流程中未包含"性能测试工具的选择",各公司情况不同,大多数公司有固定的业务和测试工具,这样就可省去工具选择过程;若公司中有多款测试工具的话,可在使用工具实施测试前的任何阶段灵活进行选择。

② 在性能测试流程中会贯穿性能测试文档的编写,可编写在同一模板中,也可各阶段使用不同的模板,依据实际情况而定。

③ 要求严格的公司,会在性能测试流程的每个阶段中设定评审,视公司及业务实际情况而定。

(1) 首先明确需求,确定性能测试目标,具体例子如图 1.5 所示。具体性能需求分析见第 1.6 节。

(2) 在需求确定的基础上进一步细化,进行业务建模,设计测试用例及场景,举例如图 1.6 所示。具体性能测试用例与场景设计方法参见第 1.7 小节。

(3) 在上述步骤基础上,搭建性能测试环境及创建所需的测试数据,如模拟出实际系统运行中的 3 层体系架构环境,在数据库中创建批量的历史账户和帖子信息等。

(4) 结合上述设计,借助性能测试工具进行测试实施,同时进行资源监控及数据收集。

(5) 针对监控和收集到的大量数据、图表,进行分析。通常,这一步骤由多角色人员配

		期望结果				
编号	测试项	平均事务响应时间	90%响应时间	事务成功率	CPU使用率	内存使用率
1	发布新帖子	≤2s	≤2s	>95%	≤70%	≤75%
		实际结果				
编号	测试项	平均事务响应时间	90%响应时间	事务成功率	CPU使用率	内存使用率
1	发布新帖子					

图 1.5　性能测试需求

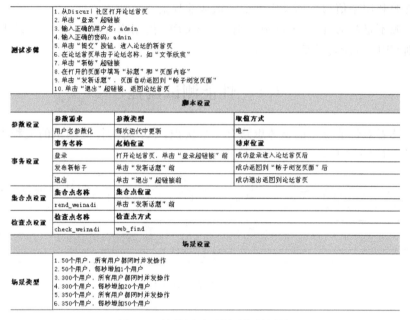

图 1.6　性能测试用例及场景设计

合完成,例如,对于数据库性能指标的分析可由 DBA 协助完成。

（6）程序员及 DBA 等其他人员协作共同完成性能问题解决及性能调优,例如,开发人员对代码逻辑中影响效率的地方进行代码调整。

（7）回归测试,将测试结果和前阶段测试结果进行对比分析。

1.6　性能需求分析

软件需求对于软件研发和测试工作来说极端重要。美国 Standish Group 公司的报告显示,失败及延期项目中,超过 60% 是由需求相关的问题所导致,这里的需求包含了多方面,其中"性能需求"不容忽视。性能测试需求的质量直接影响着性能测试的效果。对性能需求分析不够准确将导致即便后续各项工作进展顺利,也很难达到用户对性能的期望结果。

性能需求如此重要,如何获取性能需求则显得尤为关键。接下去,将向读者介绍什么是性能需求及其获取的各种方法,尤其是将对"通过服务器日志获取需求方法"进行重点讲解。旨在让读者能了解性能需求及来源,掌握通过服务器日志方式获取需求的方法,掌握

WebLog Expert工具的使用及结果分析方法。

注意：有的读者会问"不是有性能测试工具吗？直接用自动化工具多省事呀"。这里要纠正一个认识，性能测试工具虽然功能强大，但仍只能帮助实施性能测试，而对于前期的性能需求分析、用例场景设计及后期的测试结果分析等都是需要依靠智慧和经验去解决！所以说，工具的使用只占性能测试工作的一部分，而前期和后期的分析工作更加有深度！

1.6.1 什么是性能需求

性能需求可以划分为隐性性能需求和显性性能需求。隐性性能需求通常由普通型客户提出，这类客户往往不了解性能指标，不能明确提出具体的性能需求，因此这类需求需要需求人员采用合理的方式去协助客户明确需求指标，甚至需要开发方来提供需求指标，然后再由客户进行确认。因此，隐性性能需求需要读者结合实际情况仔细分析，最终得出显性性能需求。显性性能需求一般由专业型客户提出，这类客户往往具备自己的开发部门和测试团队，他们非常清楚系统处理业务量的分布，能够明确指出系统应该达到的目标，显然这类需求更加明确。值得一提的是，客观来讲，遇到的大多客户为普通客户。

下面结合实例讲解，让大家更加清楚这两类性能需求。

（1）隐性需求举例："学校礼堂的出入口楼梯宽度应该适宜，避免发生拥挤"这一需求看似是对功能的限制，实质上对于性能方面也有制约。具体而言，若出入口楼梯修建过窄，可能会导致入场或离场的人群发生拥挤甚至引发事故，而修建过宽又势必会造成资源浪费。用户所要求的"适宜的疏散流通能力"实质就是性能测试中衡量处理能力的吞吐量指标，即上述需求中存在着"吞吐量"这一隐性性能需求。

再举一个例子，用户提出"Discuz!论坛处理发帖速度将与×××论坛一样快，能够让大量用户同时发帖不出现故障"，也属于隐性性能需求。

（2）显性需求举例：以下仍借助Discuz!论坛来展示显性性能需求。

① Discuz!论坛处理发帖速度比前一版本提高10%。
② Discuz!论坛能处理10000个发帖事务/天。
③ Discuz!论坛登录操作响应时间小于3s。
④ Discuz!论坛可容纳100000个用户账号。
⑤ Discuz!论坛可支持1000个用户同时在线操作。
⑥ Discuz!论坛在20:00～23:00，至少可支持10000个用户同时发帖。
⑦ Discuz!论坛处理速度为5000笔每秒，峰值处理能力达到10000笔每秒。
⑧ 服务器CPU使用率不能超过70%。
⑨ 服务器磁盘队列长度不能超过2。

以上实例均存在很明确的指标或数字，可参照这些指标直接开展相应测试，故上述需求为显性性能需求。

1.6.2 常用的性能需求获取方法

1. 依据用户明确要求

依据用户明确给出的测试相关数据和指标是分析系统性能需求最直接、最简便的方法。对于前面提到的专业型客户，如银行、军事、医疗、政府机关等以及国外客户大多都会给出较明确的性能需求(响应时间、并发量、服务器资源指标等),作为开发方,只需进行整理后参照明确指标进行测试即可。

2. 依据用户提供的已有数据整理分析得出

所谓客户提供的已有数据指客户业务交易的纸质数据、客户旧版本系统中的历史数据(服务器日志、数据库记录等)。例如,一个未曾使用过电子系统的保险公司,获取需求时可以通过汇总已有投保纸质单据进行分析,得出各地域及每年某个时间段的投保、理赔数量、主要投保及理赔的险种业务等来进行性能测试。若该公司已有旧版本的电子投保系统,则旧版本的运行系统中存在了大量有价值的数据。例如,Web 服务器(IIS、Apache 或 Jboss 等)的日志中记录了系统访问情况以及出错信息等内容,测试时可依据日志信息分析客户的业务量,以及每年、每月、每周、每天的峰值业务量(通过服务器日志获取性能需求的方法参见第 1.6.3 节)。此时,以充分的真实业务数据做参考得出的性能需求显得更加真实有效。

3. 依据同行业中类似项目或类似行业中的数据

该方法包含了两种情况:一种为"依据同行业种类似项目的数据",另一种为"依据类似行业中的数据"。这两种情况所表达的含义是一致的。当自己没有某些资源时,要学会借助外界力量帮助自己实现性能目标的获取。例如,有读者可能会这样问:需求中没有说明性能需求,只说要做一个网站的性能测试。此时,如何开展性能测试呢?回答是,先分析用户群特征,然后参考其他同行企业的公布出来的数据进行测试。

下面,给出几个依据同行业中类似项目的数据或类似行业中的数据得出性能需求的几个实例。

【例 1-1】 在某企业网站的成功解决方案中介绍该方案的优势为"实现了 7×24 稳定运行要求,系统可承载 3000 用户同时访问,1 秒快速响应您的请求等",其中的数据可作为性能需要的参考。

【例 1-2】 有一些网站首页本身就提供了点击量、文章浏览量等统计信息,尽管在许多时候,不能完全照搬这些数据,但这些信息仍然具有很强的参考价值。

【例 1-3】 在开发一个保险类软件时,除了可从客户发布的一些成功解决方案中获取数据,还能主动去索取一些数据,例如,可以咨询某保险公司:"我想购买贵公司的保险,但首先要了解一下投保情况和理赔的数据或比例等,好让自己更确信公司的诚信……"。不过,这种方式不被推荐,因为对方的回答很可能存在水分以提高业务量。

【例 1-4】 可以借助一般的 B/S 架构的项目性能目标来套,例如,2/5/10 原则,即 2 秒的响应是愉快的,5 秒是可接受的,10 秒是最大可忍受的。

4. 80/20 原则分析计算得出

在性能测试需求获取中,经典的 80/20 原则可理解为,每个工作日中 80% 的业务在 20% 的时间内完成;80% 的功能只会有 20% 的用户访问,或者说 80% 的用户只使用 20% 的功能。

【例 1-5】 每年业务量集中在 8 个月内,每个月有 20 个工作日,每个工作日为 8 小时工作制。根据 80/20 原则,可得出,每天 80% 的业务在 1.6 小时(8 小时×20%)内完成。去年,全年处理业务约 100 万笔,其中 15% 的业务处理中每笔业务需对应用服务器提交 7 次请求;70% 的业务处理中每笔业务需对应用服务器提交 5 次请求;其余 15% 的业务处理中每笔业务需对应用服务器提交 3 次请求。根据以往统计结果,每年的业务增量为 15%,考虑到今后3年业务发展的需要,测试需按现有业务量的2倍进行。请根据上述数据进行测试强度的估算。

(1) 每年总的请求数:

(100万笔×15%×7次/笔+100×70%×5/笔+100×15%×3/笔)×2倍
= 1000万次/年

(2) 每天请求数:

$$\frac{1000 \text{万次/年}}{8\text{月} \times 20 \text{天/月}} = 62\,500 \text{次/天}$$

(3) 每秒请求数:

(62 500次/天×80%)/(8小时×20%×3600秒/小时) = 8.68次/秒(约为9次/秒)

可见,服务器处理能力应达9次/秒。

5. 任务分布图

若利用上面的某种方法获取到了客户业务相关的某些数据,则可借助任务分布图做进一步分析。任务分布图能够直观地展现客户业务在24小时内的交易情况,能协助读者整理出交易频繁的业务种类及相应的时间段。例如,表1.1中是某在线购物网站的任务分布图,从中可见,12:00～14:00及20:00～22:00之间的交易混合程度较高,"查询"任务的并发用户在14:00达到最大。任务分布图也支持对全年或某个月的任务分布情况作统计分析不再赘述。

表1.1 某在线购物网站的任务分布图　　　　　　　单位:百人

典型业务	并发用户数											
登录			2	5	30	35	6		70	75	3	
注册				2	20	10	3		30	25		
查询				3	8	50	40	8				
放入购物车			2	3	30	30	6					
支付				1	25	20	5					
时间	2	4	6	8	10	12	14	16	18	20	22	24

注意:性能需求提取时,要保证需求是合理的,符合实际应用的,并不是一味地把性能提得越高越好,因为性能是有成本的,所以应了这句话"不选贵,只选对的"。另外,若由开发方提供性能需求指标,则一定要注意和客户进行确认。

1.6.3 通过服务器日志获取需求

上一节给读者介绍了几种常用的性能需求获取方法,多数方法主要依靠读者的沟通和分析能力以获取需求。相比之下,依据用户提供的已有数据整理分析得出(通过服务器日志获取需求)的方法则比较具体和有效。一方面,它需要读者比较熟悉服务器日志,另一方面,由于有明确的真实数据做依托,较其他方法更加真实有效。因此对"通过服务器日志获取需求"的方法进行重点讲解。

采用该方法的前提是,用户没有给出明确的性能需求;同时,系统的旧版本已经运行过一段时间;这段时间不能过短,期间所积累的数据应足以分析出客户业务使用情况才行。只有这样,才可借助该方法分析出客户的主要业务、点击量、用户访问数量等。

以下的讲解主要针对 Apache 服务器的日志进行。也许有些读者从未接触过 Apache 服务器日志,因此,首先对此进行阐述。

Apache 的日志功能主要是指其在运行中对服务器活动进行的记录。日志内容主要涵盖了服务器访问者身份、访问时间、具体访问情况及服务器运行错误信息等。显然,Apache 的日志功能对于读者进一步了解服务器运行情况提供了有力帮助。

在 Apache 采用默认方式安装并运行后,将在安装目录的 logs 文件夹下生成如图 1.7 所示的 access.log 和 error.log 两种日志文件。

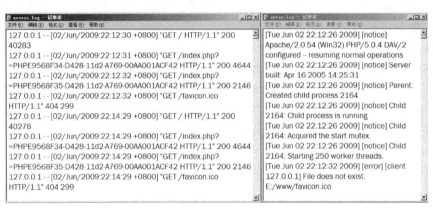

图 1.7 Apache 服务器日志

图 1.7 左侧为 access.log 文件,记录所有访问者对服务器进行的详细操作;右侧为 error.log 文件,记录服务器运行期间,出现的错误与异常等。在此,研究服务器日志的主要目的是获取性能测试需求,即需要了解所有访问者对服务器的具体访问情况。因此,重点关注 Apache 的 access.log 文件。

注意:Apache 配置文件为 httpd.conf,在配置文件中通过 CustomLog 命令可以设置日志文件存放路径,如"CustomLog/usr/local/apache/logs/access_log common"。

图 1.7 所示的 access.log 中各行内容均为什么含义呢?下面,结合其中的一条记录(如图 1.8 所示)来揭示谜底。

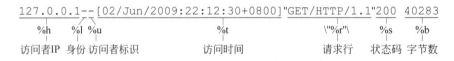

图 1.8 access.log 记录

图 1.7 所示的 access.log 文件的各行内容实质为"一条一条的客户端到服务器的请求信息"。图 1.8 为请求信息内容各部分所对应的格式和解释。

access.log 中的记录内容主要由 7 部分组成。如图 1.8 中,第 1 部分为 127.0.0.1;第 2、3 部分用"--"进行标识;第 4 部分为[02/Jun/2009:22:12:30+0800];第 5 部分为"GET/HTTP/1.0";第 6 部分为 200;第 7 部分为 40283。下面,依次对这 7 个部分进行介绍。

第1部分：远程主机的地址，标明访问者来源。在图1.8中，来自于127.0.0.1的用户进行了一次网站访问，该项信息的格式用%h来表示。

第2部分：访问者的E-mail地址或者其他唯一性标识。基于安全考虑，通常用"-"替代。该项信息的格式用%l来表示。

第3部分：访问者的用户名。基于安全考虑，通常也用-替代。该项信息的格式用%u来表示。

第4部分：访问请求发生的时间。该项信息的格式用%t来表示。

第5部分：访问请求的类型。此信息的典型格式为"方法-资源-协议"。方法包括GET、POST等；资源是指浏览者向服务器请求的文档或URL等；协议通常是HTTP+版本号。该项信息的格式用\"%r"\来表示。

第6部分：服务器返回的状态码，标明请求的结果。如"200"为请求成功，"404"为页面未找到，"500"为服务器内部错误等，对于各类状态码明确含义，有兴趣的读者请参阅相关资料深入学习。该项信息的格式用%s来表示。

第7部分：响应给客户端的总字节数。该项信息的格式用%b来表示。

值得一提的是，读者可在Apache的配置文件httpd.conf中，通过配置LogFormat的参数来自行定制日志文件的记录格式。例如，LogFormat "%h%l%u%t\"%r\" %>s%b" common表示日志中记录上述7个部分内容。

注意：由于本书的目的是让读者了解日志内容，以便更好的开展性能测试，所以内容介绍较为概括，有兴趣的读者可参考相关资料进一步学习。

终于清楚日志中内容的含义了！但是日志中有那么多的请求记录信息，如何进行统计分析以得出性能需求呢？难道一条条逐一统计？当然不是！这样做的效率未免太低了。下面讲解的WebLog Expert工具可以帮助测试人员方便地进行日志分析。

WebLog Expert能够分析网站的流量记录，从原始的流量记录中分析出Activity statistics、Access statistics、Information about visitors、Referrers、Information about errors等基本而重要的信息，能够帮助测试人员更加方便快捷地了解和分析网站的使用状况。该工具可针对Apache、IIS服务器的日志进行分析，使用起来非常简便。

从WebLog Expert的安装到进行服务器日志分析，进而获得性能需求逐步揭开这一工具的面纱。

最新版本的WebLog Expert软件可从http://www.weblogexpert.com/下载获得，安装过程非常简单，这里不再赘述。

安装完成后，选择"开始"|"程序"|WebLog Expert Lite|WebLog Expert Lite菜单命令，打开WebLog Expert工具，进入WebLog Expert使用主界面，如图1.9所示。列表中显示的每行记录为一个分析对象，通过工具按钮可以进行新建、编辑、删除和分析操作。

在主界面上单击New按钮，弹出General对话框，如图1.10所示。在该对话框中分别填写Profile、Domain和Index文本框。其中，Profile表示在主界面和分析报告中显示的名字；Domain为网站的域名；Index为分析报告的首页文件名。

单击"下一步"按钮，将显示如图1.11所示的Log Files对话框。在此对话框的Path文本框中输入待分析的日志文件路径(可使用通配符)，例如，C:\logs\access.log或C:\logs*.log。

单击"完成"按钮，将在图1.9所示的主界面中增加一条新的记录。

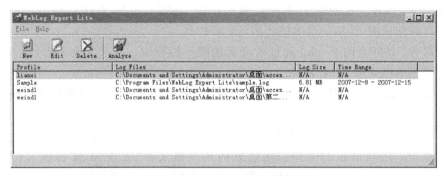

图 1.9　WebLog Expert 主界面

图 1.10　WebLog Expert 创建记录页面

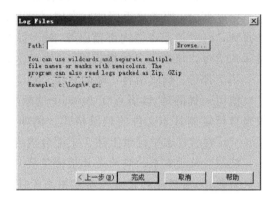

图 1.11　WebLog Expert 选择日志文件页面

在主界面中,选中新添加的名为 Weind Site 的记录,单击 Analyze 按钮开始分析。一段时间后,即可生成一份较完备的日志分析结果文件,如图 1.12 所示。

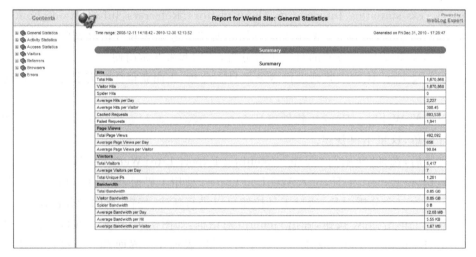

图 1.12　WebLog Expert 日志分析结果页面

日志分析结果文件中呈现出了很多实用的信息,例如,概要统计、活动统计、访问统计、访问者统计等。这些信息可为性能测试用例与场景设计提供有力支撑。下面,以河北师范大学软件学院 Apache 服务器的日志文件分析结果为例，对分析结果中的各项信息进行解释。

软件学院 Apache 服务器的日志文件主要记载的是“BugFree 缺陷管理系统的访问情况”。图 1.13 给出了 BugFree 系统在 2008 年 12 月 11 日至 2010 年 12 月 30 日期间的系统访问日志分析报告的概要统计信息(General Statistics)。

Time range: 2008-12-11 14:18:42 - 2010-12-30 12:13:52 Generated on Fri Dec 31, 2010 - 17:28:47

Summary

Summary

Hits	
Total Hits	1,670,868
Visitor Hits	1,670,868
Spider Hits	0
Average Hits per Day	2,227
Average Hits per Visitor	308.45
Cached Requests	803,538
Failed Requests	1,941
Page Views	
Total Page Views	492,092
Average Page Views per Day	656
Average Page Views per Visitor	90.84
Visitors	
Total Visitors	5,417
Average Visitors per Day	7
Total Unique IPs	1,201
Bandwidth	
Total Bandwidth	8.85 GB
Visitor Bandwidth	8.85 GB
Spider Bandwidth	0 B
Average Bandwidth per Day	12.08 MB
Average Bandwidth per Hit	5.55 KB
Average Bandwidth per Visitor	1.67 MB

图 1.13　BugFree 服务器日志_概要统计

(1) General Statistics(概要统计)：对系统当前的一些基础性能指标进行统计，提供出相应指标的一些平均和总计数值。这一信息有助于掌握系统在某段时间内的整体情况，例如，PV(页面访问量)。从图 1.14 可知，在 2008 年 12 月 11 日至 2010 年 12 月 30 日期间，BugFree 系统共有 5417 用户进行访问(Visitors)，点击量达到 1 670 868 次(Hits)，页面访问量达到 492 092 次(Page Views)，总带宽使用 8.85GB。

(2) Activity Statistics(活动统计)：General Statistics 提供了整个系统在运行期间，某些指标的平均和总计数值，但对性能测试而言，这些平均和总计数值往往是不够的，还需要查看一些峰值数据，或者说更希望看到各指标在不同时间段内的值分布情况。Activity Statistics 就能提供出每天甚至每小时内各项指标数据，如每日用户访问量、每日点击量、每小时用户访问量、每小时点击量等。根据这些数据生成的图表反应了相关指标的分布趋势和峰值。图 1.14 和图 1.15 显示了软件学院 BugFree 缺陷管理系统的 Activity Statistics 信息，从图表中很容易查看各指标的分布趋势和峰值，轻松分析出某天或某个时间段的峰值数。这些数据在用例和场景设计时十分有用。

(3) Access Statistics(访问统计)。Activity Statistics 提供每天、每小时的各项指标数据，侧重于各指标在时间上的分布，而 Access Statistics 反应的是业务或页面等的访问次数。Access Statistics 菜单下支持按系统中页面、文件、图片、目录及入口页面的统计分类。Access Statistics 可帮助确定性能测试的主要业务点(性能测试不同于功能测试，不能针对于整个系统的所有功能都开展性能测试，耗费人力物力且没有实际意义)，从而更加真实有

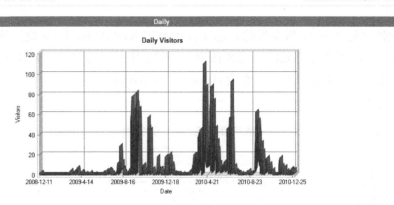

Date	Hits	Page Views	Visitors	Average Visit Length	Bandwidth (KB)
Thu 2010-11-11	-	-	-	-	-
Fri 2010-11-12	-	-	-	-	-
Sat 2010-11-13	-	-	-	-	-
Sun 2010-11-14	-	-	-	-	-
Mon 2010-11-15	307	141	8	09:45	2,565
Tue 2010-11-16	1,437	551	15	46:25	6,461
Wed 2010-11-17	864	352	12	44:24	5,872
Thu 2010-11-18	1,343	551	17	55:08	8,760
Fri 2010-11-19	41	10	1	05:22	339
Sat 2010-11-20	-	-	-	-	-
Sun 2010-11-21	935	547	3	01:20:09	6,939
Mon 2010-11-22	384	169	9	26:54	3,349
Tue 2010-11-23	194	68	6	10:04	1,494
Wed 2010-11-24	178	79	3	25:47	1,152
Thu 2010-11-25	94	52	3	33:30	722
Fri 2010-11-26	1	0	1	00:00	30
Sat 2010-11-27	1	0	1	00:00	30
Sun 2010-11-28	-	-	-	-	-
Mon 2010-11-29	70	40	1	02:00:15	513
Tue 2010-11-30	438	194	8	17:47	3,153
Wed 2010-12-1	55	24	1	01:14	466
Thu 2010-12-2	47	15	2	05:28	410
Fri 2010-12-3	-	-	-	-	-
Sat 2010-12-4	1	0	1	00:00	30
Sun 2010-12-5	-	-	-	-	-
Mon 2010-12-6	136	48	2	35:32	855
Tue 2010-12-7	71	29	4	13:48	615
Wed 2010-12-8	3	0	2	00:01	90
Thu 2010-12-9	206	38	2	25:49	826
Fri 2010-12-10	-	-	-	-	-
Sat 2010-12-11	13	1	1	00:03	111
Sun 2010-12-12	-	-	-	-	-
Mon 2010-12-13	256	82	2	01:59:58	935
Tue 2010-12-14	1	0	1	00:00	30
Wed 2010-12-15	-	-	-	-	-
Thu 2010-12-16	-	-	-	-	-
Fri 2010-12-17	-	-	-	-	-
Sat 2010-12-18	-	-	-	-	-
Sun 2010-12-19	-	-	-	-	-
Mon 2010-12-20	195	71	6	08:19	1,469
Tue 2010-12-21	178	97	5	36:20	1,795
Wed 2010-12-22	-	-	-	-	-
Thu 2010-12-23	302	239	5	01:39:03	4,978
Fri 2010-12-24	58	24	4	00:26	622
Sat 2010-12-25	1	0	1	00:00	30
Sun 2010-12-26	75	32	3	37:01	729
Mon 2010-12-27	3	0	2	00:08	90
Tue 2010-12-28	364	150	5	29:39	3,133
Wed 2010-12-29	56	25	1	01:10:11	430
Thu 2010-12-30	107	38	6	01:24:43	513
Subtotal	8,415	3,667	139	34:35	59,549
Total	1,670,868	492,092	5,417	59:00	9,279,192

图 1.14　BugFree 服务器日志_活动统计 1

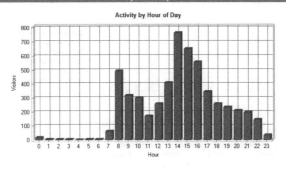

Hour	Hits	Page Views	Visitors	Bandwidth (KB)
00:00 - 00:59	2,330	955	17	18,645
01:00 - 01:59	2,965	869	3	22,361
02:00 - 02:59	1,122	315	3	8,947
03:00 - 03:59	1,541	519	2	9,747
04:00 - 04:59	391	96	1	1,517
05:00 - 05:59	250	62	2	736
06:00 - 06:59	319	115	5	3,102
07:00 - 07:59	4,441	1,321	61	35,887
08:00 - 08:59	61,553	18,045	493	386,773
09:00 - 09:59	68,138	20,868	315	371,792
10:00 - 10:59	81,305	24,101	301	439,625
11:00 - 11:59	56,624	16,621	170	347,634
12:00 - 12:59	35,254	10,821	255	210,778
13:00 - 13:59	109,006	30,760	406	713,798
14:00 - 14:59	104,832	34,703	765	685,729
15:00 - 15:59	220,088	66,204	650	1,106,354
16:00 - 16:59	371,543	106,154	555	1,945,458
17:00 - 17:59	280,847	80,215	342	1,471,924
18:00 - 18:59	79,030	23,188	255	393,519
19:00 - 19:59	61,778	18,982	231	361,610
20:00 - 20:59	60,134	17,285	210	369,152
21:00 - 21:59	36,367	9,857	196	173,579
22:00 - 22:59	23,826	7,533	144	147,203
23:00 - 23:59	7,184	2,503	35	53,310
Total	1,670,868	492,092	5,417	9,279,192

图 1.15　BugFree 服务器日志_活动统计 2

效地模拟大量用户的操作。图 1.16 显示了软件学院 BugFree 缺陷管理系统的 Access Statistics 信息(这里涉及图表过多,只是进行了部分展示)。从图表中可得出"每日页面访问趋势"及"最热门的访问页面",这些信息对性能测试的用例及场景设计具有很强的参考价值。

(4) Visitors(用户统计)。提供依据 IP 来分类统计的点击量、用户访问量及带宽等各指标值,如图 1.17 所示,它能够帮助更好的分析访问用户的类型及带宽等用户感受。

以上介绍了使用 WebLog Expert 进行性能需求分析的常用图表。实际上,WebLog Expert 中还有很多其他图表,如 Referrers(提交统计)可提供最热站点、最热 URL 等指标分布数据;Browsers(浏览器统计)可提供用户使用的各类浏览器和操作系统的分配比例,方便读者在性能测试中更真实地模拟用户使用情况;Errors(错误统计)可提供系统运行期间出现错误的统计,通过这些信息能够帮助读者定位系统中存在的问题,进而通过分析问题发生原因,在新版本系统中有效避免等。

总之,WebLog Expert 工具简单易用,功能强大,能够帮助读者有效地分析系统日志,进而更好地开展性能需求分析工作。建议读者结合一个日志文件,使用该工具进行一次性能需求分析,从而更深刻地理解各图表含义。

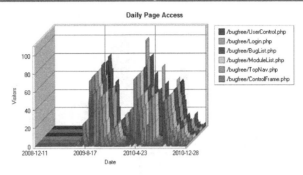

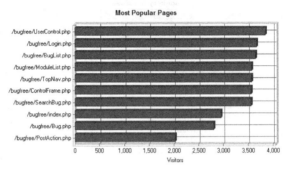

图 1.16　BugFree 服务器日志_访问统计

注意：除了 WebLog Expert 工具之外，市场上还有很多款不错的日志分析工具，可以帮助针对不同的日志文件进行分析统计，进而方便地获取性能测试需求。这里汇总了一些较常用的软件，有兴趣的读者可以进行研究分析。

① Analog：开源软件，免费；
② AWStats：开源软件，免费；
③ Webalizer：开源软件，免费；
④ Summary：商业软件，有 30 天试用版；
⑤ WebTrends：商业软件。

	Hosts			
	Top Hosts			
	Host	Hits	Visitors	Bandwidth (KB)
1	10.7.83.13	26,442	67	130,279
2	10.7.83.2	34,749	66	126,967
3	10.7.83.7	19,878	65	100,929
4	10.7.83.17	20,813	65	104,179
5	10.7.83.11	26,606	62	136,698
6	10.7.83.24	32,930	61	191,844
7	10.7.83.9	45,540	60	281,896
8	10.7.83.12	42,458	60	235,299
9	10.7.83.3	19,296	59	114,316
10	10.7.83.4	16,639	59	73,843
11	10.7.83.8	31,951	58	168,879
12	10.7.83.5	43,882	57	257,723
13	10.7.83.10	23,314	54	101,519
14	10.7.83.14	18,184	53	79,024
15	10.7.83.6	22,942	50	90,627
16	10.7.83.15	37,246	48	225,272
17	10.7.83.20	20,171	47	94,359
18	10.7.83.23	31,959	46	225,534
19	10.7.83.22	33,200	46	202,258
20	10.7.83.21	21,848	44	113,588
21	10.7.83.16	21,972	42	103,504
22	10.7.83.19	23,000	39	126,953
23	10.7.10.25	5,936	38	56,088
24	10.7.83.26	18,425	38	85,620
25	10.7.83.18	17,069	38	71,890
26	10.7.83.29	26,749	36	148,405
27	10.7.84.7	3,710	34	17,530
28	10.7.10.33	3,361	32	16,874
29	10.7.83.28	25,445	31	181,912
30	10.7.83.144	12,586	30	48,937
31	10.7.83.27	10,659	29	55,040
32	10.7.83.39	10,847	27	56,008
33	10.7.10.43	4,987	27	22,021
34	10.7.83.30	30,501	27	187,972
35	10.7.10.17	4,230	26	21,939
36	10.7.83.117	16,504	25	104,719
37	10.7.10.20	5,212	25	20,930
38	10.7.10.75	8,241	24	60,991
39	10.7.84.47	7,370	23	27,983
40	10.7.83.25	12,316	22	56,210
41	10.7.10.16	3,537	21	15,064
42	10.7.83.33	6,538	21	42,232
43	10.7.10.18	8,455	21	27,453
44	10.7.83.31	9,606	21	48,688
45	10.7.10.23	5,970	21	23,518
46	10.7.10.13	3,820	21	22,651
47	10.7.84.36	3,501	20	17,455
48	10.7.10.39	2,185	20	13,132
49	10.7.83.52	9,903	20	58,798
50	10.7.84.48	5,739	20	38,177
	Subtotal	898,422	1,946	4,833,729
	Total	1,670,868	5,417	9,279,192

图 1.17 BugFree 服务器日志_用户统计

1.7 性能测试用例与场景设计

本书 1.6 节讲解了性能需求分析及其方法。通过性能需求分析过程确定了性能目标，那么，有了性能需求之后，是不是意味着就能使用工具开展性能测试了呢？答案是否定的！因为，在测试之前，必须进行一个设计环节，即性能测试用例与场景设计。

性能需求分析和性能测试用例与场景设计有密切的关系。一方面，如果需求分析做得好、做得细，性能测试用例与场景设计起来就会非常容易。另一方面，在实际性能测试中，这两个步骤可结合起来进行，而不用严格的将二者进行剥离或划分为两个阶段。本章为了让读者开展性能测试前的两个重要的过程，即性能需求分析、性能测试用例与场景设计，而特意拆分开来进行讲解。

1.7.1 性能测试用例与场景设计原则

原则1：性能测试用例通常从功能测试用例衍生而来。

原则2：性能测试用例只针对能够产生压力，对系统性能有影响的功能来开展。

原则3：性能测试用例一般只考虑正常操作流程而忽略异常流程，因为通常大压力状况都是由于多用户并发执行某正常流程导致的。

原则4：性能测试用例中需结合实际项目情况考虑相关的约束条件，如对一个投票系统来说，就应该对相同IP访问进行限制。

1.7.2 性能测试用例与场景设计思路

在性能测试用例与场景设计中，通常会针对如下几个方面进行重点分析。

(1) 确定系统中主要产生压力的功能模块或用户角色。

(2) 确定系统中主要产生压力的功能。

(3) 针对产生压力的功能，确定详细操作步骤及步骤需要重复的次数。

(4) 针对并发用户的操作进行设计（如不同姓名的用户，即对脚本进行详细设计）。

(5) 确定并发用户数量、用户增加/减少方式（如每2秒增加5个用户）等。

1.7.3 SCIS系统实例分享

结合上面讲到的性能测试用例与场景设计原则及设计思路，下面以河北师范大学软件学院的SCIS系统为例，阐述用例及场景设计这一过程。

1. 项目背景介绍

SCIS系统是软件学院自行研发的一个教学管理信息系统，图1.18显示了其主界面。该系统的功能包括查看学生基本信息、课表管理、教室管理、学生成绩管理、提交周报、学生考评等，能够帮助软件学院更好的开展教学及管理相关工作。系统中涉及多种角色，不同角色人员访问同一网址会进入不同的系统页面，可进行不同操作。具体主要涉及管理员、任课教师、教学秘书、班主任（助教老师）及学生等角色。

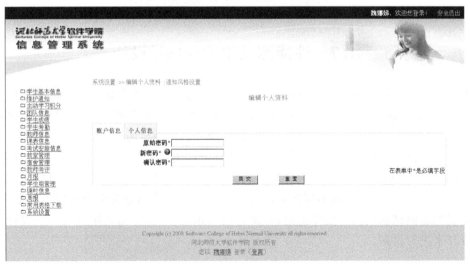

图1.18 SCIS系统主页面

具体功能介绍如下。

（1）管理员。主要负责网站角色、账户、权限的管理以及系统的维护等。

（2）任课教师。负责每学期的授课任务，其权限有查看学生信息、维护考勤、学生成绩的评定等。

（3）教学秘书。负责所有教职工信息的维护、课程的安排、考试的安排、任课教师的课时统计及所有教师的考评信息统计等。

（4）班主任（助教老师）。负责学生基本信息的维护及班级的管理（团队、个人的积分维护）等。

（5）学生。以只读身份，可以查看自己的成绩、积分、课程的安排、考试的安排等基本信息，还可对教师进行评价。

2. 用例与场景分析设计

针对 SCIS 系统的实际运行情况，并结合第 1.7.2 节给出的设计思路，逐步分析如下。

（1）主要产生压力的角色：学生及任课教师（管理员、教学秘书、班主任数量均很少）。

（2）主要产生压力的功能：登录，查询，教师录入成绩、学生查看成绩、学生查看积分、页面切换等。

① 每学期正式开课前 3 天，学生登录系统查看课程安排。

② 考试结束后第 5 天，任课教师登录系统录入学生成绩。

③ 考试结束后第 2 周，学生登录系统查看个人成绩、积分。

④ 高峰期内，将有大量用户同时登录，访问相应模块（登录，查询、录入成绩、查看成绩、查看积分、页面切换等）。

⑤ 结合本学院人员数量，特定时段登录/活动人数预计为 50～400 人。

（3）针对产生压力的功能，确定详细操作步骤。图 1.19 以"学生登录系统查看成绩"这一功能为例，确定了详细测试步骤。

前置条件	具备学生角色的用户账号和密码：student1/123456
测试步骤	1. 打开 SCIS 系统首页 2. 输入"学生角色的账户"的正确用户名：student1 3. 输入"学生角色的账户"的正确密码：123456 4. 点击"登录"按钮，进入 SCIS 系统首页 5. 在页面左侧树中单击"查看个人成绩"超链接，进入成绩显示页面 6. 在查询框中输入"学年"、"学期"、"科目"，单击"查询"按钮，页面展现相应结果（查询 1～5 次） 7. 单击"安全退出"超链接，返回到 SCIS 系统首页

图 1.19　SCIS 系统操作步骤（部分）

（4）针对并发用户的操作进行设计，即对脚本进行详细设计。图 1.20 给出了脚本设计的一个例子。

脚本设置			
参数设置	参数需求	参数类型	取值方式
	用户名参数化	每次迭代中更新用户名	唯一
事务设置	事务名称	起始位置	结束位置
	登录	单击"登录"按钮前	成功登录进入 SCIS 系统首页后
	查看成绩	单击"查看个人成绩"超链接前	成功展现"个人所有成绩显示页面"后
	查询	单击"查询"前	成功展现查询结果页面后
	退出	单击"退出"超链接前	成功退出返回到 SCIS 系统首页
集合点设置	集合点名称	集合点位置	
	rend_weinadi	单击"查看个人成绩"超链接前	
检查点设置	检查点名称	检查点方式	
	check_weinadi	web_find	

图 1.20　SCIS 系统操作脚本设计（部分）

(5) 确定并发用户数量、用户增加或减少方式(如每 2s 增加 5 个用户)等,如图 1.21 所示。

场景设置	
场景类型	1. 50个用户,所有用户都同时并发操作 2. 50个用户,每秒增加1个用户 3. 200个用户,所有用户都同时并发操作 4. 200个用户,每秒增加20个用户 5. 400个用户,所有用户都同时并发操作 6. 400个用户,每秒增加50个用户 7. 450个用户,所有用户都同时并发操作 8. 450个用户,每秒增加80个用户

图 1.21 SCIS 系统操作场景设计(部分)

3. 生成性能测试用例

根据上面的分析,则可得出如图 1.22 所示的性能测试用例(注:不同的公司采用的用例模板会有所差异,但是核心内容不变)。

用例ID	1				
业务名称	学生登录SCIS系统后查看个人成绩				
权重	高				
前置条件	具备学生角色的用户账号和密码: student1/123456				
测试步骤	1. 打开SCIS系统首页 2. 输入"学生角色的账户"的正确用户名:student1 3. 输入"学生角色的账户"的正确密码:123456 4. 单击"登录"按钮,进入SCIS系统首页 5. 在页面左侧树中单击"查看个人成绩"超链接,进入个人所有成绩显示页面 6. 在查询框中输入"学年"、"学期"、"科目",单击"查询"按钮,页面展现相应结果(查询1~5次) 7. 单击"安全退出"超链接,返回到SCIS系统首页				
脚本设置					
参数设置	参数需求	参数类型		取值方式	
	用户名参数化	每次迭代中更新用户名		唯一	
事务设置	事务名称	起始位置		结束位置	
	登录	单击"登录"按钮前		成功登录进入SCIS系统首页后	
	查看成绩	单击"查看个人成绩"超链接前		成功展现"个人所有成绩显示页面"后	
	查询	单击"查询"前		成功展现查询结果页面后	
	退出	单击"退出"超链接前		成功退出返回到SCIS系统首页	
集合点设置	集合点名称	集合点位置			
	rend_weinadi	单击"查看个人成绩"超链接前			
检查点设置	检查点名称	检查点方式			
	check_weinadi	web_find			
场景设置					
场景类型	1. 50个用户,所有用户都同时并发操作 2. 50个用户,每秒增加1个用户 3. 200个用户,所有用户都同时并发操作 4. 200个用户,每秒增加20个用户 5. 400个用户,所有用户都同时并发操作 6. 400个用户,每秒增加50个用户 7. 450个用户,所有用户都同时并发操作 8. 450个用户,每秒增加80个用户				
期望结果					
编号	测试项	平均事务响应时间	90%响应时间	事务成功率	CPU使用率	内存使用率
1	登录	≤2秒	≤2秒	>95%	≤70%	≤75%
1	查看成绩	≤2秒	≤2秒	>95%	≤70%	≤75%
	查询	≤2秒	≤2秒	>95%	≤70%	≤75%
	退出	≤2秒	≤2秒	>95%	≤70%	≤75%
实际结果					
编号	测试项	平均事务响应时间	90%响应时间	事务成功率	CPU使用率	内存使用率
1						
2						
测试执行人	weinadi	测试时间			

图 1.22 SCIS 系统性能测试用例(部分)

注意：以上只是对 SCIS 系统的单一功能点"查看个人成绩"进行了用例及场景设计。在对其他功能，例如"教师录入成绩"、"学生查看积分"等也进行了用例及场景设计后，还需要综合多个功能点模拟用户实际系统使用中常见的组合业务场景。针对组合业务场景也要进行性能测试，而组合业务场景测试更接近用户系统的实际使用情况，有助于发现系统性能瓶颈。

在此提醒读者，对于具体工具中参数的设置，也应该在性能测试用例与场景设计中完成，例如，何时进行参数化、参数取值方式、脚本迭代次数等。但是，考虑到目前，读者对于 LoadRunner 工具及工具中相关名词还不了解，故该部分会放在后面的章节中进行讲解，参见第 3.3 节。

1.8 性能测试工具

针对于性能测试领域而言，测试工具主要有以下几类：负载压力测试工具、资源监控工具、故障定位/调优工具、网页分析与优化工具。

1. 负载压力测试工具

负载性能测试工具是性能测试领域中最重要的一类工具，该类工具通常依据录制/回放功能来模拟用户真实操作。它能够模拟多用户同时并发访问被测试系统的真实使用场景，同时产生和监控各种性能指标，收集各类测试数据以便更好地协助用户完成测试结果分析。目前，测试工具厂商纷纷在该领域中提供相关的技术产品。下面介绍的是较主流的几款负载性能测试工具。

1）商用测试工具

（1）LoadRunner。HP 公司推出的一款较高规模适应性的自动负载测试工具。它能预测系统行为，优化性能。它通过模拟上千万用户实施并发负载及实时性能监测的方式来确认和查找问题，能够对整个企业架构进行测试。它适用于各种体系架构，通过使用 LoadRunner，企业能最大限度地缩短测试时间，优化性能和加速应用系统的发布周期。较其他工具而言，LoadRunner 最为常用。

（2）QA Load。QA Load 由 CompuWare 公司推出。它是一款可对 C/S 系统、企业资源配置和电子商务应用进行自动化负载测试的工具。它通过可重复的、真实的测试能够彻底地度量应用的可扩展性和性能。

（3）SilkPerformer。Borland 公司推出的一款在工业领域最高级的企业级负载测试工具。它同样可以模仿成千上万的用户在多协议和多计算的环境下工作，可方便快捷的协助用户开展性能测试。

（4）WebLOAD。RadView 公司推出的一款性能测试和分析工具，是专用于进行 Web 性能测试的工具。它通过模拟真实用户的操作，生成压力负载来测试 Web 的性能，该工具使用简单，应用也非常方便。

2）免费测试工具

（1）OpenSTA。一款免费的、开放源代码的 Web 性能测试工具，能录制功能强大的脚本过程，执行性能测试。在脚本能力上，它与 LoadRunner 并无明显差别，但在脚本处理能力上相对 LoadRunner 来讲就要薄弱一些。它的最大优势在于免费。

（2）WAS。微软提供的一款免费的性能测试工具，全称为 Web Application Stress Tool。WAS 较 LoadRunner 来讲，虽然不如其专业，但小巧实用，能够不错地完成一般性能测试工作。

（3）AB。Apache 自带的一款 Web 性能测试工具（在 bin 目录下），全称为 ApacheBench。ApacheBench 可帮助我们在网站开发期间仿真实际上线可能的情况，利用仿真出来的数据作为调整服务器设定或程序的依据。

注意：其实很多负载压力测试工具中已经集成了"资源监控工具"、"故障定位/调优工具"和"网页分析与优化工具"的功能（这两项功能详细介绍参见下文讲解）。

2. 资源监控工具

资源监控工具帮助我们进行系统资源的监控，例如监控服务器、中间件、数据库及主机平台的能力等。这些工具大多直接从被监控平台自身提供的性能数据采集接口那里获取性能指标，然后在工具中展现出来，以帮助进行各项指标的监控。有些监控工具能在监控的同时提供相应的报警信息。

这类工具如 QUEST 公司提供的包括主机监控、中间件平台监控及数据库平台监控在内的整套监控解决方案。

3. 故障定位/调优工具

故障定位工具能帮助更精细地对负载压力测试中暴露的问题进行故障根源分析。它能在更深层次上对业务流的调用进行追踪，从而发现系统瓶颈，为性能调优提供参考。例如，在数据库产品的故障定位分析上，Oracle 自身提供了强大的诊断模块。再如，新版本的 LoadRunner 工具也添加了诊断及调优模块。

4. 网页分析与优化工具

网页分析与优化工具能对 Web 页面进行资源分析。当它分析完一个网页后，会为减少加载时间提出优化建议。

http://www.websiteoptimization.com/services/analyze/ 提供了一个在线网页分析工具，不妨以此为例说明这类工具的作用。

首先，打开该在线分析工具的主页面，如图 1.23 所示。在 Enter URL to diagnose 文本框中输入待测试页面的 URL（不妨输入 http://www.baidu.com/），单击"提交查询内容"按钮即可显示出分析结果页面，如图 1.24 所示。在分析结果页面中可以查看被测页面中是否存在资源过大或下载时间过长等问题，并可参照该网站给出的建议来优化页面。

注意：通过分析结果页面中 Total HTTP Requests 项，会发现访问一次 http://www.baidu.com/，实质对服务器发送了多次请求，这个知识点大家要特别注意，在后面会再次提到。

本章向读者介绍了性能测试的一些基础理论知识，这些知识在后续的章节中都将用到。因此，就目前来讲，这些知识"很重要"。因为重要，所以需要理解。然而，由于读者可能此前

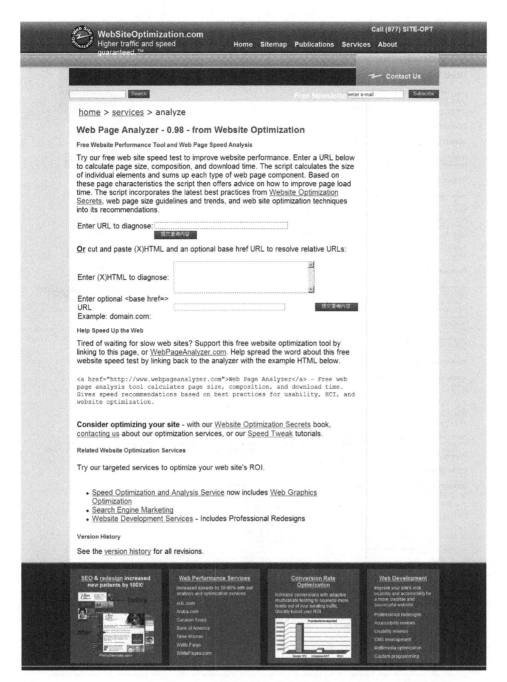

图 1.23　网页分析与优化工具首页

从未接触过性能测试,致对本章有些知识尚不能全部掌握。这就矛盾了不是?请读者"少安毋躁",随着后续内容的深入学习,本章知识会逐渐融入知识体系中,那时,会发现它已"不那么重要了"。等到读者悟到"重要也是不重要"时,在性能测试领域就入门了。

图 1.24　网页分析结果页面

第 2 章 LoadRunner 基础知识

本章将介绍 LoadRunner 入门知识，可使读者独立安装 LoadRunner 并掌握相关基础操作，深入理解工具原理及使用流程，从而对 LoadRunner 建立整体认识，为后续 LoadRunner 的深入学习打下基础。

本章讲解的主要内容如下：
(1) LoadRunner 概述；
(2) LoadRunner 部署与安装；
(3) LoadRunner 原理与工作流程；
(4) LoadRunner 基础使用演示；
(5) 同步训练。

2.1 LoadRunner 概述

LoadRunner 是美国 HP（惠普）公司的一款预测系统性能行为的工业标准级负载测试工具。其功能强大、优势显著。其一，通过模拟上千万实际用户的操作行为及实时性能监测的方式对整个企业架构进行测试（适用于各种体系架构）。其二，回收各类测试数据并生成相应图表，帮助读者更快的查找和定位问题乃至进行更全面的性能分析。其三，保存测试脚本，以使读者轻松开展回归测试。其四，支持广泛协议和技术，为不同企业的独特环境提供特殊的解决方案。其五，轻松操作，简单易学。

尽管读者对 LoadRunner 的强大功能还不尽理解，但有一点，读者是肯定理解了的，即：LoadRunner 工具可帮助读者最大限度地缩短测试时间且优化系统性能，并最终加速高质量应用系统的发布。

LoadRunner 工具功能强大、便于使用，被广泛应用于各大软件企业，占据了测试工具市场中绝对主流的位置。本书将以 LoadRunner 9.5 版本为基础，让读者领略性能测试的风采。

2.2 LoadRunner 部署与安装

HP 公司的官方网站，提供了最新版本的 LoadRunner 安装试用软件及技术资源介绍。在 http://www8.hp.com/cn/zh/home.html 页面检索 LoadRunner 即可定位到相关资源。

LoadRunner 分为 Windows 平台版本和 UNIX 平台版本。若所有测试环境均基于 Windows 平台，则仅安装其 Windows 版本即可。本章将介绍 LoadRunner 9.5 Windows 版本的具体安装过程。

注意：UNIX 版本安装的实质，是在 UNIX 平台下安装 LoadRunner 中的 Load Generator 组件来运行虚拟用户（virtual users），而 UNIX 下的 virtual users 可以与 Windows 平台上的 Controller 配合开展性能测试。故 UNIX 平台下只支持安装 Load Generator 组件。

2.2.1 LoadRunner 安装环境要求

正式安装 LoadRunner 之前，需先了解基于 Windows 平台下安装 LoadRunner 所需要的系统环境要求，如表 2.1 所示。配置不正确，导致安装和使用过程中出现问题。

表 2.1 LoadRunner 安装环境要求

环境类型	要　　　求
处理器	CPU 类型：英特尔酷睿，奔腾，AMD 或兼容 主频：最低 1GHz。建议 2GHz 或者更高
操作系统	支持以下 32 位 Windows 操作系统： Windows Vista SP1 Windows XP Professional SP2/SP3 Windows Server 2003 Standard Edition/Enterprise Edition SP2 Windows Server 2003 Standard Edition/Enterprise Edition R2 SP2
内存(RAM)	最低要求：512MB 建议：1GB 或更高
屏幕分辨率	最低要求：1024×768
浏览器	Microsoft Internet Explorer 6.0 SP1/SP2 Microsoft Internet Explorer 7.0
可用的硬盘空间	最低要求：1.5GB

2.2.2 LoadRunner 安装过程

LoadRunner 9.5 的安装环境要求如下。
(1) LoadRunner 9.5 安装镜像文件。
(2) Windows 平台下安装环境符合表 2.1 的要求。
具体的安装步骤如下。
(1) 将安装镜像文件 T7177—15008.iso 载入虚拟光驱（本章使用的是 DAEMON Tools），如图 2.1 所示。
(2) 双击虚拟光驱，进入如图 2.2 所示的安装向导对话框。

图 2.1 安装镜像载入虚拟光驱

图 2.2 安装向导对话框

(3) 单击"LoadRunner 完整安装程序"按钮,进入如图 2.3 所示的安装环境检查对话框,该对话框中列出安装 LoadRunner 所必备的其他支持程序。

(4) 单击"确定"按钮,系统自动依次安装上述必备程序。

注意:安装.NET Framework v3.5 需要联网环境支持。

(5) 在如图 2.4 所示对话框上选择接受协议条款,并单击"安装"按钮,系统将检查安装必备程序所需系统空间。若空间资源充足,则将依次开始下载安装必备程序。

注意:至少需要 622MB 的可用空间才能顺利安装。

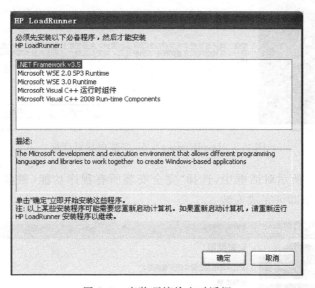

图 2.3 安装环境检查对话框

图 2.4 安装协议条款

(6) 逐一成功安装必备程序后,正式进入如图 2.5 所示的 LoadRunner 9.50 安装向导对话框并单击"下一步"按钮。

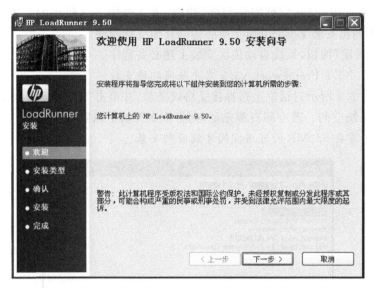

图 2.5　LoadRunner 9.50 安装向导对话框

(7) 在如图 2.6 所示对话框中,选择"完全安装所有程序功能(磁盘空间占用大)"。依次单击"下一步"按钮即可完成安装。

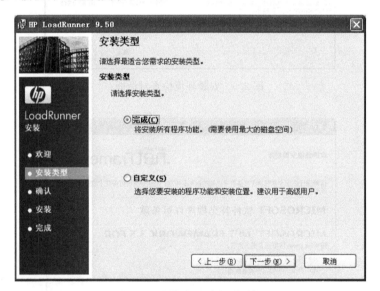

图 2.6　安装类型选择对话框

(8) 出现安装完成消息框时,表明已经成功安装 LoadRunner 9.5。安装操作完成后,自动弹出如图 2.7 所示的 LoadRunner 自述文件及使用期限提醒(试用期 10 天)。

2.2.3　LoadRunner 的授权

LoadRunner 9.5 试用版软件免费使用期限为 10 天,若要长期使用该软件,需购买相应 License(不同类型的 License 支持的协议类型、Monitors 和 Modules 存在差别)。不同类型的 License 价格差别较大,建议依据实际需要选择购买。

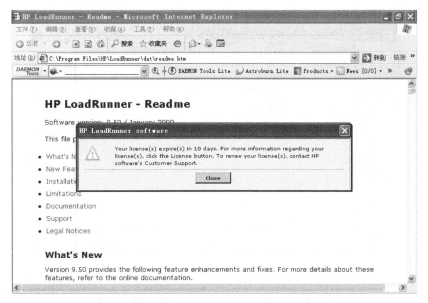

图 2.7　LoadRunner 自述文件及使用期限提醒

假定读者已成功安装 LoadRunner 9.5 并购买了相应的 License。下面,讲解软件授权具体操作步骤。

(1) 选择"开始"|"程序"|LoadRunner|LoadRunner 菜单命令,运行 LoadRunner,如图 2.8 所示。选择 CONFIGURATION|LoadRunner License 菜单命令,弹出 LoadRunner License Information 对话框,如图 2.9 所示。

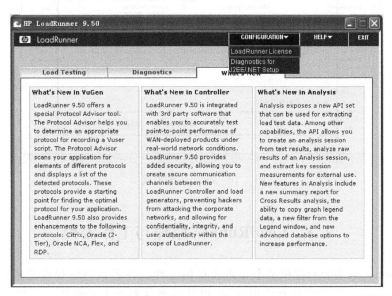

图 2.8　LoadRunner License 路径

(2) 单击 New License 按钮,在弹出的对话框中添加已购买的 License。
(3) License 添加成功后,将显示如图 2.10 所示的 License 类型及支持的 Vuser 数量。单击 Close 按钮返回主窗口。

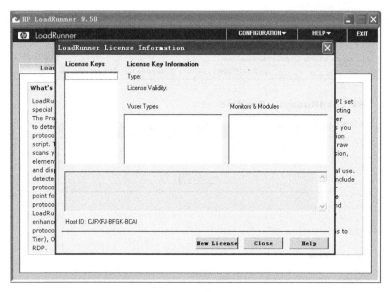

图 2.9 LoadRunner License Information 对话框

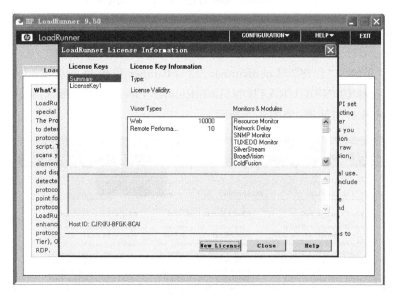

图 2.10 License 添加成功

2.3 LoadRunner 原理与工作流程

LoadRunner 的安装和授权是个非常简单的工作。在正式讲解操作之前,本节将先行剖析 LoadRunner 的工作原理和使用流程,以使读者从根本上和整体上认识 LoadRunner,为灵活使用 LoadRunner 奠定基础。

2.3.1 LoadRunner 工具组成

LoadRunner 工具主要由 Virtual User Generator、Controller 及 Analysis 三大模块构

成。这三大模块既可以作为独立的工具分别完成各自的功能,又可以与其他模块彼此配合,共同完成软件性能的整体测试。

(1) Virtual User Generator 模块。中文名称为虚拟用户发生器(以下简称为 VuGen),实质为一个集成开发环境,它通过录制的方式记录用户的真实业务操作,并可将"所记录的操作"转化为脚本(读者可依据实际需要,对脚本进行修改和二次开发)。运行脚本可"再现"相应的操作,脚本将是负载测试的基础。

(2) Controller 模块。中文名称为压力调度和监控中心,用于创建、运行和监控场景。Controller 可以依据 VuGen 提供的脚本(即一个用户的操作)模拟出大量用户真实操作的场景,即设计并模拟"哪些人、什么时间、什么地点、做什么以及如何做"的场景。同时,参照上述设计,运行场景并实时进行监控。最终,收集整理测试数据。

(3) Analysis 模块。中文名称为压力结果分析工具,用于展现 Controller 收集到的测试结果,便于进行结果和各项数据指标分析、联合比较等,从而定位系统性能瓶颈。

除了上述三大模块外,还有一个 LoadRunner 组件需特别说明:Load Generator,其中文名称为压力产生器。它通过运行虚拟用户产生真实的负载。例如,当 Controller 中设计要模拟 3000 个用户进行访问服务器操作且当前计算机(即将要运行此 3000 个虚拟用户的机器)由于配置较低或其他原因,不能独立支持这一数量级的虚拟用户操作时,Controller 可通过调用其他计算机来分担部分虚拟用户,从而达到顺利测试的目的。这些被调用来分担压力的计算机即 Load Generator。Load Generator 具体介绍参见 4.2 节。

2.3.2 LoadRunner 工具原理

上一小节揭示了 LoadRunner 的主要构成部分,图 2.11 则显示了这些构成部分之间是如何配合开展工作的,或者说给出了 LoadRunner 的工作原理。

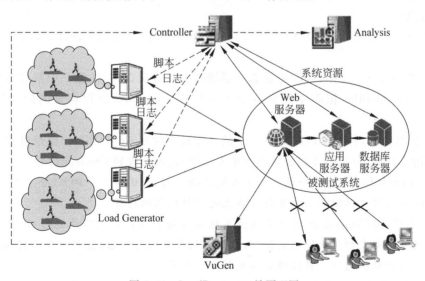

图 2.11 LoadRunner 工具原理图

下面,以测试 3000 个用户同时进行 Web 系统登录操作的性能为例对 LoadRunner 的工作原理进行说明。

一个用户执行登录操作过程,实质是客户端向服务器发送请求,服务器接收请求后进行请求处理并返回响应,客户端接收响应(依据网络知识,该过程通信协议为 HTTP,假定未使用其他协议)。"3000 个用户同时进行 Web 系统登录操作"这一过程的实质如下:3000 个用户(即客户端)同时向 Web 系统(即服务器)发送访问请求,Web 系统(即服务器)处理请求并进行响应,3000 个用户(即客户端)再接收服务器端返回的响应。手工测试情况下,数据采集人员需要分别采用 3000 个客户端及服务器上的一系列数据和指标,再转交于分析人员进行数据分析,从而定位系统性能瓶颈。

使用 LoadRunner 进行自动化测试的大致过程如下。

(1) 对"一个用户执行登录操作"的过程进行录制。其原理是,VuGen(虚拟用户发生器)充当客户代理,即客户端与服务器之间的请求和响应交互均通过 VuGen 进行传输。这意味着,VuGen 将捕获到客户端与服务器二者交互的所有信息。登录操作完成后,VuGen 依据对捕获信息的分析,将其还原成对应协议(即 HTTP 协议)的由 API 组成的脚本,并将脚本插入到 VuGen 编辑器中,以创建原始的 Vuser 脚本。

所生成的脚本即是对一个用户操作的"录制"结果,完全可用于模拟真实用户执行登录操作这一过程。当需要模拟大量用户(例如,3000 个)进行登录操作时,只需要同时执行相应数量的该脚本即可。显然,自动化测试节省了很多人力物力。VuGen 详细工作原理参见第 3.1.2 小节。

(2) VuGen 生成操作脚本后,则可利用 Controller 完成测试场景设计、运行与监控等后续测试工作。基于上述测试实例,Controller 完成的工作可能如下面所述。

① 从 VuGen 生成的很多脚本中选择本次测试所需的登录脚本(即做什么)。

② 模拟 3000 个虚拟用户(即哪些人)。

③ 添加 3 台机器作为 Load Generator,且每台 Load Generator 分担 1000 个虚拟用户(即什么地点)。

④ 以每 2 秒加载 5 个用户的方式(即如何做),于晚上 7 点整(即什么时间)开始执行脚本。

⑤ 上述场景设计完毕,并配置好服务器端相关设置后(参见注意 2 中解释),开始运行场景。此时,Controller 把脚本送到各个 Load Generator 上,运行场景的同时进行实时监控。

⑥ 场景结束时,各 Load Generator 上的日志被下载回 Controller。监控过程收集到的各项性能指标数据(包括服务器及负载发生器上的)也被回收到 Controller 中。

注意:Controller 支持单一或多个脚本的选择。例如,选择 3 个脚本(登录脚本、提交脚本及退出脚本),则可模拟多用户并行开展上述三种操作的场景。

图 2.11 中,由 Controller 指向被测试系统的箭头表示:测试场景运行前,在服务器端开启相应服务或安装相应软件的前提下,才可在场景开始运行后,监测到服务器端系统资源的各项运行时数据和指标。具体讲解参见第 4.4 小节。

Controller 本身不能生成负载,仅进行前期设计。负载的生成是通过 Controller 发送脚本至多个负载发生器(即 Load Generator),由负载发生器参照预先的设置对被测系统产生压力。

默认情况下,Results 菜单下的 Auto Collate Results 选项为启用状态。场景结束后,

LoadRunner 自动整理测试结果,以备后续分析。

图 2.11 中由虚、实两类线条组成。虚线为 LoadRunner 工具内部组件间的关系,实线为 LoadRunner 与外部的关系。

(3) 结果查看分析工具 Analysis,可接收到 Controller 中收集整理好的各类数据。通过对比查看,甚至通过相应高级设置,从而进一步分析测试结果。最终,确定系统瓶颈。

2.3.3 LoadRunner 工作流程

基于上述 LoadRunner 工具的原理,很容易得出其工作流程,如图 2.12 所示。

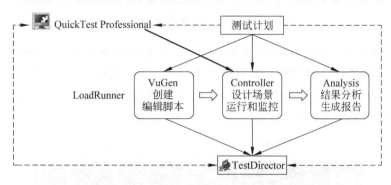

图 2.12 LoadRunner 工作流程

注意:使用 LoadRunner 测试之前,需要进行前期分析设计,制定测试计划文档。参照前期设计来指导后续 LoadRunner 工具的使用,即第 1.6 节和第 1.7 节内容所述。

图 2.12 中简单体现出了 LoadRunner 与 QuickTest Professional(功能自动化测试工具)及 TestDirector(测试自动化管理工具)的关系,三款工具可配合使用。关于 QuickTest Professional 和 TestDirector 详细内容介绍,有兴趣的读者可参阅本系列相关其他教程。

2.4 LoadRunner 基础使用演示

到目前为止,读者已从理论层面上认识了 LoadRunner。以下,将从实践角度揭示 LoadRunner,读者在学习 LoadRunner 操作时仍要不断加深原理性的认识。

后续章节讲解 LoadRunner 性能测试及工具使用,主要结合两个实例展开。其一,LoadRunner 自带的样例演示程序 HP Web Tours。其二,作者搭建的 BugFree 缺陷管理系统。因此,有必要带领读者先熟悉上述两个实例项目。

2.4.1 LoadRunner 自带程序演示

默认情况下,LoadRunner 安装的同时,将自动安装一个样例演示程序——HP Web Tours。HP Web Tours 应用程序是一个基于 Web 的旅行社系统,用户通过访问这一系统,可进行注册、登录、搜索航班、预订机票及查看航班路线等操作。

使用 HP Web Tours 系统前,需要启动自带的 Web 服务器,过程如下:选择"开始"|"程序"|LoadRunner|Samples|Web|"启动 Web 服务器"菜单命令,如图 2.13 所示,即可启动示例 Web 服务器。

图 2.13 启动示例 Web 服务器路径

注意：如果服务器已经启动，请勿再次进行启动操作，否则将会出现错误消息。

Web 服务器启动后，即可启动 HP Web Tours 应用程序。选择"开始"|"程序"|LoadRunner|Samples|Web|"HP Web Tours 应用程序"菜单命令。浏览器将打开 HP Web Tours 主对话框，如图 2.14 所示。

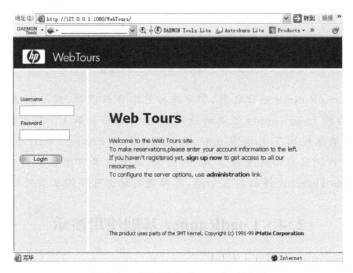

图 2.14 HP Web Tours 主对话框

注意：确保 LoadRunner 安装在计算机的默认目录下。否则，将无法打开 HP Web Tours 应用程序。

如果未拥有 HP Web Tours 的用户账号，可在图 2.14 所示的对话框上单击 sign up now 超链接注册新用户。图 2.15 显示了注册新用户的对话框。按提示正确填写完整个人信息后，单击 Continue 按钮，即可成功注册新用户账号。

如果已拥有 Web Tours 的用户账号（注：Web Tours 自带的用户名为 jojo，密码为 bean），则可在图 2.16 所示的对话框左侧分别输入用户名和密码后单击 Login 按钮。若用户名、密码输入正确则将成功登录系统，进入 HP Web Tours 应用程序欢迎使用消息对话框，如图 2.17 所示。

在图 2.17 所示对话框中单击 Flights 按钮，将打开如图 2.18 所示的 Find Flight（查找航班）对话框。

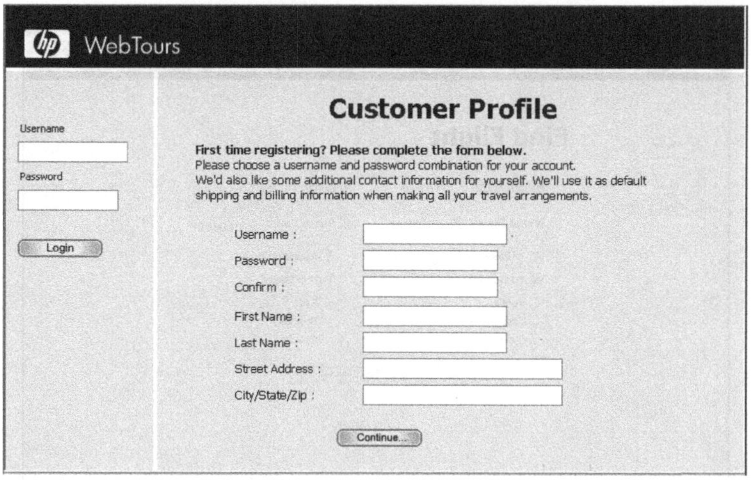

图 2.15　注册新用户对话框

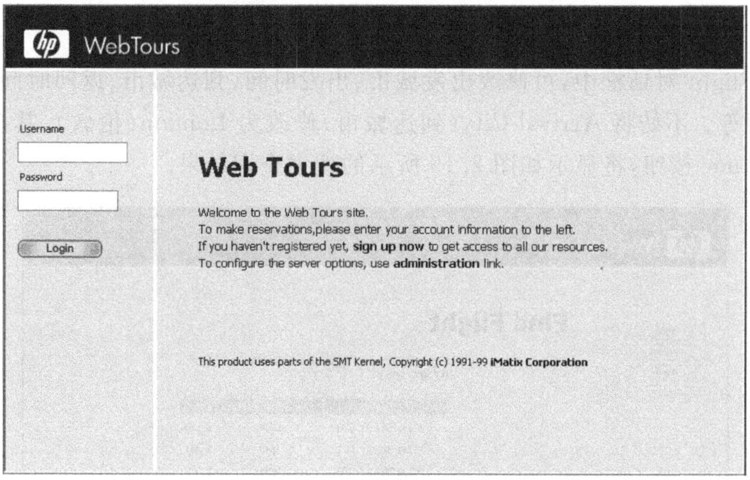

图 2.16　登录对话框

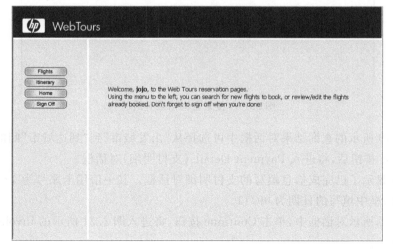

图 2.17　欢迎消息对话框

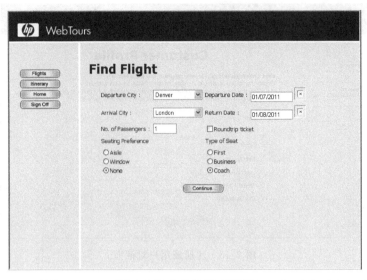

图 2.18 查找航班对话框

在 Find Flight 对话框中,可修改出发城市、出发时间、到达城市、返回时间、所需机票数量及机票类型等。不妨将 Arrival City(到达城市)修改为 London(伦敦),其余字段保持默认,单击 Continue 按钮,将显示如图 2.19 所示的搜索查询结果。

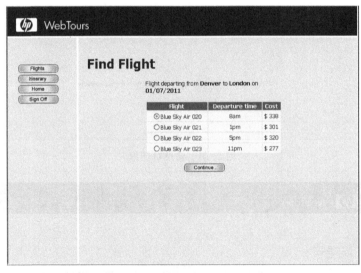

图 2.19 搜索查询结果对话框

在图 2.19 所示的查询结果对话框中可选择从"出发城市"到"到达城市"间的某一航班,单击 Continue 按钮后,将进入 Payment Details(支付明细)对话框。

图 2.20 显示了已完成信息填写的支付明细对话框。其中信用卡账号为 12345678,Exp Date(到期日)框中填写的日期为 09/11。

在图 2.20 所示对话框中,单击 Continue 按钮,将进入图 2.21 所示的 Invoice(查看发票信息)对话框。

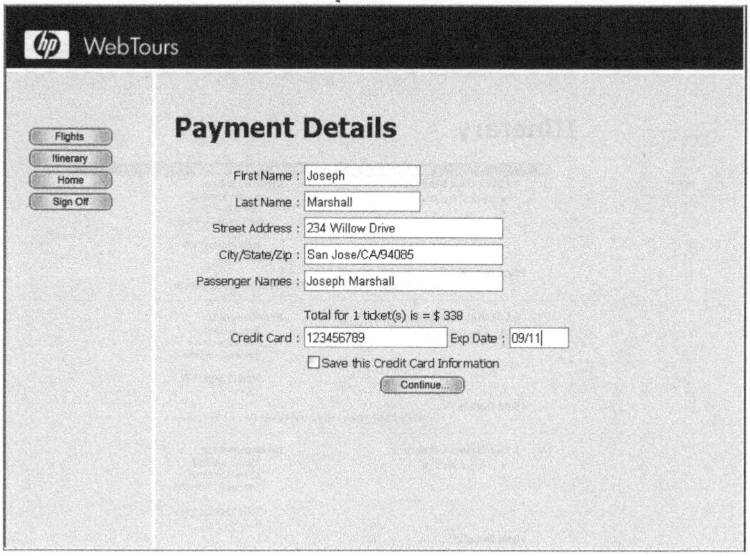

图 2.20 支付明细对话框(已填写)

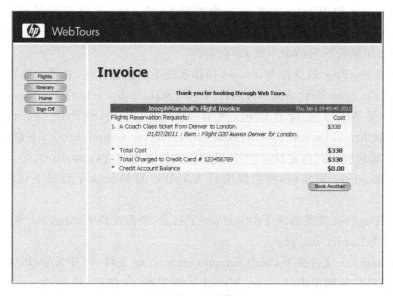

图 2.21 发票信息

在对话框左侧,单击 Itinerary(查看航班路线)按钮,可进入图 2.22 所示的 Itinerary 对话框。

在图 2.22 所示对话框的左侧,单击 Sign Off 按钮,可退出程序并返回至登录对话框。

2.4.2 BugFree 项目案例演示

相信接触过软件测试或开发的读者,对于缺陷管理系统均不陌生。目前,测试工具市场中,缺陷管理系统繁多,例如,BugFree、Bugzilla、Bugzero、JIRA 等。

BugFree 是一款免费且开放源码的缺陷管理系统,基于 Apache、PHP 和 MySQL 开发。

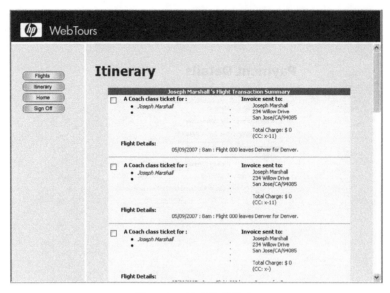

图 2.22 航班路线信息

服务器端在 Linux 和 Windows 平台上均可运行,客户端无须安装任何软件,仅通过 Internet Explorer、FireFox 等浏览器即可自由访问。它简单实用,适用于大型 IT 企业的各部门、小组或者团队及所有的中小型 IT 企业。

在此,介绍 BugFree 站点在 Windows 操作系统下的搭建方法,具体步骤如下。

(1) 由于 BugFree 基于 Apache,PHP 和 MySQL 开发,为运行 BugFree,需首先安装 Apache,PHP 及 Mysql 支持软件包,例如 XAMPP 或 EASYPHP 等。此处,选择了 XAMPP。访问 http://www.apachefriends.org/zh_cn/xampp.html,下载 XAMP 压缩包。将这一压缩包解压到指定目录(不妨设解压文件夹为 D:\xampplite)。

(2) 下载 BugFree 安装包,将它解压到 XAMPP 的 htdocs 子目录下(D:\xampplite\htdocs)。

(3) 进入 BugFree 安装目录下的 include 子目录,备份文件 Config.inc.Sample.php,并将原文件更名为 Config.inc.php。

(4) 在 xampplite 文件夹下,双击 xampp-control.exe 文件,打开 XAMPP Control Panel Application 窗口并分别单击 Apache、MySql 后面的 Start 按钮,启动 Apache 和 MySql 服务,如图 2.23 所示。

(5) 打开 Internet Explorer 浏览器,访问 http://localhost,进入如图 2.24 所示的 XAMPP 欢迎对话框。

(6) 单击"中文"超链接,进入中文欢迎窗口并提示已成功安装 XAMPP,如图 2.25 所示。

(7) 打开 Internet Explorer 浏览器,访问 http://localhost/BugFree。系统提示:"数据库连接失败!",如图 2.26 所示。

(8) 单击"创建数据库"超链接,自动创建数据库并显示如图 2.27 所示的提示成功创建信息。

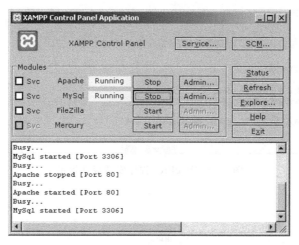

图 2.23 启动 Apache 和 MySql 服务

图 2.24 XAMPP 欢迎窗口

图 2.25 XAMPP 中文欢迎窗口

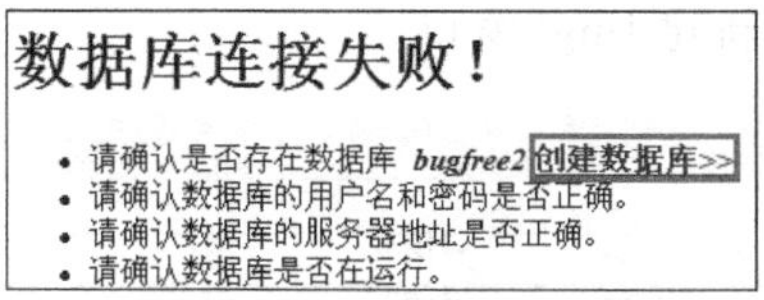

图 2.26 数据库连接失败提示 　　　　图 2.27 数据库创建成功提示

(9) 单击"继续安装"超链接,提示安装全新的 BugFree2。

(10) 单击"安装全新的 BugFree2"超链接,开始进行安装。安装完毕,系统提供管理员的默认账号和密码,如图 2.28 所示。

(11) 单击"这里"超链接,可进入 BugFree 登录窗口,如图 2.29 所示。

至此,已成功搭建了 BugFree 项目。下面,对 BugFree 常用功能(新建 Bug、查询 Bug、Bug 排序、测试用例管理)进行介绍。

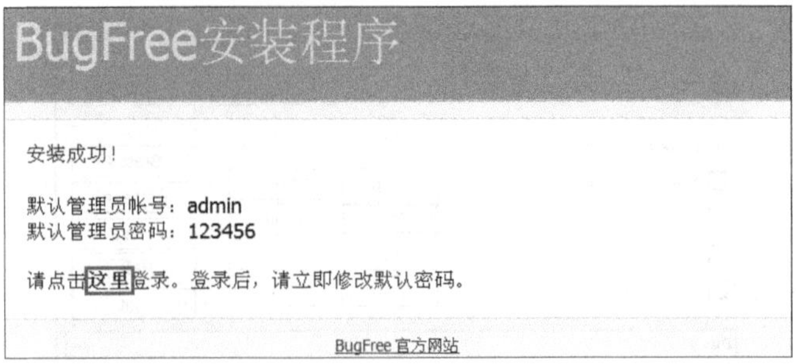

图 2.28　BugFree 程序安装成功提示

图 2.29　BugFree 登录窗口

1. Bug 新建功能

图 2.30 显示了一个测试用例。图中显示该用例执行的实际结果与期望结果不同。此时，需向 BugFree 中提交一个 Bug(或称新建 Bug)，具体步骤如下。

用例编号	相关用例	目的	操作步骤	输入数据	期望结果
Userscan-1		窗口中数据信息	点击系统管理->用户管理->用户浏览		弹出用户浏览的窗口,列表中的数据信息应为只读,密码列应为加密数据.

图 2.30　测试用例

(1) 如图 2.31，单击"新建 Bug"按钮，将进入"新建 Bug"窗口。

图 2.31　"新建 Bug"窗口

(2) 在"新建 Bug"窗口中，如图 2.32 所示填写 Bug 的描述信息。之后，单击"保存"按钮，当 Bug 提交成功时，将生成一条新的 Bug 记录。

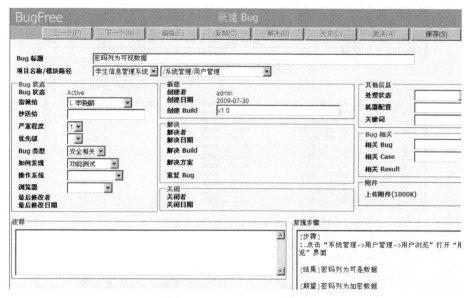

图 2.32　填写的 Bug 描述信息

2. Bug 查询功能

BugFree 支持多种 Bug 检索方式，具体介绍如下。

检索方式 1：单击某个模块，检索该模块的所有 Bug 记录。

如图 2.33，单击"项目模块框"下的"角色管理"模块，则将在 Bug 列表中显示此模块的所有 Bug。

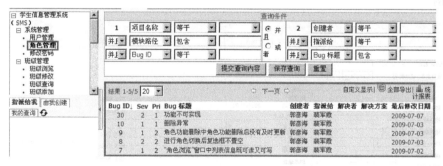

图 2.33　Bug 查询功能（检索方式一）

检索方式 2：设定查询条件，检索符合条件的 Bug 记录。

如图 2.34，在"查询条件"区域中填写 Bug 检索限定条件，单击"提交查询内容"按钮，列表中将显示符合限定条件的 Bug 记录。

3. Bug 排序功能

单击 Bug 列表的任一字段名称（例如 BugID、创建者等），可按该字段对 Bug 记录进行升序或降序排序（字段后的↑、↓分别表示升序和降序方式）。如图 2.35 所示，Bug 记录按 Bug_ID 字段降序显示。

4. Test Case 管理

测试用例（Test Case）是测试执行之前设计出的一套详细测试计划，包括测试环境、

图 2.34 Bug 查询功能(检索方式二)

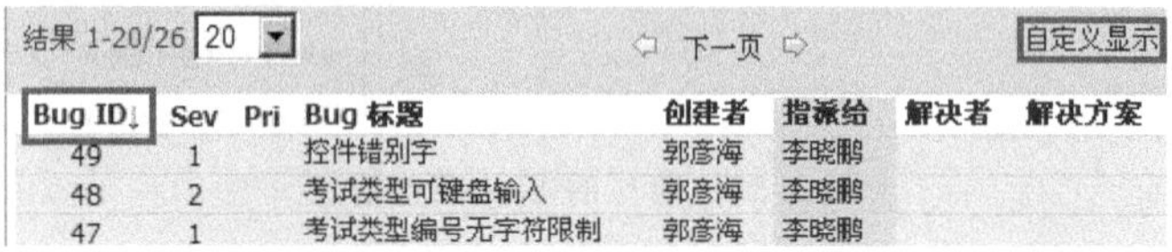

图 2.35 Bug 查询功能(检索方式三)

测试步骤、测试数据和预期结果。测试用例的录入与 Bug 的新建过程如出一辙。在主界面导航栏单击 Test Case 按钮,切换到 Test Case 窗口,单击"新建 Case"按钮,进入"新建 Case"窗口,如图 2.36 所示,录入测试用例信息并单击"保存"按钮,将创建一条测试用例。

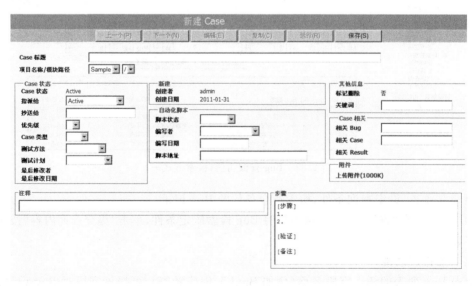

图 2.36 "新建 Case"窗口

注意:关于 BugFree 的功能,上述介绍粗略且浅显,只针对后续章节可能使用到的部分功能点进行了简要概括。有兴趣的读者可参阅相关手册进行深入学习和拓展。

2.4.3 LoadRunner 入门操作演示

下面,以对 LoadRunner 自带的订飞机票系统的登录和退出操作进行测试为例,演示 LoadRunner 使用的一般流程。旨在让读者对 LoadRunner 有个直观的感性认识,为后续章节的学习打下基础。

(1) 选择"开始"|"程序"|LoadRunner|Samples|Web|"启动 Web 服务器"菜单命令,启动订飞机票系统服务器。

(2) 选择"开始"|"程序"|LoadRunner|Virtual Vuser Generator 菜单命令,启动虚拟用户生成器,如图 2.37 所示。

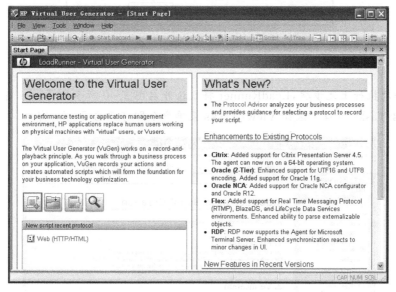

图 2.37 虚拟用户生成器首页

(3) 创建脚本。单击 图标,进入如图 2.38 所示的选择协议对话框。本次测试的对象为订飞机票系统,故,此处选择 Web(HTTP/HTML)协议。

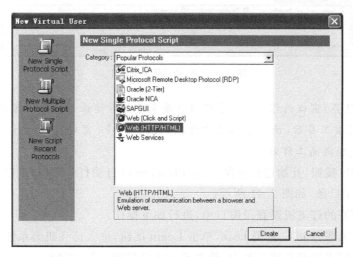

图 2.38 协议选择对话框

(4) 单击协议选择对话框上的 Create 按钮,进入开始录制对话框,如图 2.39 所示,输入 URL Address(例如 http://127.0.0.1:1080/WebTours/),其余保持默认。

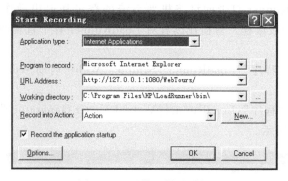

图 2.39 开始录制对话框

注意:

① 第一次执行上述步骤,LoadRunner 将默认开启图 2.40 所示的 Tasks 窗口。上述讲解中,未开启 Tasks 窗口。选择 View|Tasks 菜单命令即可开启 Tasks 窗口。

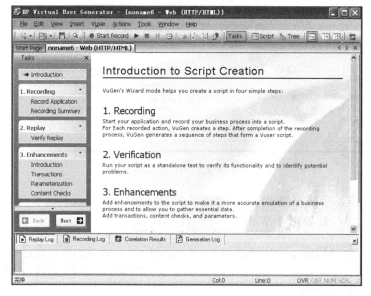

图 2.40 Tasks(任务)窗口

② Tasks(任务)窗口的作用:引导新用户逐步进行后续录制脚本及增强脚本等一系列操作。熟练使用该工具后,读者很容易体会到,关闭 Tasks 窗口直接进行录制脚本和增强脚本各项操作更能提高工作效率。

(5) 单击 OK 按钮,开始进行录制。LoadRunner 将自动打开第(4)步已给出 URL 的网页,并显示录制工具条,如图 2.41 所示。

(6) 在已打开的订飞机票登录窗口中,进行如下操作。

第 1 步:输入账号 jojo、密码 bean,单击 Login 按钮,进入订飞机票系统主页;

第 2 步:在订飞机票系统主页中,单击 Sign Off 按钮,退出系统。

图 2.41 网页录制中

(7) 结束录制。单击录制工具条上的 ■,结束录制操作。前面提到,第(6)步所做的操作将被录制成"脚本",录制结束后,该脚本将在 VuGen 中显示(可对脚本进行修改与优化,后面将会讲述),如图 2.42 所示。

(8) 启动 Controller,进行场景设计。选择 Tools|Create Controller Scenario(创建场景)菜单命令,进入 Create Scenario(创建场景)对话框,如图 2.43 所示。设置 10 个虚拟用户,其余保持不变。

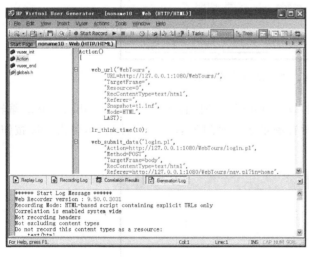

图 2.42 VuGen 生成的脚本

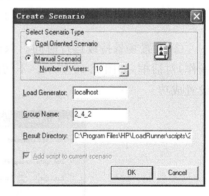

图 2.43 创建场景对话框

(9) 单击 OK 按钮,进入 Design 模式,如图 2.44 所示。

(10) 在 Controller 的 Design 标签页下,设计测试场景。

① 设置加压方式。双击 Start Vusers(加载虚拟用户)所在行,打开 Edit Action(编辑操作)对话框,如图 2.45 所示。设置加压方式为:同时加载所有的虚拟用户(目前虚拟用户共 10 个),单击 OK 按钮,设置成功。

· 51 ·

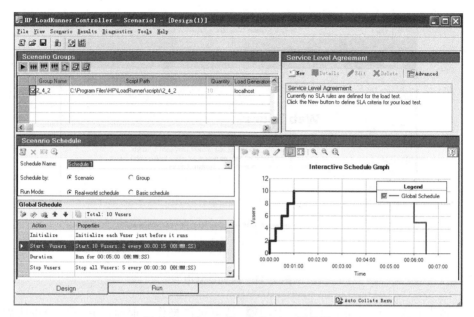

图 2.44　Controller 的 Design 标签页

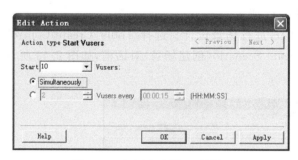

图 2.45　加压方式设置对话框

② 设置场景持续运行时间。双击 Duration（持续时间）所在行，打开 Edit Action（编辑操作）对话框，如图 2.46 所示。不妨设置场景运行时间为运行 2 分钟结束，单击 OK 按钮，设置成功。

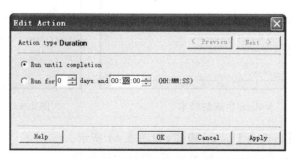

图 2.46　场景持续运行时间设置对话框

③ 设置减压方式。双击 Stop Vuser（减少虚拟用户）所在行，打开 Edit Action（编辑操作）对话框，如图 2.47 所示。设置减压方式为所有虚拟用户同时退出场景。其他暂不做调

整,保持默认即可。

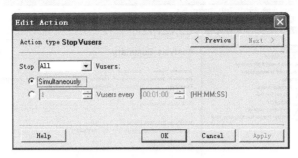

图 2.47　减压方式设置对话框

(11) 在 Design 标签页下的 Scenario Groups 区域单击 ▶ 所示,开始运行场景,如图 2.48 所示。

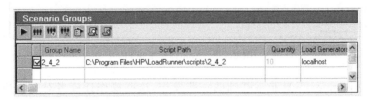

图 2.48　开始运行场景操作按钮

(12) 场景开始运行后,Controller 由 Design 标签页自动跳转到 Run 标签页,如图 2.49 所示。在该窗口中可实时监控场景运行状态、各项指标的数据及发展趋势等。

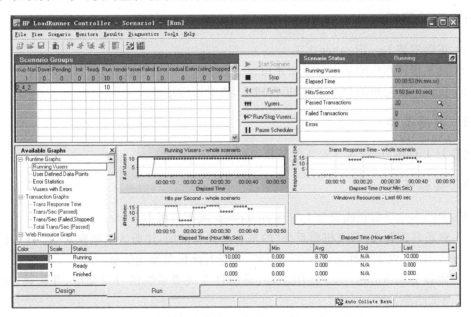

图 2.49　Controller 的 Run 标签页

(13) 场景结束运行后,单击 按钮,自动整理分析测试结果并汇总到 Analysis 工具中,如图 2.50 所示。在 Analysis 窗口中,可以进行测试结果分析。

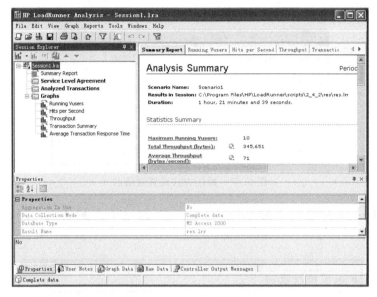

图 2.50　Analysis 主窗口

以上为 LoadRunner 工具非常基础的一些操作,这些操作让读者对 LoadRunner 有了一个大概的认识。关于 LoadRunner 更详细的使用将逐步展示给读者。

2.5　同 步 训 练

2.5.1　实验目标

(1) 正确安装 LoadRunner 9.5。
(2) 熟悉样例程序的基本功能和使用。
(3) 完成一个简单的脚本录制,运行脚本,查看运行结果。

2.5.2　前提条件

准备好 LoadRunner 9.5 安装包及相关软件。

2.5.3　实验任务

(1) 参照本章讲解正确安装 LoadRunner 9.5 或更高版本。
(2) 熟悉样例程序"订飞机票系统"的基本功能和使用,注册 3 个新账户,其中一个账户名称为个人姓名;以个人姓名订一张飞机票,并查看该机票路线信息。
(3) 体验 LoadRunner 9.5 使用流程,录制订飞机票系统的登录功能,并创建、运行场景,查看测试结果。
(4) 搭建 BugFree 缺陷管理系统,并熟悉该系统的使用。

第 3 章　用户行为脚本录制与开发

VuGen 能够帮助读者方便、快捷、真实的模拟用户行为。本章一方面可使读者深入理解 Virtual User Generator(简称 VuGen)的基本工作原理。另一方面,使读者轻松掌握脚本录制、阅读与增强开发方法,以及对脚本的各项配置。

本章主要讲解的内容如下:

(1) VuGen 基础;
(2) VuGen 脚本录制;
(3) VuGen 脚本增强;
(4) VuGen 相关设置;
(5) 同步训练。

3.1　VuGen 基础

图 3.1 显示了 LoadRunner 的学习路线图。本小节主要介绍 VuGen 基础知识,例如,VuGen 简介、录制原理及录制前期准备等。

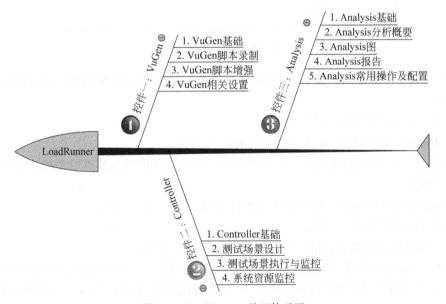

图 3.1　LoadRunner 学习体系图

3.1.1　VuGen 简介

VuGen 基础介绍以如下问答形式开展。

(1) 什么是 VuGen? VuGen 是对 Virtual User Generator 的简称。VuGen 提供了

LoadRunner 虚拟用户脚本的集成调试环境,主要用于录制和开发 Vuser 脚本。它支持各种程序类型和多种通信协议。它采用"录制和回放"的工作方式。通过录制,它将用户的操作行为"记录"成脚本。通过回放"录制生成的 Vuser 脚本"来模拟用户对程序的操作行为。

（2）什么是脚本？脚本是用户操作行为的代码表示,是一系列代码集合。脚本用一系列的代码来展现所录制的用户操作。图 3.2 展示了用 VuGen 录制生成的一个脚本,即 Vuser 脚本。

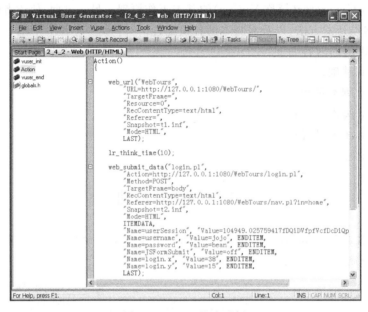

图 3.2　Vuser 脚本示例

（3）什么是脚本录制？脚本的录制/回放原理与录音软件原理相似。录音软件的使用过程如下。

① 按下录音按钮开始录制。

② 表述想录制的声音,此时录音软件将记录声音。

③ 按下停止按钮后,生成了一段音频文件。对该文件的播放使被录制的声音得以回放(即声音回放)。

脚本录制与声音录制工作方式实质相同,脚本录制工作方式如下。

① 单击录制按钮开始录制。

② 开始进行业务操作,此时 VuGen 将记录下所有操作。

③ 按下结束按钮后,VuGen 将生成一个脚本文件。VuGen 根据录制中获取到的数据还原成由 API 组成的脚本(即生成了由一系列代码组成的脚本文件),并自动将脚本插入到 VuGen 编辑器中。对该脚本的回放即可模拟所录制下来的用户操作(即动作回放)。

（4）为什么进行脚本录制？脚本录制就是通过录制并最终生成脚本的方式来记录用户业务操作,以便在性能测试中,通过回放脚本来模拟大量用户执行相同业务操作的真实场景。所以 Vuser 脚本即负载测试的基础。

3.1.2 VuGen 录制原理

讲解 VuGen 录制原理之前,首先简单回顾"客户端与服务器端的交互过程",如图 3.3 所示。通常二者进行交互采用如下步骤。

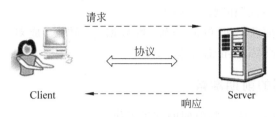

图 3.3 客户端与服务器端交互

(1) 建立连接。
(2) 客户端向服务器端发送请求。
(3) 服务器端接受到请求后会进行处理,并返回响应至客户端。
(4) 客户端收到响应后进行解释。
(5) 关闭连接等。在图 3.3 所示的过程中,不同类型的应用程序可能会采用不同的通信协议(程序使用协议)。

注意: 协议是通信双方为了实现通信而设计的约定或通话规则。

基于对"客户端与服务器端的交互过程"的理解,读者则不难理解 VuGen 的工作原理,如图 3.4 所示。"VuGen 工作原理"实质可用两个字概括:"代理"。代理(Proxy)可比喻为客户端和服务器端之间的中介人。录制过程中,VuGen 充当了"代理",它负责截获客户端与服务器之间的通信数据包,并负责转发。具体而言,截获并记录客户端发给服务器的请求数据包,之后将其转发给服务器端;服务器端处理请求后,VuGen 截获并记录从服务器端返回的数据包,之后将其返回给客户端。VuGen 通过分析"捕获到的信息"并将其还原成与通信协议相对应的脚本,再将生成的脚本插入到 VuGen 编辑器中,以创建原始的 Vuser 脚本。

值得一提的是,VuGen 之所以能够正确进行数据捕获及解析,离不开"协议"的支持。因此,开始录制之前,在 VuGen 中需先选择合适的协议(即 VuGen 选择协议)。显然,VuGen 中选择的协议必须同待测应用程序客户端与服务器端交互中使用的通信协议完全一致,否则会导致截获到的数据包丢失或发生解析问题等。

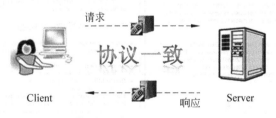

图 3.4 VuGen 录制原理

请阅读下面的问题,检查是否理解了 VuGen 的工作原理。
(1) VuGen 截获了什么?又形成了什么?
截获了请求和响应,生成了模拟用户行为的脚本。

(2) 通过什么截获?

通过通信协议进行截获。

(3) "程序使用协议"和"VuGen 选择协议"的关系?

二者必须保持一致。

(4) "VuGen 选择协议"和"脚本"的关系?

VuGen 会依据对捕获数据包的分析,将数据包"转换"成对应协议的脚本。同时,VuGen 会将脚本插入到 VuGen 编辑器中。

3.1.3 VuGen 录制的前期准备

正式录制脚本之前,需要一些前期的准备工作。

(1) 开启虚拟用户生成器。如图 3.5,单击"开始"|"程序"|LoadRunner|Applications|Virtual User Generator 菜单命令,打开虚拟用户生成器。

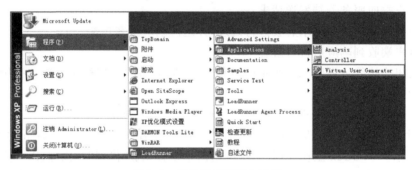

图 3.5 开启虚拟用户生成器

(2) 创建脚本。选择 File|New 菜单命令,或单击 按钮,创建新脚本,如图 3.6 所示。弹出 New Virtual User 对话框,如图 3.7 所示。

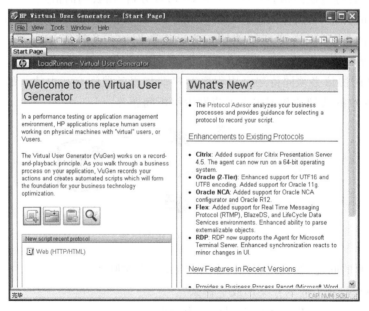

图 3.6 脚本创建方式

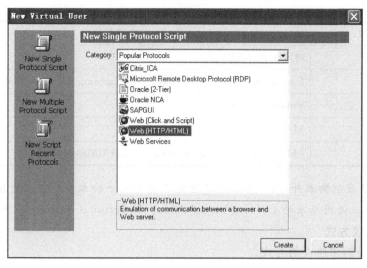

图 3.7　VuGen 协议选择对话框

（3）选择 VuGen 所用的协议。在 New Virtual User 对话框中选择要使用的协议，例如 Web(HTTP/HTML)协议。再单击 Create 按钮即完成 VuGen 录制前期的准备工作。

VuGen 中协议覆盖广泛，种类繁多。协议的选择是一项非常重要且谨慎的工作，经常有新手问："为什么用 LoadRunner 进行录制操作后，VuGen 里产生不了脚本？"，这类问题的产生就与"不正确的协议选择"有关。因此，有必要针对"VuGen 协议分类、创建协议方式、协议确定方法及协议选择原则"4 个方面进行阐述（注：若读者对此已有了解，可参考第 3.2 节）。

1. VuGen 协议分类

按照不同应用程序分类，表 3.1 中列举了 LoadRunner 9.5 采用的所有协议。每个协议的具体含义不再赘述，读者可在 VuGen 中通过单击某个协议以查看注释进行学习。

表 3.1　VuGen 协议分类

协议类型	可支持的协议
应用程序部署解决方案	Citrix ICA、RDP
客户端/服务器	DB2 CLI、DNS、Informix、Microsoft .NET、MS SQL Server、ODBC、Oracle(2层)、Sybase Ctlib、Sybase Dblib 和 Windows Sockets
自定义	C Vuser、Java Vuser、Javascript Vuser、VBScript Vuser、VB Vuser、VBNet Vuser
分布式组件	COM/DCOM、Microsoft.NET
电子商务	AMF、AJAX（Click and Script）、FTP、Flex、LDAP、Microsoft.NET、Web(Click and Script)、Web(HTTP/HTML)Web Services
ERP/CRM	Oracle NCA、Oracle Web Applications 11i、Peoplesoft-Enterprise、Peoplesoft-Tuxedo、SAP-Web、SAP(Click and Script)、SAPGUI、Siebel-Web
Enterprise Java Bean	EJB
Java	Java Record Replay

续表

协议类型	可支持的协议
传统	终端仿真(RTE)
邮件服务	Internet 邮件访问协议(IMAP)、MS Exchange (MAPI)、POP3 和 SMTP
中间件	Tuxedo 和 Tuxedo6
流数据	Media Player (MMS)和 Real 协议
无线	i-Mode、Multimedia Messaging Service(MMS)和 WAP

注意：除了录制脚本外，用户可以创建自定义的 Vuser 脚本。既可以使用 LoadRunner API 函数，也可以使用标准的 C、Java、Visual Basic、VB Script 或 JavaScript 代码等。

2. 创建协议方式

有以下 3 种创建协议的方式。

(1) 新建单协议脚本。此方式下，查看所有协议或按类别查看分类下对应的可用协议。当仅选择一个协议时，可选择 New Single Protocol Script(新建单协议脚本)。

(2) 新建多协议脚本。此方式下，可显示出所有可用的协议。待录制的对象使用多于一个协议的情况下，应选择 New Multiple Protocol Script(新建多协议脚本)并添加所有需要采用的协议(漏选协议可能导致捕获数据丢失或发生解析问题)。多协议方式添加操作简单，仅需在"可用协议"中选定协议并单击右箭头，将选定项移至"已选定协议"中即可。

(3) 使用最近使用过的协议新建脚本 New Script Recent Protocol。列出最近用于新建 Vuser 脚本的所有协议。

3. 协议确定的方法

面对 VuGen 的很多协议，"在何时选择何种协议，以及如何来选择协议"是经常困扰性能测试工程师的问题。因此，提醒读者谨记，"选择何种协议"取决于客户端和服务器之间的通信协议。对"如何确定待测应用程序所使用的通信协议"，给出如下建议，供读者参考。

(1) 通过 LoadRunner 9.5 自带的 Protocol Advisor(协议顾问)工具获知，建议采用。

(2) 通过询问开发人员获知所使用的协议。它是最简单、最直接的方法。

(3) 通过概要或详细设计手册获知所使用的协议。它是第二简便方法。

(4) 通过协议分析工具(例如 Omnipeek)捕包分析，确定所使用的协议它是可靠的方法。

(5) 通过以往经验确定被测对象所使用的协议。此方法存在不准确性。

4. 协议选择的原则

下面，列举较常用的几种协议选择类型。

(1) B/S 结构，选择 Web(HTTP/HTML)协议。

(2) C/S 结构，根据后端数据库的类型来选择。

后台数据库是 Sybase，则采用 Sybase CTlib 协议；

后台数据库是 SQL Server，则使用 MS SQL Server 协议；

后台数据库是 Oracle 数据库，则使用 Oracle(2 层)协议；

使用了 ODBC 方式连接数据库的,则使用 ODBC 协议;

没有数据库的 C/S(FTP、SMTP)系统,可选择 Windows Sockets 底层协议。

(3) 由于网络通信的底层均基于 Socket 协议,因此,几乎所有的应用程序都能够通过 Socket 来录制,但是 Socket 录制出来的代码可读性较差。对于 Windows Sockets 协议来说,最适合那些基于 Socket 开发的应用程序。

(4) 邮件服务器。对于邮件服务器来讲,需要关注邮件收发的方式。

若通过 Web 页面收发邮件,例如 126、163 网页邮箱等,则选择 HTTP 协议。

若通过邮件客户端(例如 OutLook、FoxMail 等)进行邮件收发,则需要根据不同的操作而选择不同的协议(发邮件选择 SMTP 协议,收邮件选择 POP3 协议)。

注意:

① LoadRunner 是一款基于协议的性能测试工具,即 LoadRunner 测试的对象都需要使用通信协议;它不适用于 Microsoft Word、Excel 等这类不使用通信协议仅进行本地处理的软件。

② 无论使用哪种协议,LoadRunner 的测试流程都基本是一样的,仅在设定细节上有所差异。测试人员只要熟悉被测应用程序的技术架构,就能成功完成脚本的录制。

③ 读者可在 VuGen 首页中单击 按钮开启 Protocol Advisor(协议顾问)工具,它通过扫描待测试的应用程序,检查其中使用到的协议,并将其展示在列表中。可协助用户进行协议的确定。

3.2 VuGen 脚本录制

参照图 3.1 中 LoadRunner 学习体系,本节主要介绍 VuGen 的脚本录制、脚本阅读、脚本回放、调试等操作及录制参数等知识。

3.2.1 脚本录制

第 3.1.3 小节中讲到了"协议选择"步骤,在图 3.7 所示对话框中选择 Web(HTTP/HTML)协议。

选择正确的协议后,单击 Create 按钮将显示 Start Recording 对话框,如图 3.8 所示,在 Start Recording 对话框中填写相应的信息,最后单击 OK 按钮确认。

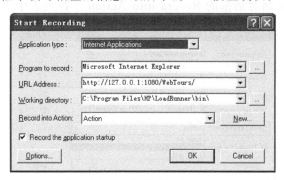

图 3.8 开始录制对话框

Start Recording 对话框各字段介绍如下。

（1）Application type：应用程序类型，支持 Internet 应用程序和 Win32 应用程序类型。

（2）Program to record：要录制的程序。当应用程序类型选择 Internet Applications 时，该项一般显示为 Microsoft Internet Explorer。

（3）URL Address：待测试的 URL。由于测试的是自带的 Web Tours 系统，则应该输入该系统的部署地址：http://127.0.0.1:1080/WebTours/。

（4）Working directory：设置工作目录。

（5）Record into Action：录制到操作，即选择把录制的脚本存放于哪一个函数部分。支持 vuser_init、Action 和 vuser_end 这 3 种类型，也可通过单击 New 按钮创建新的操作。结合实际项目情况，需灵活进行 Record into Action 的选择，详细参见第 3.2.1 节的知识拓展中讲解。

（6）Record the application startup：录制应用程序启动。勾选此项时，单击 OK 按钮，VuGen 将自动打开待测试的 URL 并同步开始录制；不勾选此项时，单击 OK 按钮，VuGen 自动打开待测试的 URL 并进入 Recording Suspended...（录制已暂停）对话框，待适当的时机再手动选择 Record（录制）或 Abort（中止）继续操作。

（7）Options...：录制选项设置，该项内容的修改会影响到脚本的录制过程。具体讲解参见第 3.2.5 节。

注意：以上介绍为 Internet Applications 应用程序类型。对于 Win32 应用程序，页面字段稍有不同，有兴趣的读者可通过修改 Application Type 进行查看和设置。

在图 3.8 所示对话框中正确填写各字段后，单击 OK 按钮，将打开一个新的"显示 HP Web Tours 网站"的 Web 浏览窗口及浮动的"正在录制"工具条，如图 3.9 所示。

之后，读者可开始进行各项业务操作（VuGen 会同步进行录制）。

注意：VuGen 仅支持录制 Windows 平台上的业务操作。但录制出来的 Vuser 脚本既可在 Windows 平台上运行，也可在 UNIX 平台上运行。

知识拓展：Record into Action。

如图 3.10，开始录制对话框的 Record into Action 下拉列表中支持 vuser_init、Action

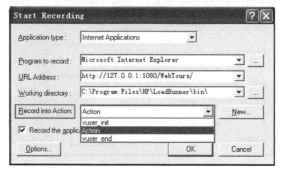

图 3.10　开始录制对话框

及 vuser_end 三部分(换言之,VuGen 的脚本可分为 3 个部分)。脚本录制前,须合理规划"不同的业务操作分别录制并存放于上述三者的哪个部分中"。这一规划至关重要,直接影响了脚本能否正确执行和回放乃至能否正确模拟实际业务操作。

表 3.2 对 vuser_init、Action 及 vuser_end 三者进行了比较。

表 3.2 vuser_init、Action 及 vuser_end 对比

函数	个数	执行次数	作用	集合点	备注
vuser_init	一个脚本中仅存在一个且不能再分割	在虚拟用户启动时执行一次	vuser_init 主要存放初始化信息,用来进行初始化,例如登录系统等	不可插入集合点	
Action	可分成无数多个部分(通过单击 New 按钮,新建 Action××)	可反复迭代执行多次;需在 Run-Time Settings… 对话框中设置迭代次数	主要存放客户端操作;尤其是在系统中功能复杂的情况下更要划分好,便于对事务进行分析(事务讲解参见第 3.3.3 小节)	可插入集合点(集合点讲解参见第 3.3.3 节)	①新建时可重新命名,但应为英文名称;②重复执行测试脚本时,实质重复执行的仅为 Action 部分
vuser_end	一个脚本中仅存在一个且不能再分割	在虚拟用户退出时执行一次	vuser_end 主要存放注销信息,用来进行注销操作	不可插入集合点	

【例 3-1】 基于第 2.4.2 节中 BugFree 系统。对"用户登录 BugFree 缺陷管理系统并创建多个 Bug 后,退出 BugFree 系统。"进行正确的录制配置。

协议选择显然为 Web(HTTP/HTML)单协议的 Web 脚本。但是怎样规划并存放各业务操作于脚本中呢?登录一次后,创建多个 Bug,完成后,退出一次。若将整体业务操作都录制到某一个 Action 中,脚本进行迭代回放时,则每创建一个 Bug 都会登录及退出一次,这显然与现实操作不一致。因此,做出如下调整。

(1) 将"登录 BugFree 操作"放在 Vuser_init 中。

(2) 将"创建 Bug 操作"放在 Action 中。

(3) 将"退出系统操作"放在 Vuser_end 中。

(4) 在 Run-Time Settings… 对话框中选择 General|Run Logic 结点,并在右侧设置脚本迭代的次数(如图 3.11 中的"3 次")则表示回放时将执行 3 次创建 Bug 的 Action(而 LoadRunner 只录制了一次创建 Bug 的操作)。因此,本脚本的回放过

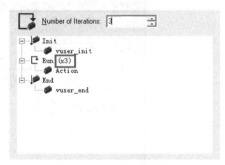

图 3.11 迭代次数设置

程中仅需要执行 1 次登录和退出操作就可以完成 3 次 Bug 的创建。关于 Run-Time Settings…对话框的设置详细讲解参见第 3.4 节。

补充说明:例 3-1 中,当需要在登录操作中设置集合点时,由于 vuser_init 中不能添加集合点,此时,登录操作也必须放于 Action 中。

3.2.2 脚本查看与阅读

脚本的录制非常简单。录制完成后,可在脚本视图或树视图中查看和阅读脚本。

(1) 脚本视图。脚本视图是一种基于文本的视图,以脚本方式列出 Vuser 的操作。通过选择 View|Script View 菜单命令,打开脚本视图,如图 3.12 所示。

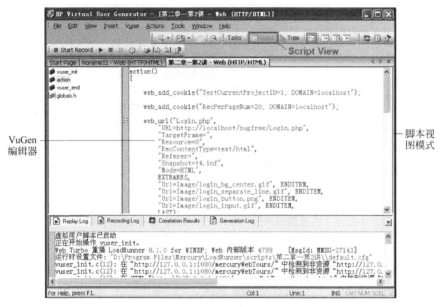

图 3.12 脚本视图

脚本视图下,将显示出由一个或多个函数及其变量值构成的脚本。

(2) 树视图。树视图是基于图标的视图,以图标形式列出了录制期间所执行的 Vuser 操作。选择 View|Tree View 菜单命令,打开树视图,如图 3.13 所示。

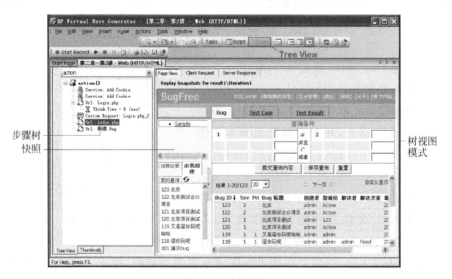

图 3.13 树视图

树视图下，VuGen 会在左侧步骤树中显示"以图标和标题组成的"用户操作步骤，大多数步骤都附带相应的录制快照，即图 3.13 右侧显示对话框。

图 3.14 对两种视图进行简单对比。

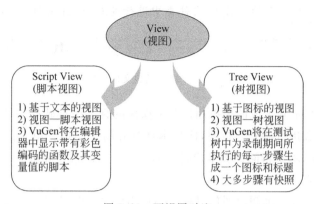

图 3.14 两视图对比

1．脚本视图

脚本视图概括如下：通过脚本方式展现 Vuser 操作。如图 3.15 所示，它分为 3 个部分。

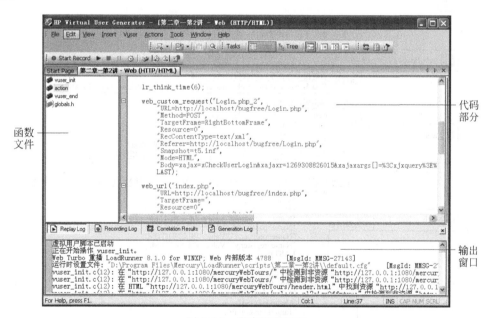

图 3.15 脚本视图界面

（1）函数文件。函数文件的列表显示。通常一个脚本由多个函数构成，这些函数又可分别存放于不同的函数文件中。类似于"一个 C 语言程序可能会由多个头文件(扩展名.h)和多个源文件(扩展名.c)组成，而不单将所有代码写在一个函数文件中"。

VuGen 脚本文件一般由 vuser_init、Action、vuser_end 以及所引用的头文件几大部分组成。其中 Action 部分允许有多个，如 Action 1、Action 2 等。单击函数文件部分的某个文件,右侧页面会显示出该文件中包含的具体脚本内容。

注意：LoadRunner 的脚本支持多种不同语言的语法,其中默认主要采用类 C 的语法,故可使用 C 语言中常用函数等对脚本进行增强和开发。图 3.15 中左侧显示的函数文件可在 LoadRunner 安装目录下的 scripts 文件夹中进行查看,如图 3.16 所示。

图 3.16 函数文件

(2) 代码部分。录制生成的模拟用户业务操作的脚本代码显示。单击脚本左边距处的按钮"+-"可对函数进行展开与折叠,使脚本规整并易于阅读。由于读懂脚本是对脚本进行修改的前提,因此,本章将阅读脚本代码视为本章学习的重点和难点。下文将针对脚本中的常用函数进行重点讲解。

(3) 输出窗口。显示录制及回放过程中的输出信息,如录制日志、回放日志等。

脚本中常用函数如下。

代码部分中会显示出多种类型的函数,这些函数组合在一起即可模拟出用户的实际业务操作。图 3.17 显示了脚本常用函数的相关信息。

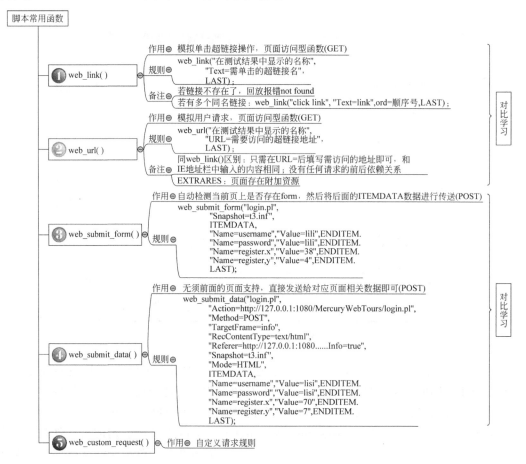

图 3.17 脚本视图—常用函数

下面,结合实际例子对各函数进行相关讲解,逐步使读者掌握脚本的阅读。

【例 3-2】 web_link()函数实例。

项目实例:LoadRunner 自带程序——HP Web Tours。

操作过程:

(1) 选择"开始"|"程序"|LoadRunner|Virtual User Generator 菜单命令,打开虚拟用户生成器。

(2) 选择 File|New 菜单命令,或直接单击 图标,弹出 New Virtual User 对话框。

(3) 在 Category 下拉列表框中选择 Popular Protocols,再选择 Web(HTTP/HTML)协议,单击 Create 按钮进入 Start Recording(开始录制)对话框。

(4) 将 Start Recording 对话框中 URL Address 修改为 http://127.0.0.1:1080/WebTours/。单击 Options...按钮,在图 3.18 所示的 Recording Options 对话框中,单击 General|Recording 结点,选择 HTML-based script 单选按钮,再单击 HTML Advanced 按钮,在图 3.19 所示的对话框中,选择 A script describing user actions(e.g web_link,web_submit_form)(关于 Recording Options 中各选项含义参见第 3.2.5 小节)。

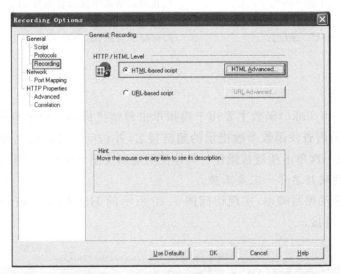

图 3.18 Recording Options(录制选项)对话框

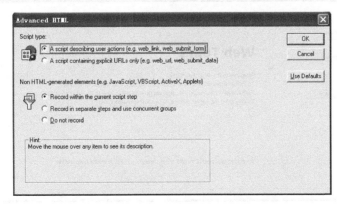

图 3.19 基于 HTML 的脚本—高级设置

(5)单击 Start Recording 对话框中的 OK 按钮开始进行录制。具体录制业务操作为，在打开的 http://127.0.0.1:1080/WebTours/网页中，单击 sign up now 超链接后，再单击■按钮，结束录制。

生成脚本：

```
Action()
{
web_url("WebTours",
    "URL=http://127.0.0.1:1080/WebTours/",
    "Resource=0",
    "RecContentType=text/html",
    "Referer=",
    "Snapshot=t1.inf",
    "Mode=HTML",
    LAST);
    //函数含义：执行单击 sign up now 超链接的操作
web_link("sign up now",              //在测试结果中显示名称为 sign up now,可修改
    "Text=sign up now",              //超链接名为 sign up now
    "Snapshot=t2.inf",               //保存了快照，名称为 t2.inf
    LAST);
return 0;
}
```

函数讲解：web_link()函数主要用于模拟单击超链接操作。通过执行该函数，VuGen 将自动在被测页面内查找函数参数指示的超链接名，并访问该超链接名所指向的 URL 地址页面，从而实现一次单击超链接操作。具体使用规则及注意事项参见图 3.17 所示。

特别提醒：超链接名称一定要正确。

函数拓展：手动编写脚本，实现访问图 3.20 所示的 HP Web Tours 登录页面时单击 administration 超链接。

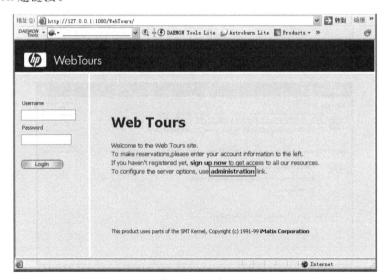

图 3.20　HP Web Tours 登录页面

脚本编写如下:

```
Action()
{       //该函数实现访问 http://127.0.0.1:1080/WebTours 地址的请求
web_url("WebTours",
    "URL=http://127.0.0.1:1080/WebTours/",
    "Resource=0",
    "RecContentType=text/html",
    "Referer=",
    "Snapshot=t1.inf",
    "Mode=HTML",
    LAST);
    //函数含义:执行单击 administration 超链接的操作
web_link("weinadi click administration ",      //步骤名称可任意更改
    "Text=administration",                      //图 3.20 所示方框给出了超链接
名称
                                                //注意:超链接名称不能错
    "Snapshot=t2.inf",                          //保存了快照,名称为 t2.inf
    LAST);
return 0;
}
```

运行上面编写好的"单击 administration 超链接的脚本",可模拟执行单击 administration 超链接操作并打开 administration 超链接页面。图 3.21 给出了该脚本的运行结果。

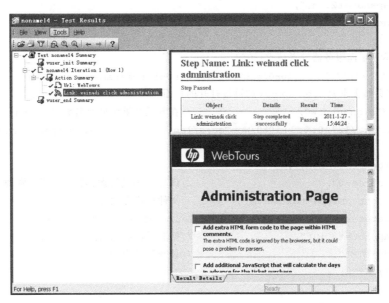

图 3.21　脚本运行结果—单击 administration 超链接

【例 3-3】　web_url()函数实例。

项目实例：LoadRunner 自带程序——HP Web Tours。

操作过程：

(1) 操作同例 3-2。

(2) 操作同例 3-2。

(3) 操作同例 3-2。

(4) 在 Start Recording 对话框中，URL Address 修改为 http://127.0.0.1:1080/WebTours/。单击 Options 按钮，在图 3.18 所示的 Recording Options 对话框中，单击 Recording 结点，并选择 HTML-based script 单选按钮，再单击 HTML Advanced 按钮，在图 3.19 所示的对话框中，选择 A script containing explicit URLs only(e.g web_url, web_submit_data)单选按钮。

(5) 在 Start Recording 对话框中单击 OK 按钮则开始进行录制，具体录制业务操作为，在打开的 http://127.0.0.1:1080/WebTours/中，单击 sign up now 超链接，之后再单击■按钮，结束录制。

生成脚本：

```
Action()
{
web_url("WebTours",
    "URL=http://127.0.0.1:1080/WebTours/",
    "TargetFrame=",
    "Resource=0",
    "RecContentType=text/html",
    "Referer=",
    "Snapshot=t2.inf",
    "Mode=HTML",
    LAST);
/*函数含义：向服务器发送请求，访问
"URL=http://127.0.0.1:1080/WebTours/login.pl?username=&password=&getInfo=true"
页面。该页面实质为 sign up now 超链接打开的页面*/
web_url("sign up now",                    //在测试结果中显示名称为 sign up now,可修改
    "URL=http://127.0.0.1:1080/WebTours/login.pl?username=&password=&getInfo=true",
    "TargetFrame=body",
    "Resource=0",                         //该 URL 不是资源,若=1 表示是资源
    "RecContentType=text/html",           //文件传输方式等
    "Referer=http://127.0.0.1:1080/WebTours/home.html",
    "Snapshot=t3.inf",                    //抓取了快照,名称为 t3.inf
    "Mode=HTML",                          //录制等级为 HTML
    LAST);
return 0;
}
```

函数讲解：web_url()函数用于模拟用户请求，即实现地址请求的过程。该函数较 web_link()函数更有优势，使用更加灵活。web_url()函数的使用没有任何请求的前后依赖关

系,仅需在"URL="的后面填写上待访问的地址即可(该地址即通过 Internet Explorer 访问页面时输入的地址)。具体使用规则及注意事项参见图 3.17。

函数拓展:手动编写脚本,实现访问 http://192.168.0.7/BugFree/Login.php(BugFree 首页)的操作。

脚本编写如下:

```
Action()
{
web_url("BugFree",                              //名称可任意修改
    "URL=http://192.168.0.7/BugFree/Login.php", //需要访问的 BugFree 地址
    LAST);
    return 0;
}
```

由于 web_url()函数的使用没有任何请求的前后依赖关系。因此,可单独运行上面编写好的函数,以模拟访问 BugFree 首页(http://192.168.0.7/BugFree/Login.php)的操作。图 3.22 给出了该脚本运行结果。

图 3.22 脚本运行结果—访问 BugFree 首页

【例 3-4】 web_submit_form()。

项目实例:LoadRunner 自带程序——HP Web Tours。

操作过程:

(1) 操作同例 3-2。

(2) 操作同例 3-2。

(3) 操作同例 3-2。

(4) 在 Start Recording 对话框中,URL Address 修改为 http://127.0.0.1:1080/WebTours/。

单击 Options... 按钮,在图 3.18 所示的 Recording Options 对话框中,单击 Recording 结点,并选择 HTML-based script 单选按钮,再单击 HTML Advanced 按钮,在图 3.19 所示的对话框中,选择 A script describing user actions(e. g web_link,web_submit_form)单选按钮。

(5) 在 Start Recording 对话框中单击 OK 按钮,则开始进行录制,具体录制业务操作步骤为:在打开的 http://127.0.0.1:1080/WebTours/ 中,单击 sign up now 超链接并填写完整页面信息,再单击 Continue 按钮,最后单击 ■ 结束录制。

生成脚本:

```
Action()
{
web_url("WebTours",                                //访问 HP Web Tours 首页
    "URL=http://127.0.0.1:1080/WebTours/",
    "Resource=0",
    "RecContentType=text/html",
    "Referer=",
    "Snapshot=t1.inf",
    "Mode=HTML",
    LAST);

web_link("sign up now",                            //模拟单击 sign up now 超链接
    "Text=sign up now",
    "Snapshot=t2.inf",
    LAST);
lr_think_time(46);                                 //思考时间,详解参见第 3.3.3 小节
//检测是否存在表单,若存在将 ITEMDATA 下填写的各字段内容传送至服务器
web_submit_form("login.pl",                        //在测试结果中显示名称
    "Snapshot=t3.inf",                             //抓取了快照
    ITEMDATA,
    "Name=username", "Value=weinadi", ENDITEM,     //username 为 weinadi
    "Name=password", "Value=123456", ENDITEM,      //其他字段内容,下同
    "Name=passwordConfirm", "Value=123456", ENDITEM,
    "Name=firstName", "Value=wei", ENDITEM,        //ENDITEM 为每个资源结束符
    "Name=lastName", "Value=di", ENDITEM,
    "Name=address1", "Value=China", ENDITEM,
    "Name=address2", "Value=ShiJiazhuang", ENDITEM,
    "Name=register.x", "Value=24", ENDITEM,
    "Name=register.y", "Value=11", ENDITEM,
    LAST);
return 0;
}
```

函数讲解:web_submit_form() 函数用于模拟提交表单操作。具体使用规则及注意事项参见图 3.17。

函数拓展：手动编写脚本，实现提交表单操作且各字段填写内容均为 weinaditest。
脚本编写如下：

```
Action()
{
web_url("WebTours",                                    //访问 HP Web Tours 首页
    "URL=http://127.0.0.1:1080/WebTours/",
    "Resource=0",
    "RecContentType=text/html",
    "Referer=",
    "Snapshot=t1.inf",
    "Mode=HTML",
    LAST);

web_link("sign up now",                                //模拟单击 sign up now 超链接
    "Text=sign up now",
    "Snapshot=t2.inf",
    LAST);
lr_think_time(46);
//检测是否存在表单，若存在将 ITEMDATA 下的填写的各字段内容传送至服务器
web_submit_form("login.pl",
    "Snapshot=t3.inf",
    ITEMDATA,
    "Name=username", "Value=weinaditest", ENDITEM,     //改为 weinaditest
    "Name=password", "Value=weinaditest", ENDITEM,     //其他字段内容，下同
    "Name=passwordConfirm", "Value=weinaditest", ENDITEM,
    "Name=firstName", "Value=weinaditest", ENDITEM,
    "Name=lastName", "Value=weinaditest", ENDITEM,
    "Name=address1", "Value=weinaditest", ENDITEM,
    "Name=address2", "Value=weinaditest", ENDITEM,
    "Name=register.x", "Value=24", ENDITEM,
    "Name=register.y", "Value=11", ENDITEM,
    LAST);
return 0;
}
```

运行上面编写好的脚本，可模拟执行提交表单操作且表单所有字段内容都填写为 weinaditest，将成功注册 weinaditest 用户。

【例 3-5】 web_submit_data()。

项目实例：LoadRunner 自带程序——HP Web Tours。

操作过程：

(1) 操作同例 3-2。

(2) 操作同例 3-2。

(3) 操作同例 3-2。

(4) 在 Start Recording 对话框中，URL Address 修改为 http://127.0.0.1:1080/

WebTours/。单击 Options 按钮,在图 3.18 所示的 Recording Options 对话框中,单击 Recording 结点,并选择 HTML-based script 单选按钮,再单击 HTML Advanced 按钮,在图 3.19 所示的对话框中,选择 A script containing explicit URLs only(e. g web_url,web_submit_data)单选按钮。

(5) 在 Start Recording 对话框中单击 OK 按钮,则开始进行录制,具体录制业务操作为:在打开的 http://127.0.0.1:1080/WebTours/中,单击 sign up now 超链接并填写完整页面信息,再单击 Continue 按钮,最后单击■结束录制。

生成脚本:

```
Action()
{
web_url("WebTours",                                     //访问 HP Web Tours 首页
    "URL=http://127.0.0.1:1080/WebTours/",
    "TargetFrame=",
    "Resource=0",
    "RecContentType=text/html",
    "Referer=",
    "Snapshot=t1.inf",
    "Mode=HTML",
    LAST);

web_url("sign up now",                                  //访问 sign up now 页面
    "URL=http://127.0.0.1:1080/WebTours/login.pl?username=&password=&getInfo=true",
    "TargetFrame=body",
    "Resource=0",
    "RecContentType=text/html",
    "Referer=http://127.0.0.1:1080/WebTours/home.html",
    "Snapshot=t2.inf",
    "Mode=HTML",
    LAST);
lr_think_time(51);                                      //思考时间
//检测是否存在表单,若存在将 ITEMDATA 下的填写的各字段内容传送至服务器
web_submit_data("login.pl",
    "Action=http://127.0.0.1:1080/WebTours/login.pl",
    "Method=POST",
    "TargetFrame=info",
    "RecContentType=text/html", "Referer=http://127.0.0.1:1080/WebTours/login.pl?username=&password=&getInfo=true",
    "Snapshot=t3.inf",
    "Mode=HTML",
    ITEMDATA,
    "Name=username", "Value=nadi", ENDITEM,             //username 为 nadi
    "Name=password", "Value=123456", ENDITEM,           //密码字段
```

```
        "Name=passwordConfirm", "Value=123456", ENDITEM,     //确认密码
        "Name=firstName", "Value=wei", ENDITEM,
        "Name=lastName", "Value=di", ENDITEM,
        "Name=address1", "Value=China", ENDITEM,
        "Name=address2", "Value=ShiJiazhuang", ENDITEM,
        "Name=register.x", "Value=30", ENDITEM,
        "Name=register.y", "Value=8", ENDITEM,
        LAST);
    return 0;
}
```

函数讲解：web_submit_data()函数用于模拟提交表单操作。该函数较 web_submit_form()使用更加灵活。web_submit_data()函数无须前面页面的支持，直接可发送数据到对应页面。具体使用规则及注意事项参见图 3.17。

函数拓展：手动编写脚本，实现提交表单操作，其中各字段的内容均为 naditest。

脚本编写如下：

```
Action()
{
web_submit_data("login.pl",
    "Action=http://127.0.0.1:1080/WebTours/login.pl",
    "Method=POST",
    "TargetFrame=info",
    "RecContentType=text/html", "Referer=http://127.0.0.1:1080/WebTours/login.
    pl?username=&password=&getInfo=true",
    "Snapshot=t3.inf",
    "Mode=HTML",
    ITEMDATA,
    "Name=username", "Value=nadi", ENDITEM,              //改为 naditest
    "Name=password", "Value=123456", ENDITEM,            //其他字段内容,下同
    "Name=passwordConfirm", "Value=123456", ENDITEM,
    "Name=firstName", "Value=wei", ENDITEM,
    "Name=lastName", "Value=di", ENDITEM,
    "Name=address1", "Value=China", ENDITEM,
    "Name=address2", "Value=ShiJiazhuang", ENDITEM,
    "Name=register.x", "Value=30", ENDITEM,
    "Name=register.y", "Value=8", ENDITEM,
    LAST);
    return 0;
}
```

web_submit_data()函数的使用无须前面的页面支持。因此，可单独运行上面编写好的函数，可模拟执行注册 naditest 用户操作。

以上 4 个实例介绍了 HTTP 协议下，Vuser 脚本的 4 个常用函数。至此，读者应已具备了阅读一般脚本的能力。除此之外，其他脚本中还会有很多不同类型的函数，下面，通过

例 3-6 向读者进行讲解。

【例 3-6】 常用函数拓展。

项目实例：BugFree 缺陷管理系统网站。

操作过程：

(1) 操作同例 3-2。

(2) 操作同例 3-2。

(3) 操作同例 3-2。

(4) 在 Start Recording 对话框中，URL Address 修改为 http://192.168.0.7/BugFree/Login.php。单击 Options… 按钮，在图 3.18 所示的 Recording Options 对话框中，单击 Recording 结点，并选择 HTML-based script 单选按钮，再单击 HTML Advanced 按钮，在图 3.19 所示的对话框中，选择 A script describing user actions(e.g web_link,web_submit_form) 单选按钮。

(5) 在 Start Recording 对话框中单击 OK 按钮，则开始进行录制，具体录制业务操作步骤为，在打开的 http://192.168.0.7/BugFree/Login.php 中，输入用户名 admin 及密码 123456，其他保持默认即可。单击"登录(L)"按钮进入 BugFree 首页，最后单击■结束录制。

生成脚本：

```
Action()
{
/ web_add_cookie()作用：添加新 Cookie 或修改现有的 Cookie
web_add_cookie("TestCurrentProjectID=1; DOMAIN=192.168.0.7");
web_add_cookie("RecPerPageNum=20; DOMAIN=192.168.0.7");

web_url("Login.php",
    "URL=http://192.168.0.7/BugFree/Login.php",
    "Resource=0",
    "RecContentType=text/html",
    "Referer=",
    "Snapshot=t1.inf",
    "Mode=HTML",
    EXTRARES,                    //其他附加资源下载如 java applet、flash、CSS 产生的请求
    "Url=Image/login_bg_center.gif", ENDITEM,
    "Url=Image/login_separate_line.gif", ENDITEM,
    "Url=Image/login_button.png", ENDITEM,
    "Url=Image/login_input.gif", ENDITEM,
    LAST);
lr_think_time(11);               //思考时间
/* web_custom_request()是一个操作函数，可创建自定义 HTTP 请求或创建正文，
   默认情况下，VuGen 只为无法用其他 Web 函数解释的请求生成该函数。*/
web_custom_request("Login.php_2",
    "URL=http://192.168.0.7/BugFree/Login.php",
```

```
        "Method=POST",
        "Resource=0",
        "RecContentType=text/xml",
        "Referer=http://192.168.0.7/BugFree/Login.php",
        "Snapshot=t2.inf",
        "Mode=HTML",
        "Body=xajax=xCheckUserLogin……",
        LAST);
    web_url("index.php",
        "URL=http://192.168.0.7/BugFree/index.php",
        "Resource=0",
        "RecContentType=text/html",
        "Referer=",
        "Snapshot=t3.inf",
        "Mode=HTML",
        EXTRARES,        //其他附加资源下载如 Java Applet、Flash、CSS 产生的请求
    "Url= Image/delete.gif", "Referer=http://……/UserControl.php", ENDITEM, "Url=
    Image/icon_refresh.gif", "Referer=http://……/UserControl.php", ENDITEM, "Url=
    Image/Loading.gif", "Referer=http://……/UserControl.php", ENDITEM, "Url= Image/
    ……/opened.gif", "Referer=http://……/ModuleList.php",ENDITEM, "Url= Image/……/
    blank.gif","Referer=http://……/ModuleList.php", ENDITEM,
        LAST);
    return 0;
    }
```

注意：

① 为了突出重点代码，对其中一些过长的且不必要的代码使用……进行了替代。

② 经常会听到一些朋友这样问：web_url()函数中 EXTRARES 下的各项资源下载代码是否有必要保留在脚本中？在此，建议读者保留该部分代码内容，若将其删除则 LoadRunner 就不会去下载相关资源，这意味着一个请求的响应会变小，即响应时间会变快，吞吐量也会变少等，如此，测试结果会变得不那么真实。

例 3-6 让读者认识了 web_add_cookie()、web_custom_request()及 web_url()中的 EXTRARES 相关知识。建议读者多结合不同项目录制脚本，并对应录制时的业务操作进行脚本函数学习。

2. 树视图

脚本视图方式更适合懂代码的读者使用。相比之下，树视图通过图标方式展现 Vuser 操作，方便各层次的读者轻松阅读和修改脚本。图 3.23 显示了树视图界面。

(1)"左侧显示区"。由 Tree View 和 Thumbnails 两个标签页构成。

① Tree View(树视图)标签页。在此标签页中，通过选择某一特定函数文件(例如 vuser_init、Action、vuser_end 等)，可查看此函数文件下的步骤树(步骤树用树结构展示以图标形式列出的录制期间所执行的 Vuser 操作步骤)。步骤树中的每一步均表示一个操作，且用"图标＋步骤名称"进行标记。步骤名称将出现在如图 3.24 所示的一系列函数参数中。

图 3.23　树视图界面

图 3.24　web_link 与 web_url 函数

② Thumbnails(缩略图)标签页。图 3.25 左侧页面即为缩略图标签页。此标签页依据选定的函数文件,显示相应函数文件下操作步骤的缩略图。通常,Thumbnails 标签页下仅显示脚本中主要步骤。选择 View|Show All Thumbnails 菜单命令,可显示全部缩略图。

(2) 主显示区。由 Page View、Client Request 和 Server Response 这 3 个标签页组成。

① Page View(页面视图)标签页。图 3.26 右侧显示的是 Page View 标签页。借助页面视图可查看以 HTML 形式(或者说以它在浏览器中的呈现方式)显示的快照(快照是当前步骤的图形表示)。

② Client Request(客户端请求)标签页。图 3.27 右侧显示的是 Client Request 标签页。用于显示当前所选快照的客户端请求 HTML 代码。并以层次结构对请求信息进行细分:标头、正文及它们的子组件。

③ Server Response(服务器响应)标签页。图 3.28 右侧显示的是 Server Response 标签页。用于显示当前所选快照的服务器响应 HTML 代码。与客户端请求页面一样,以层次结构对响应信息进行细分:标头和带有标题、超链接、表单等的正文。此处,正是 LoadRunner 识别对象(即识别系统页面中控件对象)的原理所在。LoadRunner 基于通信协议,在客户端请求与服务器响应过程中进行数据包捕获,并通过捕获到的服务器返回给客

图 3.25 树视图—缩略图标签页

图 3.26 树视图—页面视图

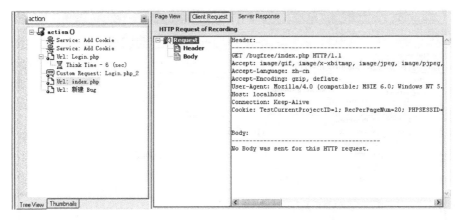

图 3.27 树视图—客户端请求

户端的"带有超链接、表单等的正文"进行系统页面对象识别。

注意：若读者对功能自动化测试工具（例如 QTP）原理有一定了解，则很容易理解，LoadRunner 与 QTP 二者原理截然不同。QTP 采用"录制、回放"方式依据 UI 对象识别技术进行工作。通俗地讲，QuickTest Profissional 录制用户业务操作过程中，工作重心为识别读者操作过的对象（例如文本框、按钮、窗口等）并将对象的基本属性存放于对象库中；回放中对"真实待测系统"的某个对象 A 进行操作时，QuickTest Profissional 则将新采集到的 A 对象属性同对象库中该对象已有属性进行匹配。若匹配成功，则把操作直接施加于 A 对象上；若匹配失败，则表明真实待测系统的页面或业务逻辑出现了问题。

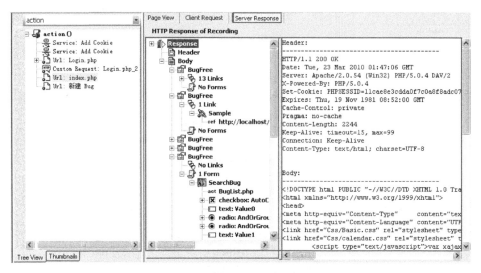

图 3.28　树视图—服务器响应

以上对树视图的主要部分进行了介绍。为提高脚本可读性，建议读者在树视图中对录制步骤名称重新命名，相应的操作步骤如下。

（1）如图 3.29 所示，选择一个录制步骤并双击或右击步骤图标，从弹出的快捷菜单中选择 Properties（属性）菜单命令。

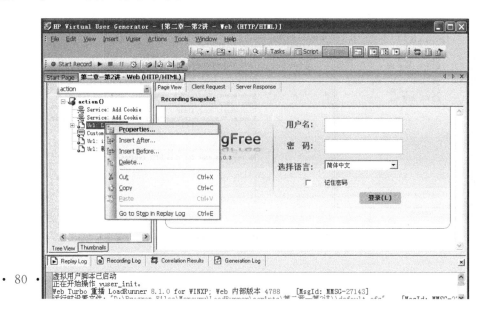

（2）在图 3.30 所示的 URL Step Properties 对话框中，选择 General 标签页，将 Step 文本框中的内容改为"见名知义"的步骤名称。

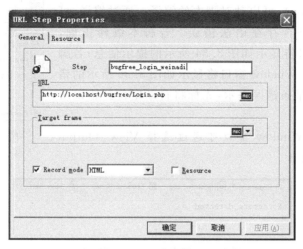

图 3.30　录制步骤重命名 2

（3）单击"确定"按钮，重命名结果在树视图中如图 3.31 所示。在树视图下对步骤名称重命名后，脚本视图下代码会同步变化，如图 3.32 所示。

图 3.31　录制步骤重命名 3

图 3.32　录制步骤重命名 4

3.2.3　脚本编译回放及调试

读者已知晓，VuGen 是 LoadRunner 虚拟用户脚本的集成调试环境，主要用于录制和开发 Vuser 脚本。与其他开发工具类似，VuGen 同样可在脚本录制或开发后对脚本进行编译、回放（即运行）及调试操作。

1．脚本编译

单击工具条中的 图标或选择如图3.33中的菜单（或使用快捷键Shift＋F5），可启动对脚本的编译。通过编译，可验证 VuGen 脚本是否存在语法错误。若脚本编译正确，Output Window 窗口将显示如图3.34所示的提示信息；若脚本编译错误，Output Window 窗口将显示如图3.35所示的错误提示信息。单击某条错误提示，光标将自动定位到错误所在位置。

图3.33　编译菜单

注意：Output Window 窗口可通过选择 View|Output Window 菜单命令打开。

图3.34　脚本编译正确—提示信息

图3.35　脚本编译错误—提示信息

2．脚本回放

单击工具条中的 图标或选择如图3.36中菜单(或使用F5键)，可回放 VuGen 脚本。若脚本运行正确，Output Window 窗口将显示回放日志详情；若脚本运行错误，Output Window 窗口将显示带有"错误提示信息"的回放日志详情，单击错误提示，将自动定位到相应的错误代码位置。

注意：

① 很多读者往往会跳过编译直接运行脚本。在此，建议读者先编译再运行。

② 脚本回放过程中，读者可在浏览器中查看回放操作并检验是否运行正常。前提设置为：选择 Tools|General Options|Display 菜单命令，在打开的对话框中选择 Show

图3.36　运行菜单

browser during replay 按钮。

思考：回放结果显示为成功,则证明业务操作一定达到预期结果了吗? 例如"登录"脚本回放成功,则一定表示正确登录进入了系统首页吗? 先独立思考,后续章节揭示答案!

3. 脚本调试

调试,即程序编写完成后,用各种手段进行查错和排错的过程。VuGen 提供多种脚本调试方法。

(1) 设置断点。在需设置断点的语句前,选择 Insert|Toggle Breakpoint 菜单命令(或使用 F9 键)添加断点,可灵活控制代码运行时暂停的位置,便于代码故障排查。

(2) 单步运行。单步运行操作,在其他开发环境中也尤为常用。通过逐次选择 Vuser|Run step by step 菜单命令(或使用 F10 键),脚本会逐行运行,便于脚本查看与分析。

(3) 开启 Extended Log。上述两类方法虽然能帮助读者进一步分析、查看代码,但并不能告知读者代码执行中发生了什么。而日志的存在恰好弥补这一空白,尤其是 Extended Log 更能将脚本执行详情淋漓展现。选择 Vuser|Run-time Settings 菜单命令,在弹出的 Run-time Settings 对话框中选择 General|Log 结点,在右侧选择 Extended Log 单选按钮,如图 3.37 所示,还可选择 Parameter substitution、Data returned by server 及 Advanced trace 这 3 个复选框。再次执行脚本后,可在 Output Window 窗口中查看详细日志信息。

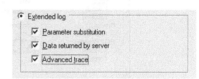

图 3.37　扩展日志

注意：VuGen 脚本调试方法并非仅上述 3 种,有兴趣的读者可拓展学习其他方法(例如 Bookmarks、延长脚本语句执行时间等)。

3.2.4　脚本保存

LoadRunner 工具原理基于通信协议,而并非待测系统的页面对象(即页面控件的属性和方法)。因此,开发过程中,系统业务逻辑或系统页面的频繁变动对 LoadRunner 录制好的脚本影响微乎其微。LoadRunner 测试脚本具备高复用性,甚至读者在服务器 A 上录制的脚本,仅需稍微修改(采用查找替换方式将服务器 A 的 IP 地址换成服务器 B 的 IP 地址)即可转移到服务器 B 上成功运行。

LoadRunner 脚本具备高复用性且脚本的保存和维护工作显得尤为重要。LoadRunner 的测试脚本默认以目录形式存储,目录名称即 LoadRunner 识别的脚本名称。选择 File|Save As 菜单命令,在弹出窗口中修改脚本名后即可。

脚本名称命名建议:"项目名_版本号_创建者"方式较为常用。请读者结合公司实际项目命名情况灵活定义,便于进行回归测试及下一版本测试。

3.2.5　配置录制参数

配置录制参数是指在 Recording Options…(录制选项)对话框中进行的配置。脚本录制前,通过设置录制选项(例如录制脚本方式、所支持字符集等),以指示 VuGen 如何进行脚本录制及生成的脚本中要包含哪些内容等。

单击如图 3.38 所示的 Start Recording 对话框中的 Options… 按钮,或选择 Tools|Recording Options 菜单命令,进入如图 3.39 所示的 Start Options 对话框配置录制参数。

注意：不同类型的协议下，录制选项的内容存在一定差异。

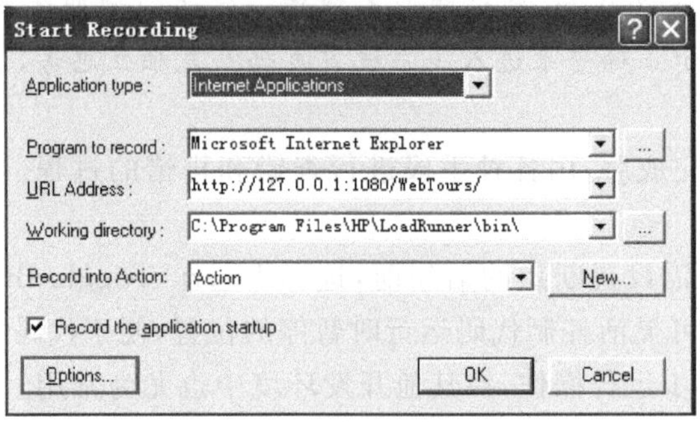

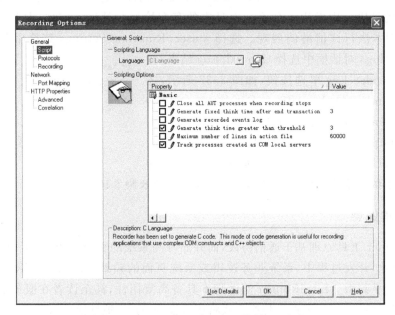

图 3.38　开始录制对话框

图 3.39　Recording Options 对话框—脚本

对话框左侧显示录制参数设置子集菜单，右侧为主显示区。以下，将结合 Web (HTTP/HTML)协议的"录制参数"依次进行介绍。

1. General|Script(脚本)结点

VuGen 录制过程中，会创建一个模拟用户操作的脚本。默认情况下，脚本生成语言为 C。对于 FTP 和邮件协议(IMAP、POP3 和 SMTP)等，还可使用 Visual Basic、VBScript 和 JavaScript 等来生成脚本。

基本 Script 选项，可控制所生成脚本中的详细信息级别。举例如下。

(1) Maximum number of lines in action file(操作文件中的最大行数)：若操作文件中的代码行数超过了指定的阈值(默认为 60000 行)，则需新建一个文件。

(2) Generate recorded events log(生成录制事件日志)：生成在录制过程中所有发生事件的日志。

2. General|Protocols(协议)结点

如图3.40所示的General|Protocols结点,列举了脚本录制前已选中的所有协议,通过对复选框进行勾选或取消勾选操作,进行协议修改与清除。

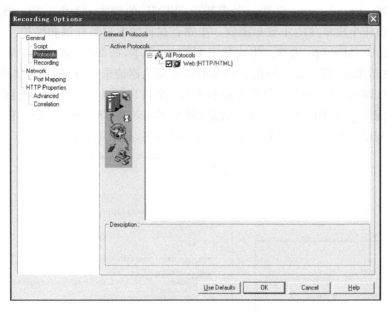

图3.40 录制参数对话框—协议

3. General|Recording(录制)结点

前面介绍脚本常用的4种函数时,已带领读者接触过如图3.41所示的"脚本录制级别"的设置,但大多数读者对于"脚本不同录制级别的具体差异及适用场合等"仍不尽理解。以下,将对比介绍两种不同类型的脚本录制级别。

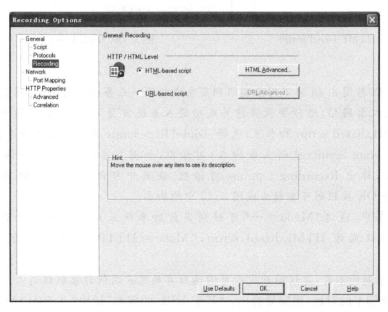

图3.41 录制参数对话框—录制

设置“脚本录制级别”将影响脚本录制的具体信息及录制中所使用的函数。“脚本录制级别”分为 HTML-based script(基于 HTML 的脚本)和 URL-based script(基于 URL 的脚本)两大类。

(1) HTML-based script 级别。生成基于 HTML 的脚本,如图 3.42。该级别为每个 HTML 用户操作生成单独的步骤和函数。步骤直观且脚本容易理解和维护。

(2) URL-based script 级别。生成基于 URL 的脚本,如图 3.43。该级别录制“客户端向服务器发送请求后,服务器返回给客户端的所有浏览器请求和资源”。它将所有操作录制为 URL 步骤(即由 web_url 语句构成的脚本)。较 HTML-based script 级别,URL-based script 级别记录了更详细的客户端操作信息,甚至可捕获非 HTML 形式应用程序,如小程序、非浏览器程序。该录制级别生成的脚本内容长且多,显示不直观。

```
Action()
{

    web_url("WebTours",
        "URL=http://127.0.0.1:1080/WebTours/",
        "Resource=0",
        "RecContentType=text/html",
        "Referer=",
        "Snapshot=t1.inf",
        "Mode=HTML",
        LAST);

    lr_think_time(8);

    web_submit_form("login.pl",
        "Snapshot=t2.inf",
        ITEMDATA,
        "Name=username", "Value=jojo", ENDITEM,
        "Name=password", "Value=bean", ENDITEM,
        "Name=login.x", "Value=43", ENDITEM,
        "Name=login.y", "Value=12", ENDITEM,
        LAST);

    return 0;
}
```

图 3.42　HTML-based script

```
Action()
{

    web_url("WebTours",
        "URL=http://127.0.0.1:1080/WebTours/",
        "Resource=0",
        "RecContentType=text/html",
        "Referer=",
        "Snapshot=t1.inf",
        "Mode=HTTP",
        LAST);

    web_concurrent_start(NULL);

    web_url("header.html",
        "URL=http://127.0.0.1:1080/WebTours/header.html",
        "Resource=0",
        "RecContentType=text/html",
        "Referer=http://127.0.0.1:1080/WebTours/",
        "Snapshot=t2.inf",
        "Mode=HTTP",
        LAST);

    web_url("welcome.pl",
        "URL=http://127.0.0.1:1080/WebTours/welcome.pl?signOff=true",
        "Resource=0",
        "RecContentType=text/html",
        "Referer=http://127.0.0.1:1080/WebTours/",
        "Snapshot=t5.inf",
        "Mode=HTTP",
        LAST);

    web_concurrent_end(NULL);

    web_concurrent_start(NULL);
```

图 3.43　URL-based script

注意:

① 图 3.42 与图 3.43 为不同录制级别下生成的同一业务操作的脚本,录制的业务操作为“访问订飞机票网站,进行登录操作并成功进入系统首页”。两脚本转换方式如下:在图 3.42 HTML-based script 脚本下,选择 Tools|Regenerate Script 菜单命令,如图 3.44,将显示 Regenerate Script(重新生成脚本)对话框,如图 3.45 所示。单击该对话框上的 Options 按钮,弹出 Recording Options 对话框,在其中可修改录制级别为 URL-based script,再单击 OK 按钮则可重新生成图 3.43 中的脚本。

② 在脚本中,通过“Mode=…”可辨别当前脚本所采用何种录制级别。“Mode=HTML”表示级别为 HTML-based script,“Mode=HTTP”表示级别为:URL-based script。

③ 读者录制脚本前,建议同开发人员沟通后再确定采用何种录制级别。

通过两个脚本的对比,很容易看出:“基于 URL 的脚本”远比“基于 HTML 的脚本”涵盖的内容多且脚本长,但显示起来不那么直观。

图 3.44　重新生成脚本菜单

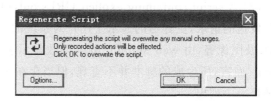
图 3.45　重新生成脚本对话框

两种录制级别选用原则概括如下：

(1) 基于正常的浏览器录制，建议使用"基于 HTML 的脚本"的录制级别；

(2) 在录制诸如小程序和非浏览器应用程序等页面时，建议使用"基于 URL 的脚本"的录制级别；

(3) 若基于浏览器的应用程序中包含了 JavaScript 并且该脚本向服务器产生了请求，建议使用"基于 URL 的脚本"的录制级别；

(4) 基于浏览器的应用程序中使用了 https 安全协议，建议使用"基于 URL 的脚本"的录制级别；

(5) 对于初学者，在使用"基于 HTML 的脚本"的录制级别录制不成功时，则可改用"基于 URL 的脚本"的录制级别。

请读者依据实际项目情况，灵活进行脚本录制级别的选择。

至此，对比讲解了"基于 HTML 的脚本"和"基于 URL 的脚本"两大录制级别。此两大录制级别下还有分支。下面，结合更加常用的"基于 HTML 的脚本"下的各分支展开讲解。

在图 3.18 所示的 Recording Options 对话框中，单击 General|Recording 结点，在右侧窗口选择 HTML-based script 录制方式，再单击 HTML Advanced 按钮，进入如图 3.46 所示的 Advanced HTML 对话框。

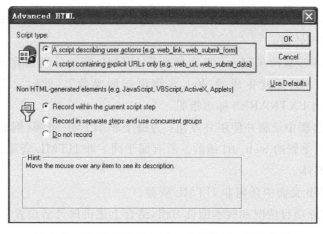
图 3.46　基于 HTML 脚本—高级设置—脚本类型

Advanced HTML 对话框中各选项解释如下。

(1) A script describing user actions(描述用户操作的脚本)。简洁并直观地显示用户实际业务操作过程。脚本由 web_link(链接)、web_submit_form(提交表单)、web_image(图像)等函数构成。当存在多个同名链接页面的录制时,脚本的可读性则不强。

(2) A script containing explicit URLs only(仅包含明确 URL 的脚本)。立足于客户端实际发送的请求,更详尽的显示了用户对系统的真实操作。由 web_url 函数显示所有链接、URL 及图像等,由 web_submit_data 函数显示表单提交过程。较 A script describing user actions 而言,所生成的脚本并不直观,但当存在多个同名链接页面的录制时,它能轻松将所有链接一一列出。

针对同一业务操作(访问订飞机票系统,并成功登录进入首页),采用"HTML-based script"下的两种不同形式,生成如图 3.47 和图 3.48 所示的脚本。读者可参照 3.2.2 小节中的函数讲解,进行脚本对比学习。

```
Action()
{

   web_url("WebTours",
       "URL=http://127.0.0.1:1080/WebTours/",
       "Resource=0",
       "RecContentType=text/html",
       "Referer=",
       "Snapshot=t1.inf",
       "Mode=HTML",
       LAST);

   lr_think_time(8);

   web_submit_form("login.pl",
       "Snapshot=t2.inf",
       ITEMDATA,
       "Name=username", "Value=jojo", ENDITEM,
       "Name=password", "Value=bean", ENDITEM,
       "Name=login.x", "Value=38", ENDITEM,
       "Name=login.y", "Value=13", ENDITEM,
       LAST);

   return 0;
}
```

图 3.47　描述用户行为的脚本

```
Action()
{
   web_url("WebTours",
       "URL=http://127.0.0.1:1080/WebTours/",
       "TargetFrame=",
       "Resource=0",
       "RecContentType=text/html",
       "Referer=",
       "Snapshot=t1.inf",
       "Mode=HTML",
       LAST);

   lr_think_time(12);

   web_submit_data("login.pl",
       "Action=http://127.0.0.1:1080/WebTours/login.pl",
       "Method=POST",
       "TargetFrame=body",
       "RecContentType=text/html",
       "Referer=http://127.0.0.1:1080/WebTours/nav.pl?in=
       "Snapshot=t2.inf",
       "Mode=HTML",
       ITEMDATA,
       "Name=userSession", "Value=105042.098339409ftADVAc
       "Name=username", "Value=jojo", ENDITEM,
       "Name=password", "Value=bean", ENDITEM,
       "Name=JSFormSubmit", "Value=off", ENDITEM,
       "Name=login.x", "Value=36", ENDITEM,
       "Name=login.y", "Value=13", ENDITEM,
       LAST);

   return 0;
}
```

图 3.48　仅包含明确 URL 的脚本

图 3.46 显示,对非 HTML 资源(如 JavaScript,VBScript,ActiveX,Applets 等)也可采用 3 种不同方式进行处理。

(1) 在当前脚本步骤内录制:不单为每个非 HTML 资源分别创建函数。而是将所有资源都列为"非 HTML 元素生成的 Web 步骤语句的参数"。此时,HTML 资源被视为 Web 步骤的参数,由 EXTRARES 标志指明。

(2) 在单独的步骤中录制并使用并发组:为每个非 HTML 资源(例如 JavaScript Applet 内的图像)各生成一个新的 web_url 函数。所有属于同一非 HTML 资源都将被一起放到并发组中,形成一个整体。

(3) 不录制 Web 页面中任何非 HTML 资源。

读者可依据实际项目情况和脚本阅读习惯,结合上述讲解灵活设置。

4. Network|Ports mapping(端口映射)结点

如图 3.49,可设计 LoadRunner 端口映射。其原理为,借助 LoadRunner 端口映射,将数据包发送到代理服务器,再由代理服务器转发数据包到目标服务器。通过代理服务器可捕获他们之间的数据包,生成脚本。至此,读者很容易联想到 LoadRunner 的录制工作原理。的确,此二者为同一码事。

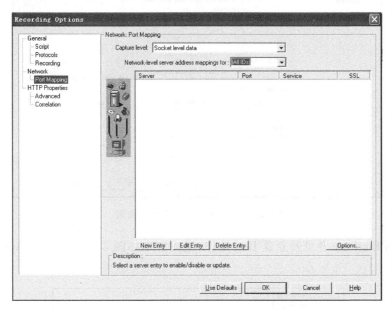

图 3.49　录制参数对话框—端口映射

LoadRunner 录制的工作原理就是通过 Port Mapping 方式来实现的。简单回顾 VuGen 录制工作原理:录制过程中,VuGen 充当"代理"从而监控并截获客户端与服务器之间的请求和响应数据包,并将截获到的内容转化为脚本。由于客户端与服务器进行交互时会通过各自的端口进行数据包的发送和接收,VuGen 会自动根据协议确立相应的默认端口号并对该端口进行监控和录制,这一过程对用户来讲是透明的。

读者可能会问:既然 VuGen 可自动依据协议确定端口号,并对端口进行监控和录制,为何还需要进行端口映射的手工设置。原因在于:有些协议并不使用默认端口。手工"端口映射"方法能强制性地指定 VuGen 代理监听的端口而不是使用默认端口。

5. HTTP Properties|Advanced(高级)结点

图 3.50 显示了录制参数的高级设置对话框,在此对话框中,可进行一些高级设置。例如录制过程中,是否重置每个 Action 之间的 Context(Cookie、Session 等);是否在本地保存快照;是否为每个页面添加 web_reg_find 函数及支持哪种类型字符集等。

大多数情况下,HTTP Properties|Advanced(高级)结点的选项无须过多更改,保持默认即可。值得一提的是,高级设置可解决乱码问题。

对于新录制的脚本,中文往往会被显示为乱码或为空(如图 3.51)。这是由 LoadRunner 字符集与待测系统自身字符集不匹配所导致。可通过更改 HTTP Properties|Advanced 结点的 Support charset(支持字符集)复选框来解决。

【例 3-7】 脚本中显示乱码问题解决实例。

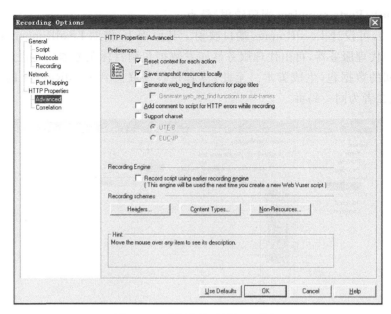

图 3.50　录制参数对话框—高级

（1）录制 BugFree 登录及新建 Bug 操作，生成脚本如图 3.51 所示。（Bug 内容中需包含中文）

```
web_link("镚板綾Bug",
    "Text=镚板綾Bug",
    "Snapshot=t4.inf",
    LAST);

lr_think_time(60);

web_submit_data("PostAction.php",
    "Action=http://192.168.0.7/bugfree/PostAction.php?Action=OpenBug",
    "Method=POST",
    "EncType=multipart/form-data",
    "RecContentType=text/html",
    "Referer=http://192.168.0.7/bugfree/Bug.php?ActionType=OpenBug",
    "Mode=HTML",
    ITEMDATA,
    "Name=BugTitle",    "Value=楣夯瘸灞楦　閳\\x86", ENDITEM,
    "Name=ProjectID",   "Value=1",  ENDITEM,
    "Name=ModuleID",    "Value=0",  ENDITEM,
    "Name=AssignedTo",  "Value=xiaoming",   ENDITEM,
    "Name=MailTo",      "Value=",   ENDITEM,
    "Name=BugSeverity", "Value=2",  ENDITEM,
    "Name=BugPriority", "Value=2",  ENDITEM,
    "Name=BugType",     "Value=Interface",  ENDITEM,
    "Name=HowFound",    "Value=PostRTW",    ENDITEM,
    "Name=BugOS",       "Value=All",    ENDITEM,
    "Name=BugBrowser",  "Value=",   ENDITEM,
    "Name=OpenedBuildInput",    "Value=1.0",    ENDITEM,
    "Name=ResolvedBuildInput1", "Value=",   ENDITEM,
    "Name=BugSubStatus",    "Value=",   ENDITEM,
    "Name=BugMachine",      "Value=",   ENDITEM,
```

图 3.51　存在乱码的脚本

脚本中"中文显示为乱码"，基于经验考虑，LoadRunner 中字符集设置与 BugFree 程序字符集不匹配。

（2）如图 3.52 所示借助 HTTPWatch 或其他工具分析 BugFree 系统自身所支持的字符集（为 UTF-8）。

注意：HttpWatch 是强大的网页数据分析工具。集成在 Internet Explorer 工具栏。通过打开 Internet Explorer 浏览器，选择"查看"|"浏览器栏"|HttpWatch Professional 菜单命令即可。该工具操作简易，限于篇幅，不再赘述。

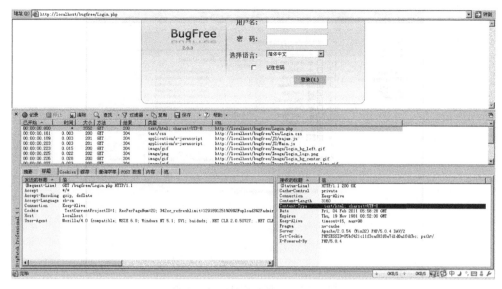

图 3.52　HTTPWatch 录制 BugFree 对话框

（3）将 HTTP Properties|Advanced 结点的 Support charset（支持字符集）复选框选中，并单击 UTF-8 单选按钮，如图 3.53 所示。

（4）重新生成脚本，乱码问题解决，如图 3.54 所示。

图 3.53　VuGen 中字符集设置　　　　　图 3.54　乱码问题解决

注意：为了避免录制生成的脚本出现乱码，建议读者在录制脚本前，先确定待测系统自身字符集。

6. HTTP Properties|Correlation（关联）结点

如图 3.55 所示的 HTTP Properties|Correlation 结点可对录制过程中或生成脚本中的关联属性进行设置，"关联"知识参见第 3.3.3 节的介绍。

注意：配置录制参数是脚本录制前一项非常重要的工作，读者需结合实际项目情况灵活进行配置。

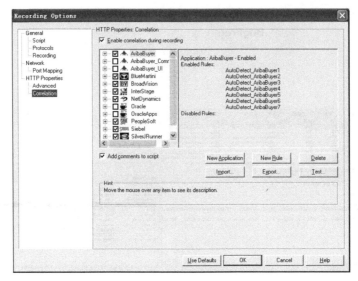

图 3.55 录制参数对话框—关联

3.3 VuGen 脚本增强

前面几节介绍了 VuGen 基础、脚本录制及阅读等相关知识。参照图 3.1 中 LoadRunner 学习体系,本小节将以前面所学知识为基础,进一步讲解 VuGen 脚本的编辑和增强(即对录制好的脚本进行开发和修改)。通过本节学习,读者可透彻理解 VuGen 脚本增强的意义及各种脚本增强方法的含义(例如事务、集合点、参数化……),可灵活掌握脚本增强的各种方法及函数的使用。

3.3.1 脚本增强的意义

许多问题单依靠录制生成的脚本是不能解决的。例如,刚录制生成的脚本,回放脚本时会报错,如何解决? 针对一个用户的业务操作录制得到的脚本,如何通过修改脚本实现模拟多个用户的并发业务操作? 这些问题都需要借助脚本增强得以解决。

3.3.2 什么是脚本增强

脚本增强的实质就是通过一些变量或函数的引入或修改,对脚本进行编辑和开发。

在此,主要讲解事务、集合点、参数化、输出函数、检查点和关联这 6 种常用的脚本增强方式。图 3.56 整体概括了上述 6 种脚本增强方式的含义及所使用的函数。

(1) 事务。一个或一系列操作的集合。将哪些操作确定为一个事务,主要依赖于性能需求。例如期望观察"订票"操作的响应时间指标,则可将"订票"操作作为一个事务,能够更好地分析该"订票"操作的响应时间。

借助一组配对函数,即 lr_start_transaction() 和 lr_end_transaction() 可进行事务的设定。

(2) 集合点。解决"完全同时进行某项操作"的方案。通过设置多个 Vuser 等待到某个

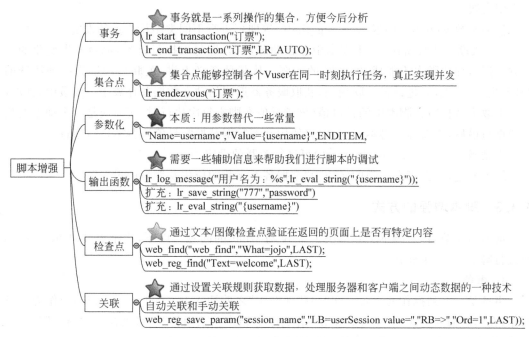

图 3.56 脚本增强方式

集合点同时触发一项操作,以达到模拟真实环境下多个用户的并发操作,实现性能测试的最终目的。由此可见,插入集合点主要是为了衡量在加重负载的情况下,观察服务器的性能情况。

借助生活场景举例:50 人走出家门后一起过桥,步伐快的可能已经下桥,步伐慢的可能才刚上桥甚至还未走到桥前。因此,并不是真正意义上的"50 人并发过桥"。在此,就可以借助"集合点"来实现。仅需在"上桥"前插入集合点,这样当步伐快的人到达该点处时,需等待 50 人全部到齐后"同时"上桥,从而实现真正意义上的并发操作。当然,结合实际情况也可对"集合点"灵活设定释放策略,例如达到 10 人后即可释放一次或达到总人数的 10%后可释放一次等。

借助函数 lr_rendezvous()可进行集合点的设定。

(3) 参数化。实质为用参数替代常量。参数,即 LoadRunner 自带的高级变量。例如登录订飞机票系统的用户名/密码(jojo/bean),将这两个常量分别使用两个"参数表"替代,在每个"参数表"中可存放多个的实际用户名和密码。在脚本每次运行时,可调用"参数表"中的值替换常量(即固定值)"jojo/bean",从而更加真实地模拟实际业务操作。

借助{参数表}替换常量值即可进行参数化。

(4) 输出函数。顾名思义,输出函数可将读者期望了解的内容进行输出显示。类似于 C 语言中的 printf 函数。更多情况下,可协助调试工作顺利进行。LoadRunner 中的输出函数种类很多,例如 lr_error_message()、lr_message()及 lr_output_message()等。

(5) 检查点。主要用于服务器返回页面的正确性检查。例如验证是否成功登录订飞机票系统。登录操作成功后,在服务器返回的成功登录页面中事先设定"某文字或图片"为"检查点"。当脚本回放时,若找到了该"检查点"(即页面检查标准),则标志脚本运行结果成功,反之则失败。

借助函数 web_find()或 web_reg_find()等即可进行不同类型检查点的设定。

(6)关联。主要解决"由于脚本中存在动态数据(即每次执行脚本,都会发生变化的一部分数据),导致脚本不能成功回放"的问题。从某种意义上讲,关联可理解为一种特殊的"参数化"。首先,通过设置关联规则,获取服务器返回的动态数据并存放于一参数中;其次,用该参数去替代写在脚本中的常量值(该常量值在脚本每次执行时,实质应是一个动态变化的数据);最后,重新运行脚本(运行中将使用动态数据替换常量值),脚本运行通过。

借助函数 web_reg_save_param()可进行关联的设定。

综上所述,掌握脚本增强的实质为"掌握各类函数的应用及变量的设置"。

3.3.3 脚本增强的方式

前面两小节,针对脚本增强解决了 why 与 what 的问题。以下,将重点针对 how(即如何进行脚本增强)来展开。

1. 事务

事务是一系列操作的集合。在"一些列操作"之前插入 lr_start_transaction()作为事务开始;在其后插入 lr_end_transaction()作为事务结束。从而将"一系列操作""封装"为一个整体,即事务。例如订飞机票系统"登录"操作,如图 3.57 所示插入事务函数。

图 3.57 插入事务

插入事务方式繁多。既支持"录制过程中,通过如图 3.58 的录制工具条插入事务";也支持"脚本录制完成后,在生成的脚本中插入事务"。对于后者,更包含了多种事务插入方式,例如从工具栏插入、从菜单栏插入、通过鼠标右键快捷菜单插入、在脚本视图下插入、在树视图下插入及手动输入函数等。

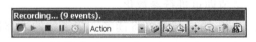

图 3.58 录制工具条—事务

总之,只要能看到 两图标,即可分别进行"插入事务"和"结束事务"操作。

在很多事务插入方式中,避免由于阅读和分析脚本过程中出差错,建议读者优先采用"脚本录制过程中插入事务方式"。下面,介绍此种方式。

(1) 选择 Web(HTTP/HTML)协议并录制订飞机票系统登录操作。开始录制后，LoadRunner 自动打开订飞机票系统首页。

(2) 进行登录操作之前，先定义开始事务。单击录制工具条上的  图标，进入如图 3.59 所示的 Start Transaction 对话框。

在弹出的 Start Transaction(开始事务)对话框中，填写事务名称(例如 start_weinadi)后单击 OK 按钮，成功设置开始事务标志。

(3) 进行登录操作。在登录页面中，输入正确的用户名和密码(例如 jojo 和 bean)并单击 Login 按钮，进入成功登录欢迎页面。

(4) 登录操作完成后，需定义结束事务。单击录制工具条上的  图标，进入如图 3.60 所示的 End Transaction 对话框。

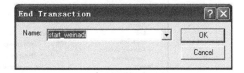

图 3.59　Start Transaction 对话框　　　　图 3.60　End Transaction 对话框

在弹出的 End Transaction(结束事务)对话框中，默认显示在 Start Transaction(开始事务)定义时填写的事务名称。单击 OK 按钮，成功设置结束事务标志。

(5) 单击 ■ 按钮，结束录制操作。生成如图 3.61 所示的带有"登录事务"的脚本。

(6) 修改图 3.61 中生成的脚本，将"lr_think_time(22);"移至事务之外。最终脚本如图 3.62 所示。

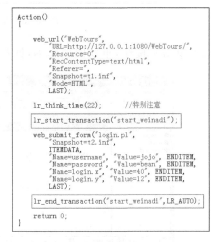

图 3.61　"登录事务"脚本(含思考时间)　　　图 3.62　"登录事务"脚本(不含思考时间)

注意：

① 使用 lr_think_time()函数模拟用户操作过程中由于等待所花费的时间，从而更加真实地模拟了实际业务操作。例如"lr_think_time(22);"，即 22 秒思考时间。

② 在定义的"事务"中不应该包含"lr_think_time(22);"(由于输入用户名/密码或操作停留等产生的思考时间)，否则，测出的响应时间中都包含了一个 22 秒的思考时间。

③ lr_start_transaction()与 lr_end_transaction()两函数,一定要配对出现。

读者可尝试其他多种事务插入方式,此处不再赘述。

"插入事务"的作用或优势主要体现在何处?答案是,能够对事务进行单独分析,更便于查看"一系列操作"的响应时间指标。

事务响应时间查看方式有两种。

方式 1:脚本回放后,通过回放日志查看。

(1) 在上述已录制完毕的脚本基础上,如图 3.63,选择 Vuser|Run-time Settings 菜单命令,在弹出的 Run-time Settings 对话框中选择 General|Log 结点,并选中 Data returned by server(服务器返回的数据)复选框。

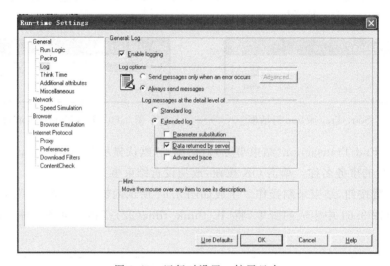

图 3.63　运行时设置—扩展日志

(2) 单击 ▶ 按钮,重新回放脚本,回放结果如图 3.64 所示。

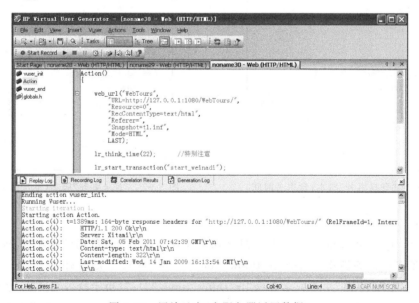

图 3.64　回放日志(含服务器返回数据)

在 Replay Log 窗口中显示的服务器返回的数据中,包含了事务响应时间数据。

(3) 在 Replay Log 窗口中,按 Ctrl+F 键,打开 Find(查找)对话框。在图 3.65 所示的 Find 对话框中输入待查找的信息 Duration 后,单击 Find 按钮。

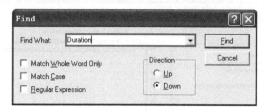

图 3.65 查找 Duration 信息

(4) 在 Replay Log 窗口中,将显示事务响应时间,如图 3.66 所示。

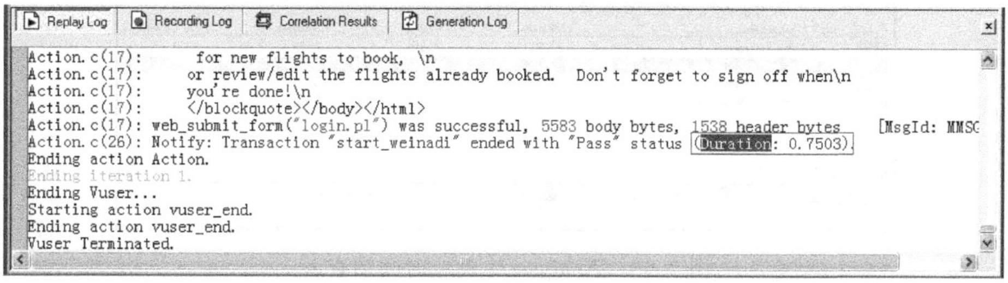

图 3.66 回放日志中的"事务响应时间"

方式 2:在 Controller 和 Analysis 中,查看生成的响应时间图。

(1) 将上面录制好的脚本添加至 Controller 中,并运行场景,如图 3.67 所示。

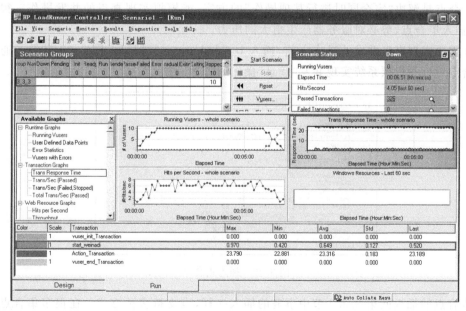

图 3.67 Controller 中响应时间图查看

场景运行中,可在 Trans Response Time(事务响应时间)窗口及下方的显示窗口中查看事务(例如事务 start_weinadi)相关指标数据。

(2) 场景运行结束后,在 Analysis 中查看事务响应时间图,如图 3.68 所示。

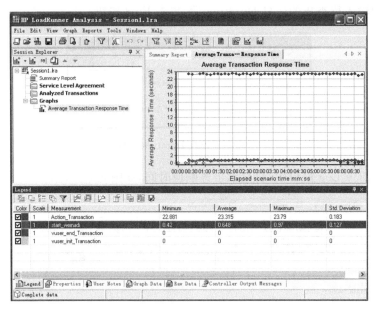

图 3.68　Analysis 中响应时间图查看

相信读者应已充分理解了"插入事务能够对'一系列操作'进行单独分析,更便于查看响应时间指标"这句话的内涵。

2. 集合点

集合点是解决"完全同时进行某项操作"的方案,能模拟实现真正的并发操作。很容易理解,插入集合点,势必对服务器产生更大的压力。

在需要实现真正并发的操作之前,插入 lr_rendezvous()即可。图 3.69 显示了通过插入集合点对订飞机票系统实现并发"登录"操作的脚本。

```
lr_rendezvous("插入集合点");


web_submit_data("login.pl",
    "Action=http://127.0.0.1:1080/mercuryWebTours/login.pl",
    "Method=POST",
    "TargetFrame=body",
    "RecContentType=text/html",
    "Referer=http://127.0.0.1:1080/mercuryWebTours/nav.pl?in=home",
    "Snapshot=t2.inf",
    "Mode=HTML",
    ITEMDATA,
    "Name=userSession", "Value={session_name}", ENDITEM,
    "Name=username", "Value=jojo", ENDITEM,
    "Name=password", "Value=bean", ENDITEM,
    "Name=JSFormSubmit", "Value=off", ENDITEM,
    "Name=login.x", "Value=35", ENDITEM,
    "Name=login.y", "Value=10", ENDITEM,
    LAST);
```

图 3.69　插入集合点

集合点的插入同第 3.3.3 节中事务的插入一样,也支持多种方式。在很多集合点插入方式中,同样建议读者优先采用"脚本录制过程中插入集合点方式"。下面介绍这种方式。

(1) 在 New Virtual User 对话框中选择 Web(HTTP/HTML)协议,并在 Start

Recording(开始录制)对话框的 Record into Action 下拉列表中选择 Action。开始录制订飞机票系统登录操作,待打开 http://127.0.0.1:1080/WebTours/页面后,输入正确的用户名和密码(例如 jojo 和 bean)。

(2)进行登录操作前,插入"集合点"。单击录制工具条上的 图标,进入插入集合点对话框并填写集合点名称(例如 login_weinadi),如图 3.70 所示。

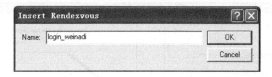

图 3.70 集合点定义对话框

(3)集合点设置完毕,进行登录操作。单击订飞机票系统首页上的 Login 按钮,将进入成功登录欢迎页面。

(4)单击 ■ 按钮,结束录制操作,将生成如图 3.71 所示的带有"登录集合点"的脚本。

在此,同样去掉思考时间。最终生成脚本显示如图 3.72 所示。

图 3.71 登录集合点脚本(含思考时间)   图 3.72 登录集合点脚本(不含思考时间)

集合点插入后,并不意味着完成了集合点的所有设置工作。LoadRunner 允许测试人员对集合点的执行过程进行更详细的设定,例如聚集的用户数、用户释放策略等。为此,接下去继续介绍后续集合点设置。

(5)成功回放脚本并转入 Controller 中,设置虚拟用户 Vuser 数量为 50,如图 3.73 所示。

注意:若脚本回放报错,需调试脚本至回放成功为止。

(6)设置集合点策略。在 Controller 中,选择 Scenario|Rendevours 菜单命令,弹出如图 3.74 所示的 Rendevours Information(集合点信息)对话框。

单击 Policy 按钮,可进入如图 3.75 所示的 Policy(策略)对话框并进行集合点策略设置。集合点策略设置讲解参见第 4.2.3 节。

结合实际项目情况设置集合点策略后,单击 OK 按钮即可。测试场景运行时,则会参照设置好的集合点释放策略进行 Vuser 释放。

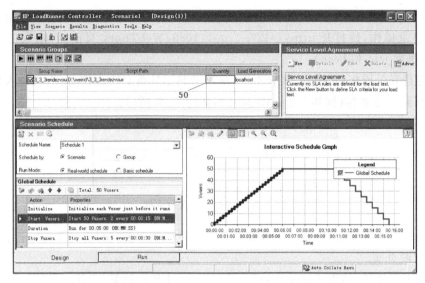

图 3.73 Controller 中 Vuser 数量设置

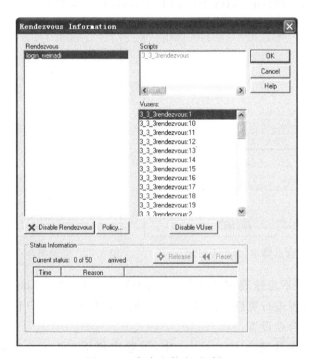

图 3.74 集合点信息对话框

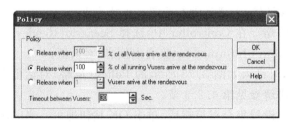

图 3.75 集合点策略设置

注意：
① 只能在 Action 中插入集合点，vuser_init 和 vuser_end 中不可插入。
② 集合点一定要插入到待测试操作之前，才能使待测试的操作实现真正并发。
③ 集合点经常和事务结合起来使用，常放在事务的前面，否则事务响应时间会不准确。

3. 参数化

参数化实质为用参数替代常量，可更加真实的模拟实际用户操作并简化脚本。

为什么要进行参数化呢？结合实例进行分析：用户 A 登录订飞机票系统，订了 1 张 2010 年 2 月 25 日从中国始发、终点为伦敦的票，且为经济舱中靠窗户的一个座位。假设有 50 个用户执行上述操作，哪些点可进行参数化呢？50 个用户使用同一用户名、密码登录？50 个用户每次都订 1 张票？50 个用户都订 2010 年 2 月 25 的票？50 个用户都是订中国始发、到达伦敦的票？50 个用户都订经济舱？50 个用户都订靠窗户的座位？

经简单思考，不难理解，上述提到的"用户名、密码、机票数量、机票日期、始发地、到达地、机票类型、座位位置"均可进行参数化。

下面，介绍常用脚本参数化的两种方式。

（1）鼠标右键参数化方式：先替换常量再建参数化列表。
（2）建参数化列表方式：先建参数化列表再替换常量。

两种脚本参数化方式非常类似。但操作步骤上存在差异。此外，第一种参数化方式，会保存"脚本录制过程中，首先存在于脚本中的常量"；第二种参数化方式则不含该常量。

以下，结合图 3.76 中的脚本进行参数化讲解。（具体要求如下："用户名"参数化采用第一种方式；"密码"参数化采用第二种方式。订飞机票系统中已存在如下的用户名和密码：jojo 和 bean、weind 和 123456、weinadi 和 123456）。

1）采用"鼠标右键参数化方式"对"用户名"参数化

（1）选择或创建参数，并替换脚本中的常量。在图 3.76 脚本中选中常量 jojo，右击鼠标，从弹出的快捷菜单中选择 Replace with a Parameter（用参数进行替换）菜单命令，在进入的参数选择或创建对话框中，输入如图 3.77 所示 Select or Create a Parameter 对话框中的参数名（例如 NewParam_weinadi），其他字段保持默认即可。

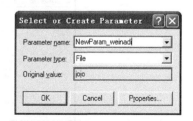

图 3.76 待进行参数化的脚本　　　　图 3.77 参数选择或创建对话框

注意：

① "鼠标右键参数化方式"包含了脚本中的初始值 jojo(参见 Original value：jojo)。

② Parameter type(参数类型)支持多种选择，例如 Group Name、Random Number、Table 等。例如 File 类型，LoadRunner 的默认参数类型。把准备好的数据存放在文件中或用 SQL 语句从现成的数据库中取出，让 VuGen 读取。

③ 参数类型确定方式主要依据"常量的类型"，例如日期型常量，Parameter type 可选择 Date/Time 类型(该类型下又包含了中国、美国等很多种日期类型的格式)。

④ 设置完参数名后，单击 OK 按钮，返回到脚本页面如图 3.78 所示，查看用户名"常量形式的 jojo"已替换为"变量形式的{NewParam_weinadi}"。

```
Action()
{
    web_url("WebTours",
        "URL=http://127.0.0.1:1080/WebTours/",
        "Resource=0",
        "RecContentType=text/html",
        "Referer=",
        "Snapshot=t1.inf",
        "Mode=HTML",
        LAST);

    lr_think_time(8);

    web_submit_form("login.pl",
        "Snapshot=t2.inf",
        ITEMDATA,
        "Name=username", "Value={NewParam_weinadi}", ENDITEM,
        "Name=password", "Value=bean", ENDITEM,
        "Name=login.x", "Value=42", ENDITEM,
        "Name=login.y", "Value=9", ENDITEM,
        LAST);

    return 0;
}
```

图 3.78　脚本—用户名参数化

(2) 单击 Properties 按钮，进入如图 3.79 所示的 Parameter Properties(参数属性)对话框。

图 3.79　Parameter Properties 对话框

Parameter Properties 对话框中的 Parameter type 用于指出参数类型。VuGen 支持多种参数类型,可依据脚本中常量类型灵活选择匹配。以下,将结合尤为常用的 File 参数类型讲解。

Parameter Properties 对话框中的 File 字段用于指出存放参数值数据的文件。文件名为如图 3.77 所示 Select or Creat a Parameter 对话框中的参数名。单击图 3.79 中的 Browse 按钮,可弹出如图 3.80 所示的"打开"对话框,从中选择该文件的存放位置。若相应的参数文件不存在,则可通过单击 Parameter Properties 对话框中的 Create Table 按钮,创建数据文件后再进行选择。

图 3.80 "打开"对话框

(3) 创建或引入参数化数据。创建或引入参数化数据主要有两种方式。

方式 1:直接手工创建数据。

单击 Parameter Properties 对话框中 Create Table 按钮,对话框中的表格变为可编辑状态,如图 3.81。单击对话框中的 Add Column 与 Add Row 按钮,可在参数数据显示区增加行和列,以容纳填入的参数化数据。

如图 3.82 所示将 NewParam_weinadi 的值设为 jojo、weind、weinadi。

单击图 3.81 中的 Edit with Notepad 按钮将以记事本形式打开参数文件。同样,可在记事本中进行参数化数据的添加和修改。

注意:参数数据显示区中,最多可显示 100 条数据,超过 100 条的数据可通过"记事本"方式查看。

方式 2:从数据库或其他数据源中导入批量数据。

前提条件:准备带有多条数据的数据库文件或其他数据源。在此,以 Access 数据库文件"3_3_3_3_Access.mdb"为例。打开数据库文件,内容显示如图 3.83 所示。

① 在图 3.81 中单击 Data Wizard 按钮,打开如图 3.84 所示的 Database Query Wizard (数据库查询向导)对话框。该对话框显示创建查询的方式主要有两种:

图 3.81 参数属性对话框

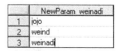

图 3.82 输入参数化数据

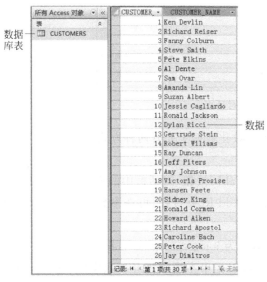

图 3.83 数据库文件内容

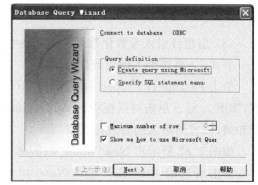

图 3.84 数据库查询向导

- 使用 Microsoft Query 创建查询；
- 手动指定 SQL 语句查询。

② 此处，选择 Specify SQL statement manually 单选按钮并单击 Next 按钮，打开如图 3.85 所示的 Specify SQL statement(查询语句设置)页面。

③ 单击 Create...按钮，打开如图 3.86 所示的"选择数据源"对话框，在"机器数据源"选项卡中，选择已有的数据源或单击"新建"按钮新建数据源。

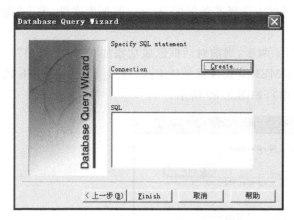
图 3.85 Specify SQL statement(查询语句设置)页面

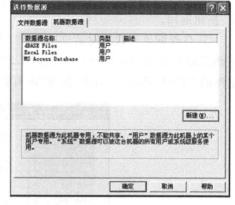
图 3.86 数据源选择对话框

④ 从图 3.86 所示的"选择数据源"对话框来看,已有的数据源不包括 Access 数据库,因此,需新建数据源。单击"新建"按钮,在弹出的"创建新数据源"对话框中选择安装数据源的驱动程序为 Driver to Microsoft Access(*.mdb)(图 3.87 中选中的驱动)。单击"下一步"按钮,将显示图 3.88 所示的"ODBC Microsoft Access 安装"对话框。

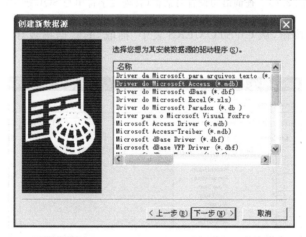
图 3.87 选择数据源驱动程序

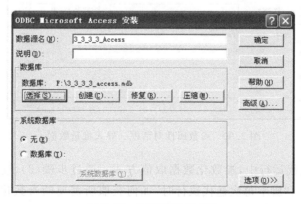
图 3.88 添加数据库文件

在"ODBC Microsoft Access 安装"对话框中选择准备好的 Access 数据库文件,单击"确定"按钮返回。

⑤ 在查询语句设置对话框中(基于③、④两步,当前对话框已成功添加"连接字符串"),手动添加 SQL 语句:select * from CUSTOMERS(其含意是从 F:\3_3_3_3_access.mdb 数据库的 CUSTOMERS 表中"抽取"所有数据),如图 3.89 所示。

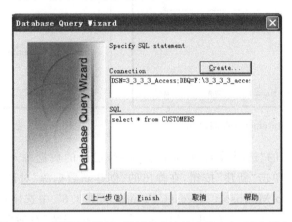

图 3.89　查询语句设置对话框(含连接字符串与 SQL 语句)

⑥ 单击 Finish 按钮,从 CUSTOMERS 表中"抽取"的数据将被导入到参数化显示区域中,如图 3.90 所示。

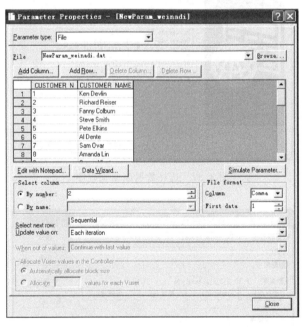

图 3.90　参数属性对话框—导入批量数据

(4) 设置脚本迭代运行中,参数化数据取值方式。通过步骤(3),读者可创建参数化数据表。在众多数据中,"脚本每次迭代执行时"如何获取所需要的参数化值呢?可通过设置各字段内容来提取所需数据,如图 3.91 所示。

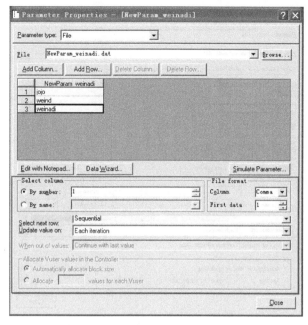

图 3.91 参数属性对话框—设定参数化取值

① Select column(选择列):定义从哪一列选择数据来进行常量替换。可分为 By number(按列编号,从 1 开始)和 By name(按列名)两种方式。未被选中的数据列暂不使用。

② File format(文件格式):定义各列数据之间采用何种方式分隔(例如逗号、空格等)。定义脚本执行时的起始行号。默认情况下,VuGen 从第一行开始选择数据。

③ Select next row(选择下一行):定义在已确定的数据列中,如何选择下一行数据。主要分为 3 种方式:Sequential、Random 和 Unique。某种特定情况下,会增加 Same line as ×××方式(与×××行保持一致),当脚本中定义了多个参数时,某些参数之间很可能存在对应关系(例如用户名与密码),此情况下,适合选用该方式将这些参数值进行匹配。

- Sequential(顺序):当 Vuser 访问数据表时,顺序逐行取值;若行数不足,则重新返回当列第一行,继续顺序逐行取值。
- Random(随机):当 Vuser 访问数据表时,随机从表中提取数据进行分配。
- Unique(唯一):当 Vuser 访问数据表时,为每个 Vuser 的参数分配一个唯一的顺序值(即该值本次使用后,将不能再被其他 Vuser 使用)。选择 Unique 时,图 3.92 所示对话框中标注部分将被激活。

被激活的各字段含义如下。

① When out of values:当超出可用的"唯一"数据时,如何从参数表中取值。取值方式主要有 3 种:Abort Vuser(中断 Vuser)、Continue in a cyclic manner(以循环方式继续)和 Continue with last value(使用最后的值继续)。

② Allocate Vuser values in the Controller:定义在 Controller 中,如何为 Vuser 分配参数值。主要支持"Controller 自动分配数据块大小"和"手动为 Vuser 分配数据块"两种分配方式。该选项仅在 Select next row 下拉列表中选择 Unique 时才被激活。

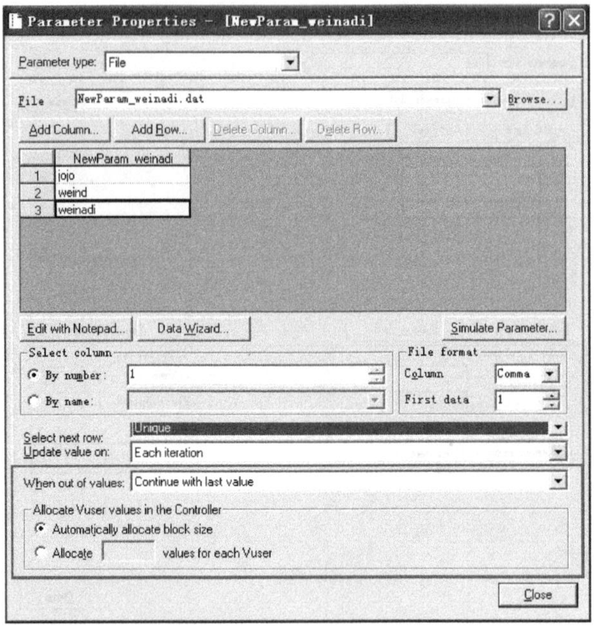

图 3.92 参数属性对话框—Select next row_Unique

【例 3-8】 以自己搭建的 Discuz!论坛(搭建方法请参见第 6.1.2 节)为例。论坛"注册操作"要求"注册用户名"不能重复,即"唯一"特性。测试 50 个 Vuser 同时进行论坛注册操作时的系统性能。

依据例 3-8 题目要求,操作步骤如下。

① 录制 Discuz!论坛"注册"操作脚本并定义"注册"操作为一个事务。

② 对"注册用户名"进行参数化并要求"数据表"中创建了多于 50 个的未注册过的用户名。

③ 如图 3.93 所示进行参数属性设置。

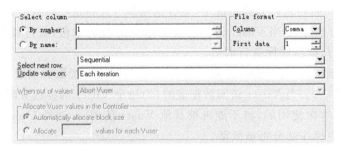

图 3.93 参数属性对话框—Discuz!论坛—注册

④ 运行脚本,显示脚本运行成功。

⑤ 在 Controller 中,设置 50 个 Vuser 同时执行上述脚本。

⑥ 运行测试场景并观察"注册"事务,发现全部运行失败。

"注册"事务全部失败的原因分析:数据表中虽包含了多于 50 个未注册过的用户名,并设置提取参数值方式为"每次迭代,顺序取值"。按照常理,50 个 Vuser 分别取不同的参数值,也实现了"唯一"(该唯一的含义:脚本两次迭代中取值不同),应该都能够成功执行注册操作。但是,当脚本加载到 Controller 中运行时则会存在差异。在 Controller 中设置了 50 个 Vuser,Vuser 同时加载则很大几率会出现多个 Vuser 同时从"数据表"中取"同一参数"的情况,Vuser 之间取值发生冲突导致了"注册事务失败"。

一句话,由于 Controller 中多用户同时进行操作乃至同时取"同一"值将导致上述问题的发生。针对此情况,可通过 Allocate Vuser values in the Controller 对 Controller 中的参数值分配进行设置,以避免 Controller 中各 Vuser 取参数值发生冲突,如图 3.94 所示修改参数属性。

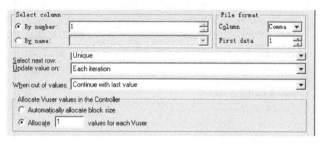

图 3.94 参数属性对话框-Discuz!论坛-注册(修改后)

注意:Select next row 下拉列表中选择 Unique 时,应确保表中的数据量对所有的 Vuser 及它们的迭代来说是充足的。假定有 10 个 Vuser 且需进行 5 次迭代,则数据表中至少应有 50 个数据,才能满足"唯一"的情况。

接着介绍图 3.91 所示 Parameter Properties 对话框中的 Update value on 下拉列表。该选项定义何时进行数据值的更新。主要分为 3 种方式:Each iteration(每次迭代)、Each occurrence(每次取值)和 Once(仅一次)。

表 3.3 对上述讲到的方式进行了汇总。

表 3.3 参数化属性设置汇总

运行结果		Select next row		
		Sequential(顺序)	Random(随机)	Unique(唯一)
Update Value on	Each iteration (每次迭代)	每次迭代(或称循环),Vuser 会从数据表中提取下一行的值。当某参数在一个迭代中出现多次时,也均使用同一值至本次迭代结束。即所有 Vuser 第一次迭代取第一行值,第二次迭代取第二行值……	每次迭代,Vuser 会从数据表中提取新的随机值并使用至本次迭代结束	每次迭代,Vuser 会从数据表中提取下一个唯一值。且针对"唯一"特性,可进行 Controller 中的参数分配设定
	Each occurrence (每次出现)	参数每次出现时(含同一迭代中情况),Vuser 将从数据表中提取下一行值	参数每次出现时(含同一迭代中情况),Vuser 将从数据表中提取新的随机值	参数每次出现时(含同一迭代中情况),Vuser 将从数据表中提取新的唯一值
	Once (一次)	在所有的迭代中所有用户取值相同,仅使用同一个值(即参数中的第一行值)	在所有的迭代中所有用户取值相同,仅随机取值一次	在所有的迭代中所有用户取值相同,均使用第一次迭代中分配的唯一值

如图3.95显示了对订飞机票系统登录的"用户名"进行参数化设置的方式。

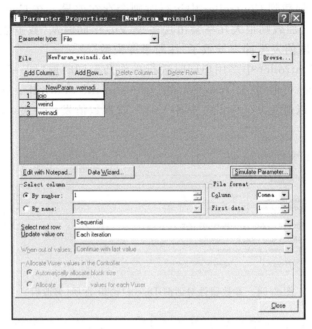

图3.95 参数化属性—飞机订票—用户名参数化

（5）模拟参数化数据,检验参数设置是否正确。单击如图3.95所示Parameter Properties对话框中的Simulate Parameter按钮,进入Parameter Simulation(参数模拟)对话框,如图3.96所示。将Vuser数量设置为5,设置运行模式为：场景运行模式等。页面信息设置好后,单击Simulate按钮,将模拟出"5个Vuser在4次迭代中的参数取值情况",如图3.97所示。

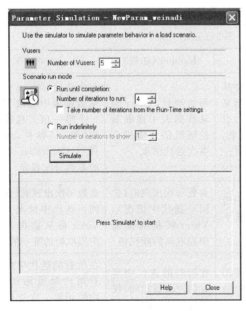

图3.96 模拟参数化数据1

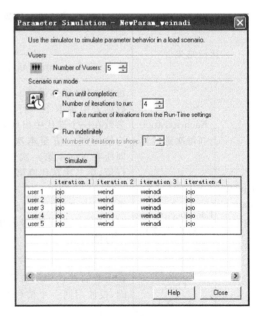

图3.97 模拟参数化数据2

注意:"模拟参数化数据"步骤主要进行参数化属性设置检验,并非必须进行。

(6) 上述步骤完成后,关闭 Parameter Simulation 对话框与 Parameter Properties 对话框。采用"鼠标右键参数化方式"对"用户名"参数化操作完成。

至此,第一种建立参数化的方式介绍完毕。

2) 采用"建参数化列表方式"对"密码"参数化

(1) 单击工具条上的 图标,进入如图 3.98 所示的 Parameter Properties 对话框。

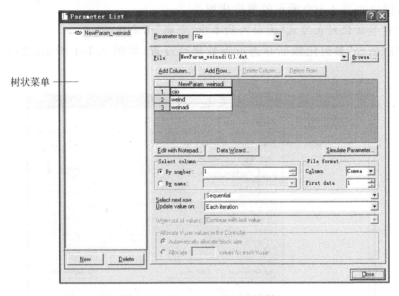

图 3.98 Parameter List 对话框

图 3.98 所示的 Parameter List 对话框同图 3.81 所示的 Parameter Properties 对话框非常类似,仅左侧页面增加了参数化文件树状菜单。图 3.99 中,树状菜单下显示了

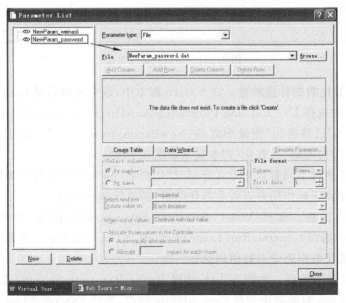

图 3.99 Parameter List 对话框(含 NewParam_weinadi)

NewParam_weinadi 参数文件。

（2）新建"密码"参数化文件。单击 Parameter List 对话框左下角的 New 按钮，参数化文件树状菜单下将增加一个新文件，将该文件命名为 NewParam_password。选中该文件，则 Parameter List 对话框的右侧将显示 NewParam_password 对应的内容。

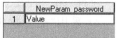

图 3.100　参数化列表

（3）在图 3.99 所示的 Parameter List 对话框右侧，单击 Create Table 按钮，创建如图 3.100 所示的参数化列表。

注意："建参数化列表方式"未引入脚本中"密码"固定值。

（4）新建"密码"参数化数据并进行参数属性设置，如图 3.101 所示，之后单击 Closed 按钮。

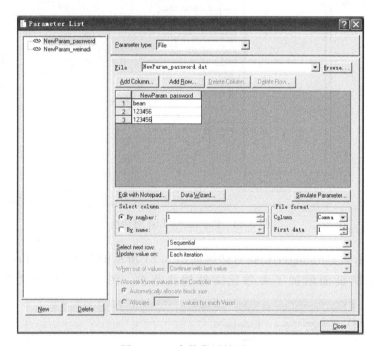

图 3.101　参数化属性页面

（5）使用参数化数据替换常量。在 VuGen 脚本中，选中密码常量 bean，并右击鼠标，从弹出的快捷菜单中选择 Use Existing Parameter|NewParam_password 菜单命令，查看密码"常量形式的 bean"已替换为"变量形式的{NewParam_password}"。至此，完成了采用"建参数化列表方式"对"密码"参数化（脚本显示如图 3.102）。

至此，采用了两种不同参数化方式分别对"用户名"和"密码"进行了参数化。值得提醒的是，要让参数化真正起作用并查看参数化结果，需进行如下设置。

① 设置迭代次数。选择 Vuser|Run-time Settings 菜单命令，在弹出的 Run-time Settings 对话框中选择 General|Run Logic 结点，图 3.103 显示迭代次数被设置为大于等于 3，此时，可使参数化数据表中参数值均执行一次。

② 设置扩展日志类型。如图 3.104，选择 Vuser|Run-time Settings 菜单命令，在弹出的 Run-time Settings 对话框中选择 General|Log 结点，选择 Extended Log（扩展日志）单选

```
Action()
{
    web_url("WebTours",
        "URL=http://127.0.0.1:1080/WebTours/",
        "Resource=0",
        "RecContentType=text/html",
        "Referer=",
        "Snapshot=t1.inf",
        "Mode=HTML",
        LAST);

    lr_think_time(8);

    web_submit_form("login.pl",
        "Snapshot=t2.inf",
        ITEMDATA,
        "Name=username", "Value=[NewParam_weinadil]", ENDITEM,
        "Name=password", "Value=[NewParam_password]", ENDITEM,
        "Name=login.x", "Value=27", ENDITEM,
        "Name=login.y", "Value=11", ENDITEM,
        LAST);

    return 0;
}
```

图 3.102　脚本—密码参数化

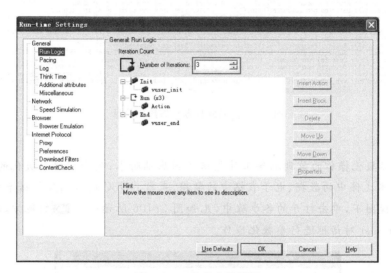

图 3.103　迭代次数设置

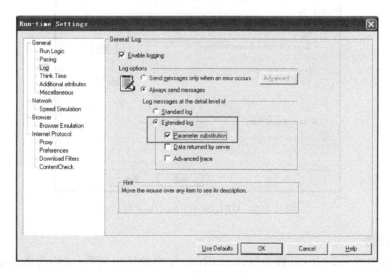

图 3.104　扩展日志设置

按钮,并选择 Parameter substitution(参数替代)复选框,则可在脚本回放后,在如图 3.105 所示的回放日志中查看参数化信息。单击 OK 按钮确认。

图 3.105　回放日志—参数化信息

注意：

① 进行参数化操作的前期准备工作包括录制基础脚本；确定需要参数化的常量；准备数据(例如文本文件中的数据、电子表格中的数据、来自 ODBC 的数据库数据等)。

② 在树视图下,单击打开的各步骤中,凡如图 3.106 所示带有 REC 的地方,均可单击进入 Parameter List 对话框进行参数化操作。

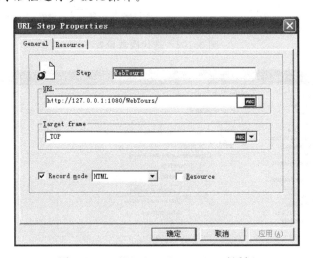

图 3.106　URL Step Properties 对话框

4. 输出函数

与 C 语言中的 printf()函数类似,LoadRunner 中的输出函数(或称为消息函数)可对读者期望了解的内容进行输出显示。LoadRunner 中常用的输出函数主要有以下 4 种。

(1) lr_log_message 函数。将消息输出到 Vuser 日志文件,而并非是发送到输出窗口。通过阅读日志文件发送错误消息或其他信息性消息,可将该函数用于调试。

函数定义:int lr_log_message (const char * format,exp1,exp2,…,expn.);

(2) lr_message 函数。将消息输出到 Vuser 日志,同时,输出到窗口。在 VuGen 中运行时,输出文件为 output.txt。

函数定义:int lr_message (const char * format,exp1,exp2,…,expn.);

(3) lr_output_message 函数。输出非特定错误消息的特殊通知。将带有脚本部分和行号的消息发送到输出窗口和日志文件。

函数定义:int lr_output_message (const char * format,exp1,exp2,…,expn.);

(4) lr_error_message 函数。将错误信息到输出窗口和 Vuser 日志文件。

函数定义:int lr_error_message (const char * format,exp1,exp2,…,expn.);

基于图 3.107 的参数化实例,预使用 lr_log_message() 函数查看"脚本每次迭代中"调用的哪组用户名和密码。修改后的脚本如图 3.108 所示。

注意:输出函数需插入在待输出内容执行之后。

```
Action()
{
    web_url("WebTours",
        "URL=http://127.0.0.1:1080/WebTours/",
        "Resource=0",
        "RecContentType=text/html",
        "Referer=",
        "Snapshot=t1.inf",
        "Mode=HTML",
        LAST);

    lr_think_time(8);

    web_submit_form("login.pl",
        "Snapshot=t2.inf",
        ITEMDATA,
        "Name=username", "Value={NewParam_weinadi}", ENDITEM,
        "Name=password", "Value={NewParam_password}", ENDITEM,
        "Name=login.x", "Value=27", ENDITEM,
        "Name=login.y", "Value=11", ENDITEM,
        LAST);
    return 0;
}
```

图 3.107 参数化实例

```
Action()
{
    web_url("WebTours",
        "URL=http://127.0.0.1:1080/WebTours/",
        "Resource=0",
        "RecContentType=text/html",
        "Referer=",
        "Snapshot=t1.inf",
        "Mode=HTML",
        LAST);

    lr_think_time(8);

    web_submit_form("login.pl",
        "Snapshot=t2.inf",
        ITEMDATA,
        "Name=username", "Value={NewParam_weinadi}", ENDITEM,
        "Name=password", "Value={NewParam_password}", ENDITEM,
        "Name=login.x", "Value=27", ENDITEM,
        "Name=login.y", "Value=11", ENDITEM,
        LAST);
    lr_log_message("用户名为:%s",lr_eval_string("{NewParam_weinadi}"));
    lr_log_message("密码为:%s",lr_eval_string("{NewParam_password}"));
    return 0;
}
```

图 3.108 插入 lr_log_message 函数

正确插入输出函数 lr_log_message()后,为便于查看脚本运行日志,需进行如下设置。

(1) 设置迭代次数。选择 Vuser|Run-time Settings 菜单命令,在弹出的 Run-time Settings 对话框中选择 General|Run Logic 结点,设置迭代次数大于等于 3,则可使参数化数据表中参数值均执行一次。

(2) 设置扩展日志类型。选择 Vuser|Run-time Settings 菜单命令,在弹出的 Run-time Settings 对话框中选择 General|Log 结点,设置日志类型为 Standard Log(标准日志),则可在脚本回放后,在如图 3.109 所示回放日志中查看参数化信息。

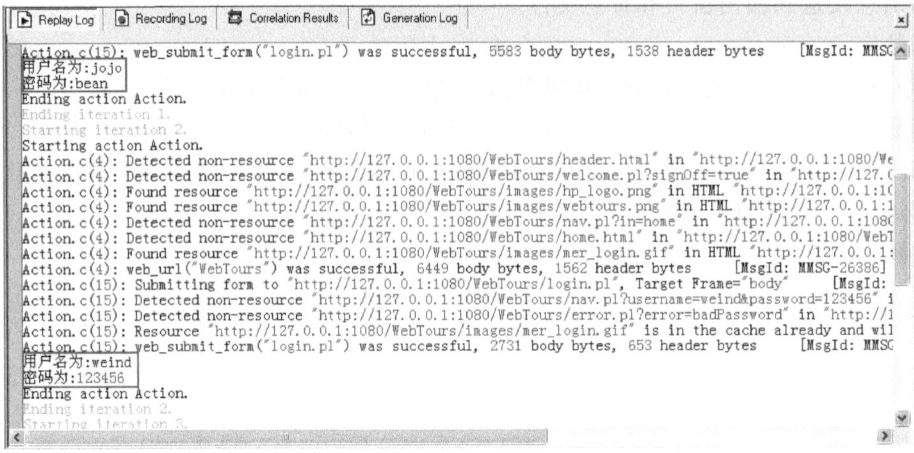

图 3.109　回放日志—输入信息

如图 3.108 所示,在 lr_log_message()使用中,引用了另一个函数:lr_eval_string。借此机会,拓展讲解如下两个常用函数。

(1) lr_save_string()函数。函数概述:用于将非空字符串保存到指定的参数中,可以在某些关联场景中将处理过的字符串保存起来,便于后面进行参数化。

函数作用:将常量赋值给参数。

函数实例:

//把字符串 http://software.hebtu.edu.cn/赋值给了参数 website。
lr_save_string("http://software.hebtu.edu.cn/","website");
web_url("software","URL={website}",LAST);

(2) lr_eval_string()函数。函数概述:用于返回参数中的实际字符串值,可使用该函数查看参数化取值是否正确。

函数作用:提取参数值。

函数实例:如图 3.108 所示,使用 lr_eval_string()取出{NewParam_weinadi}和{NewParam_password}两参数的值,并通过 lr_log_message()函数进行值的输出。

5. 检查点

检查点主要用于对服务器返回页面的正确性检查。

【例 3-9】 回放订飞机票系统登录脚本,查看脚本回放结果是否通过。

脚本录制前提:

① 选择"开始"|"程序"|LoadRunner|Virtual User Generator 菜单命令,打开虚拟用户

生成器。

② 选择 File|New 菜单命令，或直接单击 图标，弹出 New Virtual User 对话框。

③ 在 Category 下拉列表框中选择 Popular Protocols，再选择 Web(HTTP/HTML)协议，单击 Create 按钮进入 Start Recording(开始录制)对话框。

④ 在 Recording Options 对话框中，单击 General|Recording 结点，选择 HTML-based script 单选按钮，再单击 HTML Advanced 按钮，从弹出的 HTML Advanced 对话框中选择 A containing explicit URLs only(e.g web_url,web_submit_data) 单选按钮。

基于上述前提进行录制操作，生成如图 3.110 所示脚本。

```
Action()
{
    web_url("WebTours",
        "URL=http://127.0.0.1:1080/WebTours/",
        "TargetFrame=",
        "Resource=0",
        "RecContentType=text/html",
        "Referer=",
        "Snapshot=t1.inf",
        "Mode=HTML",
        LAST);

    lr_think_time(8);

    web_submit_data("login.pl",
        "Action=http://127.0.0.1:1080/WebTours/login.pl",
        "Method=POST",
        "TargetFrame=body",
        "RecContentType=text/html",
        "Referer=http://127.0.0.1:1080/WebTours/nav.pl?in=home",
        "Snapshot=t2.inf",
        "Mode=HTML",
        ITEMDATA,
        "Name=userSession", "Value=105082.529283111ftAfVicpzDctDVpAQfz", ENDITEM,
        "Name=username", "Value=jojo", ENDITEM,
        "Name=password", "Value=bean", ENDITEM,
        "Name=JSFormSubmit", "Value=off", ENDITEM,
        "Name=login.x", "Value=41", ENDITEM,
        "Name=login.y", "Value=12", ENDITEM,
        LAST);

    return 0;
}
```

图 3.110　脚本_例 3-9

单击 按钮，回放脚本并查看回放结果。如图 3.111 所示，脚本回放全部通过；单击 Submit Data: login.pl 步骤链接，如图 3.112 显示当前步骤快照。

上述实例中，虽然脚本运行结果页面显示 ✔ (含义：运行通过)，但并非正确执行了脚本中录制的操作，借助"检查点"可以解决此问题。

注意：脚本中录制的操作未成功执行，但结果页面仍显示 ✔。原因：LoadRunner 依据服务器的返回页面来判断脚本是否运行通过。只要服务器能够返回页面(即状态码不是 404，未找到的情况)，即便返回一个错误页面，测试结果仍显示为通过。详细剖析可参见第 3.2.2 节中 LoadRunner"识别对象"原理介绍。例：图 3.112 所示脚本中录制的操作未成功执行，原因参见第 3.3.3 节中介绍。

LoadRunner 检查点主要有两种类型：文本检查点和图像检查点。这两种类型分别可用以下 3 个函数进行实现：web_find()(文本检查点类型)、web_reg_find()(文本检查点类型)和 web_image_check()(图像检查点)。具体插入检查点也存在多种方式。例如录制中插入、脚本视图及树视图下插入等。

在很多检查点插入方式中，建议读者优先采用脚本树视图下插入检查点的方式。下面，采用该方式，针对 Web_find 和 Web_reg_find 两种不同检查点函数进行介绍。

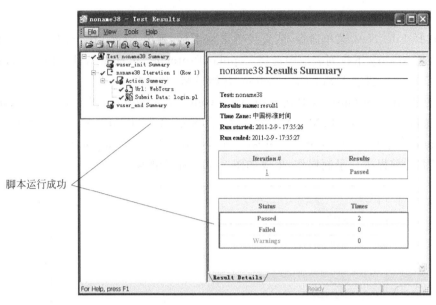

图 3.111　脚本运行结果

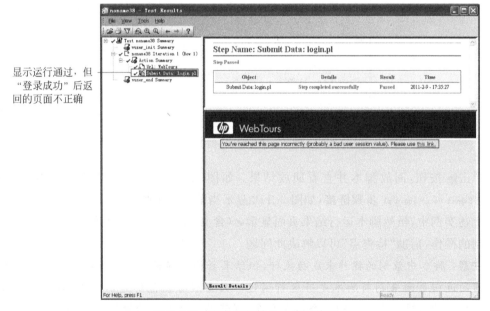

图 3.112　脚本运行结果—步骤快照

解决方式 1：插入文本检查点 web_find()。

第 1 步：在如图 3.110 所示的脚本中，插入检查点。首先，切换至树视图并于"存在待查找内容"的步骤上，右击鼠标，在如图 3.113 所示的快捷菜单中选择 Inser After…菜单命令，将检查点插入"待查找内容之后"。

第 2 步：在 Add Step 对话框中，选择 Web Checks|Text Check 结点，添加文本检查点（如图 3.114），并在 Text Check Properties 对话框中，输入待查找的内容及左右边界，如图 3.115 所示。

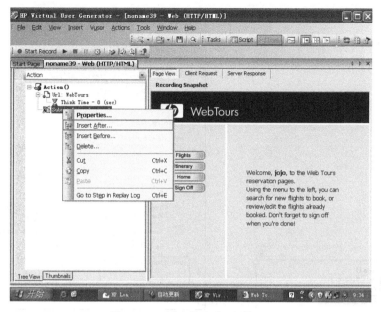

图 3.113 插入检查点(方式一)

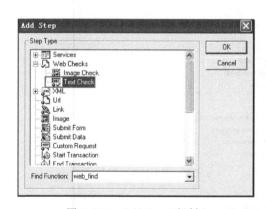

图 3.114 Add Step 对话框

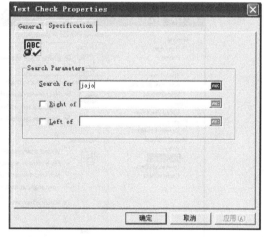

图 3.115 Text Check Properties 对话框

第 3 步:检查点添加成功后,树视图及脚本视图下显示结果分别如图 3.116 和图 3.117 所示。

第 4 步:启用检查点,使检查点生效。选择 Vuser|Run-time Settings 菜单命令,在弹出的 Run-time Settings 对话框中选择 Internet Protocol| Preferences 结点,选择 Enable Image and text check 复选框,如图 3.118 所示。

第 5 步:回放脚本,查看如图 3.119 所示的脚本运行结果(预期结果为脚本运行失败)。

以下,简要总结 web_find()函数的使用。

函数作用:在 HTML 页面中查找相应的内容。

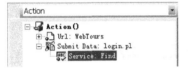

图 3.116　树视图—插入检查点(方式一)　　　图 3.117　脚本视图—插入检查点(方式一)

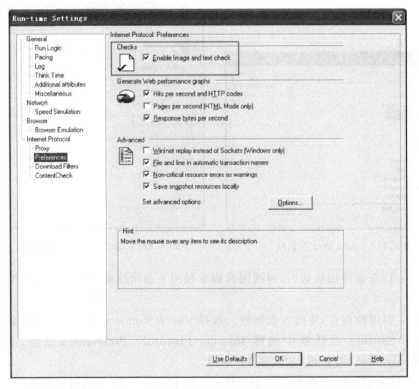

图 3.118　启用检查点

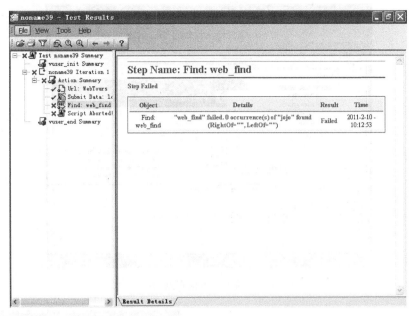

图 3.119 脚本运行结果(方式一：插入检查点)

函数用法：web_find 函数用于查找 HTML 页面中的内容，故须放在待查找内容的后面。

参数举例：web_find("web_find","RighOf=a","LeftOf=b","What=jojo",LAST)；

参数解释："web_find"定义该查找函数的名称；"LeftOf"和"RightOf"用来定义查找字符的左右边界；"What="定义查找内容；查找内容为 jojo。通过"RightOf"（右边界）为 a 和"LeftOf"（左边界）为 b 进行精确的定位，避免当前页面中存在多个待查找内容的情况。

注意：

① 输入 RightOf(右边界)和 LeftOf(左边界)时，要查找内容的左右侧内容一定要同页面完全一致(包含空格)。

② 使用 web_reg_find()函数时，要在运行时设置中更改设置，否则检查点插入无效。

解决方式 2：插入文本检查点 web_reg_find()。

第 1 步：在如图 3.110 所示的脚本中，插入检查点。切换至树视图并在"存在待查找内容"的步骤上，右击鼠标，从弹出的快捷菜单中选择 Insert Before 菜单命令，将检查点插入在"待查找内容之前"，如图 3.120 所示。

第 2 步：在 Add Step 对话框中，选择 Services|web_reg_find 结点(或在 Find Function 下拉列表框中输入 web_reg_find 快速定位上述结点)，添加文本检查点，如图 3.121 所示。单击 OK 按钮，弹出 Find Text 对话框，输入待查找的内容及左右边界等各项信息，如图 3.122 所示。再单击 OK 按钮返回主界面。

注意：图 3.122 所示的 Find Text 对话框中通过"搜索特定文本"或通过"字符串开头和结尾搜索文本"查找 jojo，均从如图 3.123 所示的 HTML 的源文件中进行搜索，而并非从 HTML 页面进行搜索。

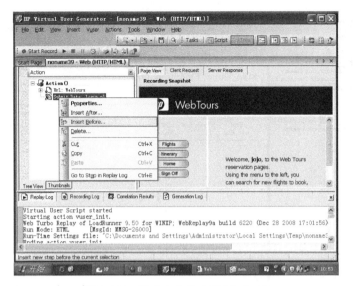

图 3.120 插入文本检查点(方式二)

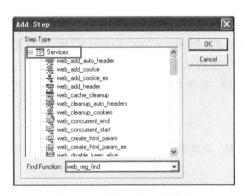

图 3.121 Add Step 对话框

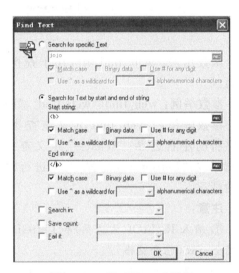

图 3.122 Find Text 对话框

图 3.123 HTML 的源文件

第3步：检查点添加成功后，树视图及脚本视图下的结果分别如图3.124和图3.125所示。

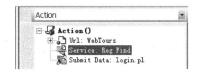

图3.124　树视图—插入检查点(方式二)　　　图3.125　脚本视图—插入检查点(方式二)

第4步：启用检查点，使检查点生效。选择Vuser|Run-Time Settings…菜单命令，在弹出的Run-time Settings对话框中选择Internet Protocol|Preferences结点，选择Enable Image and text check复选框，如图3.126所示。

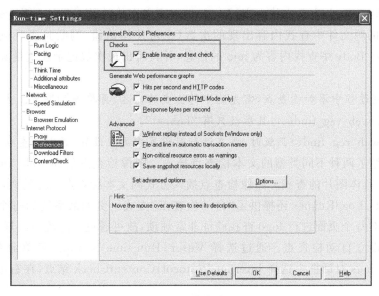

图3.126　启动检查点

第5步：回放脚本，查看如图3.127所示的脚本运行结果(预期结果为脚本运行失败)。以下介绍web_reg_find()函数的使用。

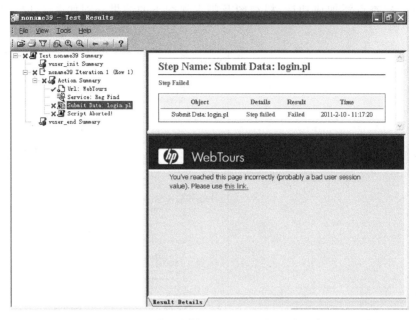

图 3.127　脚本运行结果(方式二：插入检查点)

函数作用：在 HTML 的源文件中查找所需内容。较 web_find()方式，web_reg_find()方式查找的更加精确。

函数用法：web_reg_find()函数是在 HTML 的源文件中查找相应的内容,故需要插入在待查找内容之前。

参数举例：web_reg_find("Search＝jojo","SaveCount＝name",LAST);

参数解释：Search 定义查找内容,SaveCount 定义查找计数变量的名称,该参数用于记录在 HTML 的源文件中查找内容出现的次数(也可使用该值,判断是否找到目标内容)。上述例子中,在 Body 中查找内容为 jojo 的信息,并其将出现次数记录在变量 name 中。

注意：

① 在录制过程中添加检查点,需先选中待检查的内容,再单击 即可。生成的脚本中,检查点函数为 web_reg_find( ),且参数只有"Text＝"。

② 使用 web_reg_find()函数时,要在运行时设置中更改设置,否则检查点插入无效。

至此,介绍了两种不同类型的文本检查点插入。图像检查点借助 web_image_check()实现页面中某具体图片的查找。图像检查点插入方式同文本检查点尤为类似,不再赘述。

扩充知识：LoadRunner 还提供了"自动检查点"方式。例如某系统的每个页面中都有公司 logo,而对每个页面进行 logo 查找验证非常烦琐,故可通过设定统一的规则,进行自动页面检查,即设立自动检查点。通过选择 Vuser|Run-time Settings 菜单命令,在弹出的 Run-time Settings 对话框中选择 Internet Protocol|ContentCheck 结点,在右边设置检查规则即可。

依前文所述,读者很容易体会到：检查点插入的主要侧重点仍为"功能测试",验证系统功能是否正确实现。在性能测试中,请读者结合实际项目情况进行检查点添加。若非必要也省略添加检查点,避免由于过多代码的添加及功能的校验影响性能测试的效率及精确性。

6. 关联

关联主要解决“由于脚本中存在动态数据(即每次执行脚本,都会发生变化的一部分数据),导致脚本不能成功回放”的问题。例如 Session ID 变更、置顶帖子 ID 变更等。

模拟一个生活场景来解释:众所周知,乘坐飞机需要飞机票。乘客使用一张信息正确的机票去登机,可顺利通过检票;但过了一天之后,乘客再拿着这张机票去登机,则很容易被工作人员识破此次欺骗行为,无法通过检票。原因是机场返回的航班日期信息与机票信息不一致,机票已经过期了。换句话说,日期数据是一个动态数据,由于时间流逝的原因,将发生动态变化。若能参照当天日期,借助一种高科技的手段(假设存在这样的技术)将过期票修改为不过期,则可顺利通过检票。该修改动态信息以便顺利通过的技术,非常类似于 LoadRunner 的关联技术。

下面,借助第 3.3.3 节中实例进行分析。

图 3.128 中,服务器返回的 userSession 值是动态变化的数据。为何该数据会动态变化?客户端与服务器通信建立过程需要经历“三次握手”,在第二次握手时,服务器返回的信息中包含动态标记并记录于脚本中。在每次脚本回放时,动态数据会发生更新。但 LoadRunner 仍使用固定脚本模拟发送请求,显然脚本回放无法通过。

```
Action()
{

    web_url("WebTours",
        "URL=http://127.0.0.1:1080/WebTours/",
        "TargetFrame=",
        "Resource=0",
        "RecContentType=text/html",
        "Referer=",
        "Snapshot=t1.inf",
        "Mode=HTML",
        LAST);

    lr_think_time(8);

    web_submit_data("login.pl",
        "Action=http://127.0.0.1:1080/WebTours/login.pl",
        "Method=POST",
        "TargetFrame=body",
        "RecContentType=text/html",
        "Referer=http://127.0.0.1:1080/WebTours/nav.pl?in=home",
        "Snapshot=t2.inf",
        "Mode=HTML",
        ITEMDATA,
        "Name=userSession", "Value=105082.529283111ftAfVicpzDctDVpAQfz", ENDITEM,
        "Name=username", "Value=jojo", ENDITEM,
        "Name=password", "Value=bean", ENDITEM,
        "Name=JSFormSubmit", "Value=off", ENDITEM,
        "Name=login.x", "Value=41", ENDITEM,
        "Name=login.y", "Value=12", ENDITEM,       动态数据
        LAST);

    return 0;
}
```

图 3.128　脚本实例

注意:在 TCP/IP 协议中,TCP 提供的是可靠的连接服务。客户端与服务器依据“三次握手”进行请求响应交互。完成三次握手,客户端与服务器开始传送数据。限于篇幅,“三次握手”请读者参阅其他资料拓展学习。

针对上述实例,借助“关联”知识解决问题。如图 3.129 所示为关联函数。

```
web_reg_save_param("session_name",    //参数名
    "LB=name=userSession value=",     //动态数据的左边界
    "RB=>",                           //动态数据的右边界
    "Ord=1",                          //获取动态数据的个数, 1、2......All等
    LAST);
```

图 3.129　关联函数

结合图 3.129,简要解释关联函数的应用过程:在脚本回放过程中,客户端向服务器发出请求。通过关联函数定义的左右边界(即关联规则),在服务器响应的内容中查找到动态

数据,并将动态数据存放于参数中(例如 session_name)。以参数的形式替换录制脚本中的固定值,即实现了使用新的动态数据去进行服务器请求。

值得一提的是,Ord=1 或 All 含义如下。

(1) Ord=某个具体数值,例如 N,表示在获取动态数据中,取得第 N 的数据。

(2) Ord=All,获取所有匹配的动态数据,并以参数数组形式进行动态数据存放。

LoadRunner 关联主要支持 3 种方式:自动关联、手动关联、边录制边关联。

(1) 自动关联。自动关联方法,主要是对比同一脚本在录制和回放中服务器返回的内容,确定出动态变化的数据并自动提示是否生成关联。该方法使用最简单,但存在局限性,常用于非常标准的动态数据处理中。

典型实例:Session ID。

注意:使用自动关联前,脚本必须要先运行一次。

(2) 手动关联。手动关联方法,主要借助 web_reg_save_param()函数,手动进行动态数据查找、函数编写及常量替换等工作。该方法是进行关联的最有效手段,能处理标准的及特殊的动态数据(例如某些特殊动态数据,其左右边界也动态发生变化)。

典型实例:论坛中置顶帖子和非置顶帖子中的顶端帖子 ID。

(3) 边录制边关联。边录制边关联方法是通过在 Recording Options 对话框中选择 HTTP Properties|Correlation 结点,选择 Enable correlation during recording 复选框并勾选所需的关联设置(系统默认提供的或事先读者定义好的自动关联规则)。在脚本录制过程中,可自动进行关联操作,如图 3.130 所示。

注意:使用该方法进行规则匹配,可能由于识别不准确,会将较类似的信息进行关联,从而导致问题。所以请慎重采用。

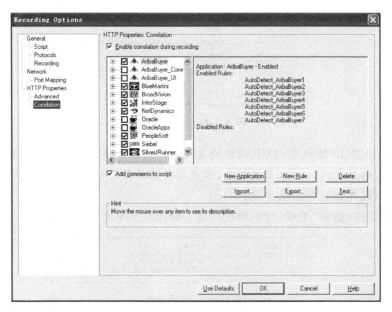

图 3.130 录制参数—关联

上述 3 种关联方式中,自动关联和手动关联方式较为常用。以下,结合自动关联和手动关联方式进行介绍。

举例,脚本关联前提:录制订飞机票系统登录操作脚本,并满足如下条件。

① 选择"开始"|"程序"|LoadRunner|Virtual User Generator 菜单命令,打开虚拟用户生成器。

② 选择 File|New 菜单命令,或直接单击图标,弹出 New Virtual User 对话框。

③ 在 Category 下拉列表框中选择 Popular Protocols,再选择 Web(HTTP/HTML)协议,单击 Create 按钮进入 Start Recording(开始录制)对话框。

④ 在 Recording Options 对话框中,单击 General|Recording 结点,选择 HTML-based script 单选按钮,再单击 HTML Advanced 按钮,从弹出的 HTML Advanced 对话框中选择 A containing explicit URLs only(e.g web_url,web_submit_data)单选按钮。

基于上述前提进行录制操作,生成如图 3.131 所示的脚本。

```
Action()
{
    web_url("WebTours",
        "URL=http://127.0.0.1:1080/WebTours/",
        "TargetFrame=",
        "Resource=0",
        "RecContentType=text/html",
        "Referer=",
        "Snapshot=t1.inf",
        "Mode=HTML",
        LAST);

    lr_think_time(8);

    web_submit_data("login.pl",
        "Action=http://127.0.0.1:1080/WebTours/login.pl",
        "Method=POST",
        "TargetFrame=body",
        "RecContentType=text/html",
        "Referer=http://127.0.0.1:1080/WebTours/nav.pl?in=home",
        "Snapshot=t2.inf",
        "Mode=HTML",
        ITEMDATA,
        "Name=userSession", "Value=105082.529283111ftAfVicpzDctDVpAQfz", ENDITEM,
        "Name=username", "Value=jojo", ENDITEM,
        "Name=password", "Value=bean", ENDITEM,
        "Name=JSFormSubmit", "Value=off", ENDITEM,
        "Name=login.x", "Value=41", ENDITEM,
        "Name=login.y", "Value=12", ENDITEM,
        LAST);

    return 0;
}
```

图 3.131 脚本实例

下面,采用两种不同的关联方式分别针对图 3.131 所示的脚本进行关联。

关联方式 1:自动关联。

(1) 单击 ▶ 图标,运行一次脚本,并观察脚本运行结果,如图 3.132 所示。

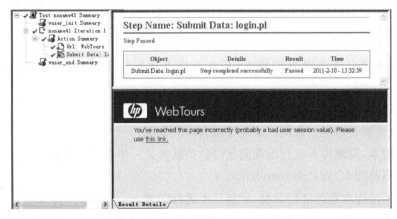

图 3.132 脚本运行结果

图 3.132 所示的步骤快照中显示出"脚本运行后,未正确进行登录操作"。依据经验分析,脚本录制后未做任何改动,直接回放便出现上述问题,则很可能是由于脚本中存在动态数据导致。

(2) 选择 Vuser|Scan Script for Correlations(扫描要关联的脚本)菜单命令,VuGen 将自动对比当前脚本录制和回放中服务器返回的数据,如图 3.133 所示,从而,可确定需进行关联的动态数据。

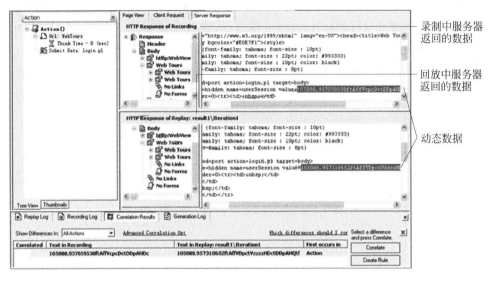

图 3.133　扫描关联脚本

(3) 在图 3.133 所示的 Correlation Results 选项卡中,列举出需要进行关联的地方。单击 Correlate 按钮,即进行关联操作,如图 3.134 和图 3.135 所示。单击 Create Rule 按钮,可在 Recording Options 对话框的 HTTP Properties|Correlation 结点创建规则。

图 3.134　关联结果(关联后)

(4) 重新回放自动关联后的脚本,并查看脚本运行结果脚本运行成功,如图 3.136 所示。

关联方式 2:手动关联。

(1) 确定要捕获的动态数据。该操作包含以下步骤。

① 回放脚本,发现脚本运行出现问题(同"关联方式一中的第一步操作")。

② 保存当前脚本,命名为 correlation_1。

③ 参照上述脚本重新进行录制,录制后不进行回放。

④ 选择 Tools|Compare with Script 菜单命令,将新录制的脚本同脚本 correlation_1 进

```
Action()
{
    // [WCSPARAM WCSParam_Diff1 35 105088 937059538ftAffVcncDctDDpAHDc] Parameter [WCSParam_Diff1]
    web_reg_save_param("WCSParam_Diff1", "LB=userSession value=", "RB=>", "Ord=1", "IgnoreRedirec
    web_url("WebTours",
        "URL=http://127.0.0.1:1080/WebTours/",
        "TargetFrame=",
        "Resource=0",
        "RecContentType=text/html",
        "Referer=",
        "Snapshot=t1.inf",
        "Mode=HTML",
        LAST);

    lr_think_time(8);

    web_submit_data("login.pl",
        "Action=http://127.0.0.1:1080/WebTours/login.pl",
        "Method=POST",
        "TargetFrame=body",
        "RecContentType=text/html",
        "Referer=http://127.0.0.1:1080/WebTours/nav.pl?in=home",
        "Snapshot=t2.inf",
        "Mode=HTML",
        ITEMDATA,
        "Name=userSession", "Value={WCSParam_Diff1}", ENDITEM,
        "Name=username", "Value=jojo", ENDITEM,
        "Name=password", "Value=bean", ENDITEM,
        "Name=JSFormSubmit", "Value=off", ENDITEM,
        "Name=login.x", "Value=35", ENDITEM,
        "Name=login.y", "Value=11", ENDITEM,
        LAST);

    return 0;
}
```
——自动插入关联函数

图 3.135　脚本(关联后)

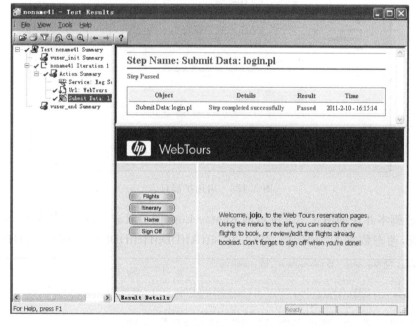

图 3.136　脚本运行结果(关联后)

行比较,如图 3.137 所示,可轻松对比出两脚本中存在差异的位置乃至确定动态数据为 userSession 的值。

(2) 找到要捕获数据的左右边界。该操作包含以下步骤。

① 选择 Vuser|Run-time Settings 菜单命令,在弹出的 Run-time Settings 对话框中选择 General|Log 结点,选择 Extended log(扩展日志)中的 Data returned by server 复选框,如图 3.138 所示。

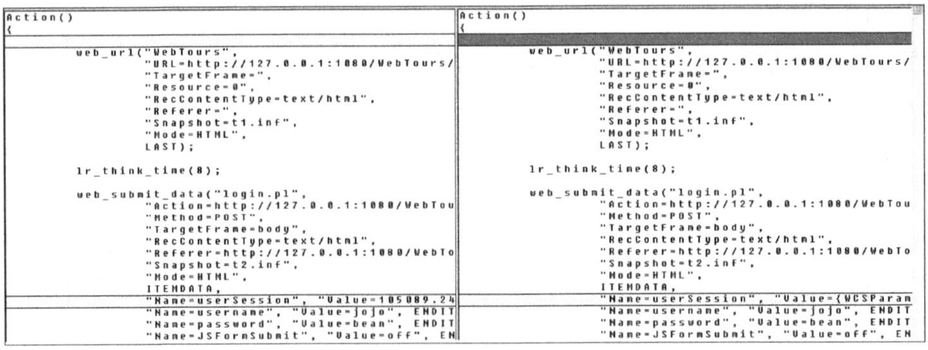

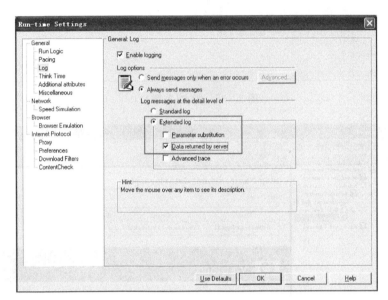

图 3.137 两脚本差异

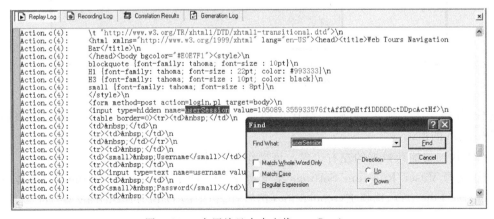

图 3.138 启用扩展日志

② 回放脚本并在如图 3.139 所示的 Replay Log(回放日志)选项卡中查找 userSession。经分析,动态数据为"105089.355933576ftAffDDpHtfiDDDDDctDDpcActHf",左右边

图 3.139 在回放日志中查找 userSession

界分别为"name＝userSession value＝"和">"。

（3）添加关联函数。该操作包含以下步骤。

① 选择 Insert|New Step 菜单命令，弹出 Add Step 对话框，在对话框中选择 Services|web_reg_save_param()结点。单击 OK 按钮，弹出 Save Data to a Parameter 对话框。

② 在对话框中填写保存动态数据的参数名及动态数据的左右边界等信息，如图 3.140 所示。

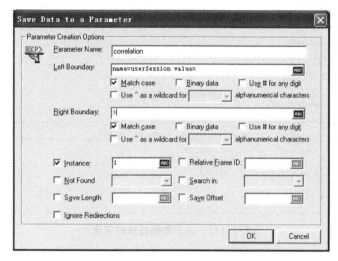

图 3.140 Save Data to a Parameter 对话框

③ 单击 OK 按钮，成功插入关联函数，如图 3.141 所示。

注意：关联函数为注册型函数，应插入到所有函数的最上端。

```
Action()
{
    web_reg_save_param("correlation",
        "LB=name=userSession value=",
        "RB=>",
        "Ord=1",
        LAST);

    web_url("WebTours",
        "URL=http://127.0.0.1:1080/WebTours/",
        "TargetFrame=",
        "Resource=0",
        "RecContentType=text/html",
        "Referer=",
        "Snapshot=t1.inf",
        "Mode=HTML",
        LAST);

    lr_think_time(8);

    web_submit_data("login.pl",
        "Action=http://127.0.0.1:1080/WebTours/login.pl",
        "Method=POST",
        "TargetFrame=body",
        "RecContentType=text/html",
        "Referer=http://127.0.0.1:1080/WebTours/nav.pl?in=home",
        "Snapshot=t2.inf",
        "Mode=HTML",
        ITEMDATA,
```

图 3.141 脚本（含关联函数）

（4）用动态数据替换脚本中固定值，如图 3.142 所示。

（5）重新回放自动关联后的脚本，并查看脚本运行结果，脚本运行成功，如图 3.143。

```
Action()
{
    web_reg_save_param("correlation",
        "LB=name=userSession value=",
        "RB=>",
        "Ord=1",
        LAST);
    web_url("WebTours",
        "URL=http://127.0.0.1:1080/WebTours/",
        "TargetFrame=",
        "Resource=0",
        "RecContentType=text/html",
        "Referer=",
        "Snapshot=t1.inf",
        "Mode=HTML",
        LAST);

    lr_think_time(8);

    web_submit_data("login.pl",
        "Action=http://127.0.0.1:1080/WebTours/login.pl",
        "Method=POST",
        "TargetFrame=body",
        "RecContentType=text/html",
        "Referer=http://127.0.0.1:1080/WebTours/nav.pl?in=home",
        "Snapshot=t2.inf",
        "Mode=HTML",
        ITEMDATA,
        //  "Name=userSession", "Value=105089.24017821ftAffcHpHQVzzzzHDctDDpVzzHf", ENDITEM,   替换前
            "Name=userSession", "Value={correlation}", ENDITEM,   //替换后
            "Name=username", "Value=jojo", ENDITEM,
            "Name=password", "Value=bean", ENDITEM,
            "Name=JSFormSubmit", "Value=off", ENDITEM,
            "Name=login.x", "Value=37", ENDITEM,
            "Name=login.y", "Value=7", ENDITEM,
        LAST);

    return 0;
}
```

图 3.142　动态数据替换固定值

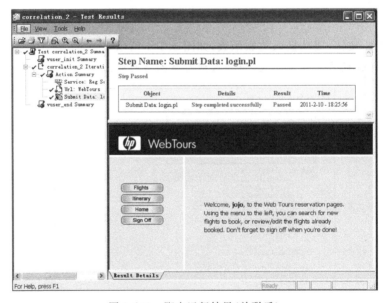

图 3.143　脚本运行结果(关联后)

注意：

① 为了便于脚本间的比较,如图 3.137 所示,建议去掉脚本中的思考时间。

② 关联函数是注册型函数,该函数需插入在请求前,否则会提示无法获得关联结果。

③ 关联函数是通过一种规则将服务器返回的动态数据保存到一个参数中,预查看参数的内容,可通过选择 Vuser|Run-time Settings 菜单命令,在弹出的 Run-time Settings 对话

框中选择 General|Log 结点,接着选择 Parameter substitution 复选框。

3.4 VuGen 相关设置

参照图 3.1 中 LoadRunner 学习体系,本小节主要介绍 VuGen 的相关设置,如配置"运行时设置"、"常规选项"等。本小节可使读者灵活对脚本及 LoadRunner 工具进行设置,更加真实地模拟用户活动和行为。

3.4.1 "运行时设置"

配置"运行时设置"即在 Run-time Settings 对话框中进行配置。脚本生成后,通过在 Run-time Settings 对话框中进行配置(例如脚本迭代次数、思考时间类型及检查点是否启用等),以指示脚本运行(回放)时的方式。例如指定某脚本重复运行的次数和频率;指定某脚本中某操作重复运行的次数和频率;模拟某用户接到服务器响应后立即进行后续操作;模拟某用户接到服务器响应后停留片刻再进行后续操作;模拟用户在 Netscape 而不是 Internet Explorer 中回放脚本等。

选择 Vuser|Run-time Settings 菜单命令,弹出 Run-time Settings 对话框,如图 3.144 所示。

注意:配置录制参数是在录制脚本前进行设置,它会影响 VuGen 进行脚本录制的方式及所生成脚本中包含的内容等。请读者注意区分 Recording Options(图标为) 与 Run-time Settings(图标为)。

以下,针对"运行时设置"中较常用的选项进行介绍。

1. General|Run Logic(运行逻辑)结点

如图 3.144 所示为 General|Run Logic 结点的设置界面。它主要用来设置脚本重复运行次数(每次重复称为一次迭代)及脚本运行状态。当脚本运行多次迭代时,实质为 Action 部分的多次重复执行,而 vuser_init 和 vuser_end 部分仅执行一次。

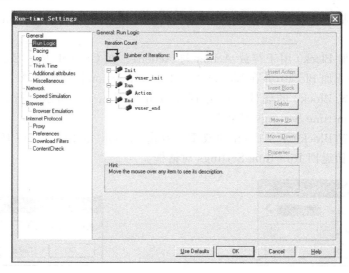

图 3.144 运行时设置—运行逻辑

General|Run Logic(运行逻辑)结点的设置,读者在第 3.3.3 节参数化学习中有过接触。下面,通过实例加深理解和拓展。

【例 3-10】 以 LoadRunner 自带的订飞机票系统和自己搭建的 BugFree 系统为例。请录制脚本,模拟如下用户业务操作。

① 登录订飞机票系统,进行 5 次路线查询后,退出系统。

② 登录 BugFree 系统,进行两次查询后,提交 1 个 Bug,再退出系统。

③ 70%人员进行单击 administration 超链接操作,30%进行登录操作。

解答与分析 1:

第 1 步:录制一个脚本"登录操作存放于 vuser_init;路线查询操作存放于 Action;退出操作存放于 vuser_end"。

第 2 步:在 Run-time Settings 对话框中选择 General|Run Logic 结点,设置 Number of Iterations 为 5。

解答与分析 2:

第 1 步:录制一个脚本"登录 BugFree 存放于 vuser_init,查询操作存放于 Action,提交 Bug 存放于 Action1,退出操作存放于 vuser_end"。

第 2 步:添加 Block0 用于存放 Action(Block 介绍参见本节"注意")。在 General|Run Logic 结点下,单击 Insert Block 按钮添加 Block0,并在 Block0 下单击 Insert Action 按钮添加 Action。

第 3 步:设置 Block0 的属性。双击 Block0,并如图 3.145 所示设置 Iterations(迭代次数)为 2。单击 OK 按钮返回 Run-time Settings 对话框。

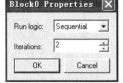

图 3.145 块属性设置—迭代为 2

第 4 步:添加 Action1。单击 Insert Action 按钮,选择 Action1 进行添加。

第 5 步:Number of Iterations(脚本迭代次数)设置为 1。

思考:有的读者问到"在 General|Run Logic 结点设置 Action * 2,Action1 * 1 不行吗?"请读者思考为何上述设置方式不可行。

解答与分析 3:

第 1 步:录制一个脚本"单击 administration 超链接操作存放于 Action,登录操作存放于 Action1"。

第 2 步:添加 Block0 用于存放 Action 与 Action1。在 General|Run Logic 结点下,单击 Insert Block 按钮添加 Block0,并在 Block0 下单击 Insert Action 按钮添加 Action 和 Action1。

第 3 步:设置 Block0 的属性。双击 Block0 并如图 3.146 所示进行属性设置。单击 OK 按钮返回 Run-time Settings 对话框。

第 4 步:设置 Block0 下 Action 的权重。双击 Action 并如图 3.147 所示进行属性设置。单击 OK 按钮返回 Run-time Settings 对话框。

图 3.146 块属性设置—随机

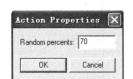

图 3.147 Action 属性设置—权重 70

第 5 步：同第 4 步操作，设置 Block0 下 Action1 的权重为 30。

注意：

① Controller 中场景运行时间（Duration）参数与脚本执行迭代次数（Number of Iterations）均对脚本执行的迭代次数有影响。Duration 参数优先级别高于 Number of Iterations 参数。例如场景运行时间设定为 3 分钟，即便 General|Run Logic 结点的 Number of Iterations 参数设为 1，虚拟用户也会反复多次地执行脚本至 3 分钟。

② Block：操作块，即脚本内的操作组。可将脚本中的某些操作存放于不同的 Block 中，并可单独设置每个 Block 的属性，例如块执行的顺序、迭代次数及权重。

2. General|Pacing(步)结点

Pacing 主要用来设置脚本迭代之间的时间间隔。主要支持如图 3.148 中所示的 3 种方式：

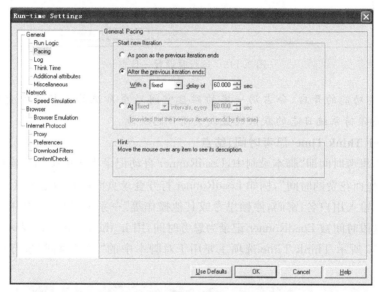

图 3.148 运行时设置—步

(1) 上一迭代结束后立即开始；

(2) 上一迭代结束后，等待固定或随机的时间间隔延迟后再开始；

(3) 按经过固定或随机的时间间隔后再开始。例如通过 Pacing 设置，模拟在 BugFree 系统中，提交一个 Bug 后等待 1 分钟再提交第二个 Bug，共提交 10 个 Bug。

3. General|Log(日志)结点

日志用于记录脚本录制或回放期间的各类输出信息。例如客户端与服务器之间通信信息、对脚本进行的参数化信息等。通常用于脚本调试中。

如图 3.149 所示日志主要分为两大类型：标准日志和扩展日志。标准日志主要记录脚本执行期间发送的函数和消息的信息，供调试时使用。扩展日志较标准日志而言，它容纳了更多的信息，例如警告、参数化信息、服务器返回的数据信息等。

在前面章节介绍参数化、输出函数及关联等内容时，读者已多次接触了"标准日志"及"扩展日志"的开启与关闭，此处不再赘述。

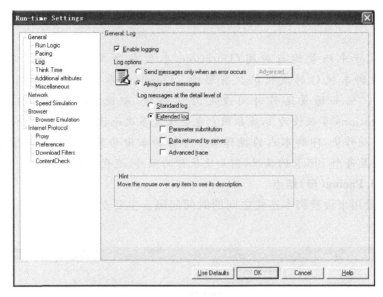

图 3.149 运行时设置—日志

注意：日志功能的开启，会占用一定的磁盘空间乃至系统的运行速度受到一些影响。非必要情况，请保持系统日志的默认设置或关闭日志功能。

4. General|Think Time(思考时间)结点

前面提到，思考时间即"脚本录制中，LoadRunner 自动记录下来的拟用户操作过程中由于等待或其他操作而花费的时间"，例如 LoadRunner 打开登录页面后开始记录思考时间，之后用户可能进行了"输入用户名、密码，停顿思考或其他操作等"一系列操作，直至用户单击登录按钮，所经历的这段时间被 LoadRunner 记录为思考时间，用 lr_think_time(x);表示。

如图 3.150 所示 Think Time 选项主要用于对脚本中的"思考时间"进行设置。分为以下设置类型：

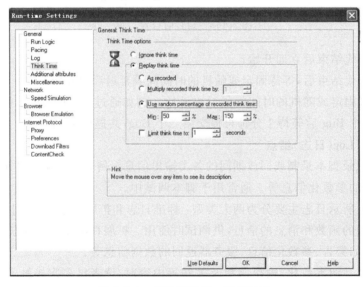

图 3.150 运行时设置—思考时间

(1) 忽略思考时间；
(2) 按照录制时思考时间设置；
(3) 按照录制时思考时间的倍数设置；
(4) 使用录制思考时间的随机百分比；
(5) 限制思考时间的最大值。

注意：

① VuGen 中默认选择忽略思考时间。当录制生成的脚本在未修改"运行时设置"的情况下，进行脚本回放时忽略思考时间。

② Controller 中默认按照录制时的思考时间执行。

5. General|Miscellaneous（其他）结点

如图 3.151 所示 Miscellaneous 选项可对 Vuser 脚本进行其他相关设置，如下。

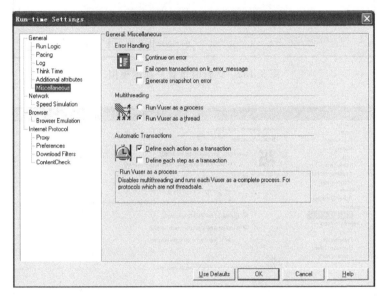

图 3.151　运行时设置—其他

(1) Error Handling（错误处理）：Vuser 在遇到错误时所采用的处理方式。

(2) Multithreading（多线程）：确定运行时为单线程还是多线程。多线程环境的主要优势是每个负载生成器都能运行多个 Vuser。

(3) Automatic Transactions（自动事务）：场景运行时自动定义事务的方式。可将每个 Action 或每步操作定义为一个事务。

6. Network|Speed Simulation（速度模拟）结点

如图 3.152 所示，Speed Simulation 选项的设置可模拟不同的网络速度。例如使用最大带宽、使用固定带宽或自定义带宽。通过设置可更加真实模拟用户测试环境。

7. Browser|Browser Emulation（浏览器仿真）结点

如图 3.153 所示 Browser Emulation 选项的设置可模拟其他浏览器及浏览器缓存等。

8. Internet Protocol|Preferences（首选项）结点

Preferences 中值得一提的是 Checks 选项。当在脚本中设置了检查点后，需启动该设

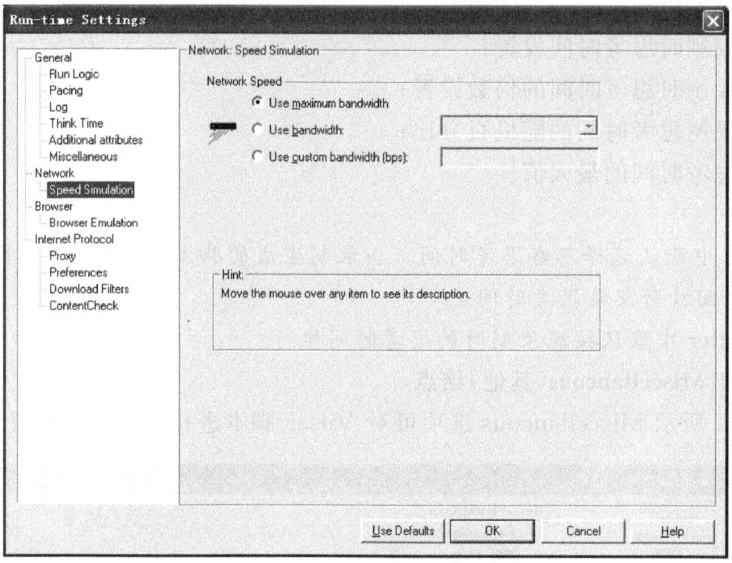

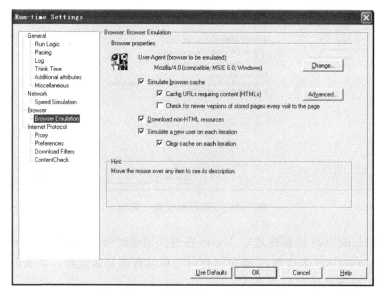

图 3.152　运行时设置—速度模拟

图 3.153　运行时设置—浏览器仿真

置才可使检查点生效。

至此,对 Run-time Settings 对话框中较常用的选项进行了介绍,其他选项通常保持默认即可。限于篇幅,其他选项不再赘述。

3.4.2　配置"常规选项"

配置"常规选项"即在 General Options 对话框中进行的操作。该选项可对 LoadRunner 工具环境进行配置。例如设置参数边界"{ }"的类型、设置脚本回放后要返回的页面以及脚本回放时是否同步显示浏览器页面等。

选择 Tools|General Options 菜单命令,可打开如图 3.154 所示的 General Options(常规选项)对话框。大多数情况下,保持默认,单击 OK 按钮即可。

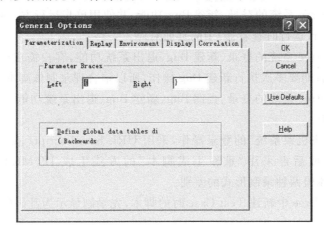

图 3.154　常规选项

3.5　同步训练

3.5.1　实验目标

(1) 能够使用 Omnipeek 工具分析协议类型;

(2) 能够使用 HTTPWatch 进行 HTTP 协议分析;

(3) 能够进行脚本录制、查看、编译、回放、调试;

(4) 能够在脚本视图和树视图下阅读脚本;

(5) 能够使用 HTML-based script(基于 HTML)形式录制脚本;

(6) 掌握脚本增强的各类方法。

3.5.2　前提条件

(1) 已成功安装 LoadRunner。

(2) 准备好 Omnipeek 及 HTTPWatch 安装包及相关软件。

3.5.3　实验任务

(1) 使用 Omnipeek 工具针对 http://www.google.cn/进行数据包捕获,并查看到底该网站使用了 TCP/IP 分层中 HTTP/SMTP/DNS 的哪些协议。

(2) 使用 HTTPWatch 进行 http://www.google.cn/的协议捕获,并针对一个请求和响应进行分析。

(3) 请使用基于 HTML 脚本的两种方式录制"订飞机票系统"的登录、查看路线、退出功能,并分别对两种录制形式下的脚本进行分析解释。

(4) 使用树视图查看(3)中的脚本,并进行步骤和图表的简要解释,对其中一个步骤重命名。

(5) 手动编写一个函数：访问"百度首页"。

(6) 对(3)中的脚本进行编译、回放、调试。

(7) 录制 BugFree 系统的登录、新建 Bug 功能，并使用单步运行方式对脚本中各个函数与 Run-time Viewer(运行时查看器)中的页面对应。

(8) 录制 BugFree 系统的登录、新建 Bug、退出系统功能，客户需求中只对新建 Bug 相关信息关注，并且后期要多次执行新建 Bug 操作，所以请合理录制该脚本。

(9) 录制 BugFree 系统的登录、查询 Bug、新建 Bug、退出系统功能，请将各操作分别放置在一个 Action 中。

(10) 录制"订飞机票系统"的登录操作，采用 URL-based script(基于 URL 的脚本)的录制方式，录制完成后再采用"重新生成脚本"的方式生成 HTML-based script(基于 HTML 的脚本)，体验两种录制形式的差别。

(11) 录制 BugFree 中新建 Test Case 时的脚本，先录制显示为乱码的脚本，然后进行乱码问题的解决。

(12) 录制"订飞机票系统"的登录操作，并用3种不同的方式插入事务(录制过程中/录制完成后脚本视图下/录制完成后树视图下)。

(13) 录制 BugFree 登录、查询 Bug、新建 Bug、退出操作，用户想看到"新建 Bug"所用到的响应时间，请解决并展示具体的响应时间值。

(14) 录制 BugFree 登录、查询 Bug、新建 Bug、退出操作，用户想看到"查询和新建 Bug"共用到的响应时间，请解决。

(15) 请在(14)的脚本基础上继续操作，用户想实现多用户的真正同时的进行 Bug 新建，请解决。

(16) 录制 BugFree 系统的"登录、通过 BugID 查询 Bug 功能"，并对查询条件 BugID 进行参数化，参数化列表中值至少为3个，采用选择参数化方式为 random+each iteration，并采用"输出函数"及"查看扩展日志方式"进行参数化结果展示。

(17) 录制"订飞机票系统"的登录，并对登录名和密码分别进行参数化，至少3组数据值，且需要确保用户名和密码时刻正确配对，即便是往任一个参数化列表中添加新数据后。

(18) 录制"订飞机票系统"登录，并对登录名进行参数化，参数化列表中数据直接采用"Access 数据库***表中数据"，请执行 Access 数据库中数据导入至参数化列表的操作。

(19) 使用 A script containing explicit URLs only(仅包含明确 URL 的脚本)的录制方式录制"订飞机票系统"的登录功能，并分别采用自动关联和手动关联两种方式解决脚本回放问题。

(20) 录制 BugFree 登录功能，采用录制时插入检查点和录制后树视图下插入检查点两种方式，检查登录成功后打开的页面中是否有登录名字样，例如"欢迎, admin"。

(21) 录制"订飞机票系统"的登录、成功定制一张票、退出操作，并进行插入事务、集合点、参数化、关联、插入输出函数等相关操作，具体要求如下：

① 选择录制方式为 A script containing explicit URLs only；

② 脚本录制并保证回放成功，否则选择手动关联方法进行解决；

③ 针对"登录"操作查看其响应时间，给出响应时间值的截图；

④ 针对"订票"操作进行集合点插入；

⑤ 需要在录制的脚本中模拟订"1 张票""2 张票""3 张票"的操作,并且要求订 1 张票时座位为 None,订 2 张票时座位为 Window,订 3 张票时座位为 Aisle;

⑥ 请用"输出函数"及"使用扩展日志"输出两种方式进行⑤的结果显示。

(22) 录制一个脚本:登录 BugFree(vuser_init 函数存放),"查询 Bug、查看 Bug、新建 Bug、单击 Test Case 标签页、查看 Test Case"每步操作分别各放在一个 Action 中,退出(vuser_end 函数存放);然后结合如下题目要求对 Run-Time Settings(运行时设置)进行设计。

题目 1:登录 BugFree 后,先查询 Bug,再新建 Bug,然后单击 Test Case 标签页,最后查看 case。

题目 2:登录 BugFree 后,系统随机执行 35%用户新建 Bug,50%查看 Test Case 标签页,15%查询 Bug,上述随机操作整体执行 3 次迭代。

题目 3:登录 BugFree 后,系统随机执行 60%用户先查询 Bug,40%用户先不进行查询操作;先进行查询操作的用户,查询完后 35%的查看 Bug,65%的用户新建 Bug;先不进行查询操作的用户,先进行单击 Test Case 标签页操作,再进行新建 Test Case 操作。

(23) 录制一个包含"订飞机票系统"的登录、订票、查看线路、退出操作的脚本,对该脚本进行如下设置:

① 要求订票和查看路线操作执行 3 次;

② 后一次迭代在前一次迭代结束后 30s 内开始;

③ 启用扩展日志查看"服务器返回的数据";

④ 思考时间均以录制时思考时间的 2 倍执行;

⑤ 出现错误的时候仍然继续执行;

⑥ 不需要系统默认设置事务,均以手动添加事务为准。

第4章 用户活动场景创建执行与监控

前面章节,介绍了LoadRunner三大功能模块之——VuGen。在读者具备了Vuser脚本录制和开发能力的基础上,本章将结合另一功能模块Controller介绍用户活动场景的创建、设计、运行与监控等知识。Controller的学习,有助于读者模拟出各类真实且复杂的用户活动场景,例如灵活设计真实的用户活动场景,运行模拟场景并实时监控,以及Windows和Linux系统资源的监控等。

本章讲解的主要内容如下:

(1) Controller基础;

(2) 测试场景设计;

(3) 测试场景执行与监控;

(4) 系统资源监控;

(5) 同步训练。

4.1 Controller基础

参照图4.1中LoadRunner学习体系,本节主要介绍Controller入门知识,带领读者熟悉Controller界面并理解各类型测试场景的应用与区别,最终掌握各类型测试场景的创建。

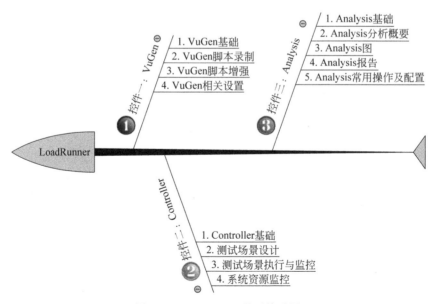

图4.1 LoadRunner学习体系图

4.1.1　Controller 简介

Controller 即压力调度和监控中心，主要用于创建、运行和监控场景。它依据 VuGen 提供的脚本可模拟出用户真实的业务场景（即模拟"哪些人、什么时间、什么地点、做什么以及如何做"）。执行和监控可使我们收集整理场景运行时的测试数据。

总之，Controller 的主要作用有设计场景、运行场景及监控场景。究竟何为"场景"？场景主要用来模拟"真实世界的用户是如何对系统施加压力的"。在 Controller 中，通过设置"Vuser、场景开始时间、Load Generator、脚本、脚本加载运行方式"等来逐一解答。

注意：

① 请读者回顾第 2.3.2 节 LoadRunner 工具原理，仔细体会 Controller 模块的作用。

② 场景运行前，Controller 通过控制测试机来进行测试脚本的分发，以便各测试机同时进入测试场景。

③ Controller 工具中设计测试场景并不复杂。关键在于前期需求分析及前期性能测试用例与场景的设计。充分的前期设计可有效指导 Controller 工具中的设计工作。请读者回顾第 1.6 节和第 1.7 节。

到目前为止，读者已从理论层面上认识了 Controller。以下，将从实践角度揭示 Controller。

Controller 支持多种启动方式。其一，在 VuGen 中选择 Tools | Create Controller Scenario 菜单命令启动；其二，选择"开始"|"程序"| LoadRunner | Applications | Controller 菜单命令启动；其三，选择"开始"|"程序"| LoadRunner | LoadRunner 菜单命令，在打开的对话框中单击 Run Load Tests 超链接启动。

以第一种 Controller 开启方式为例，进入图 4.2 所示的 Create Scenario（创建场景）对话框。在该对话框中，选择场景类型（各场景类型讲解参见第 4.2 节）：Goad Oriented Scenario（面向目标的场景）或 Manual Scenario（手动场景），设置负载发生器、组名及结果目录存放位置。单击 OK 按钮进入图 4.3 所示的 LoadRunner Controller 窗口。

Controller 对话框默认显示如图 4.3 所示的 Design（设计）标签页。Design（设计）标签页主要对测试脚本、场景执行计划（Schedule）、负载发生器

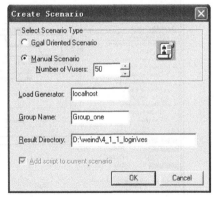

图 4.2　Create Scenario 对话框

（Load Generator）、服务水平协议（SLA）、IP 欺骗（IP Spoofer）等综合参数进行设置。详细介绍参见第 4.2 节。

场景开始运行后，单击 Run 标签页，进入如图 4.4 所示窗口。Run 标签页主要用于对场景运行时的情况（例如场景组及 Vuser 运行的状态、系统运行各项性能指标、服务器及系统资源等）进行监控。Run 标签页还可控制每个 Vuser、查看由 Vuser 生成的错误、警告和通知消息等。可收集测试各类测试数据便于进一步的测试结果分析。详细介绍参见第 4.3 节。

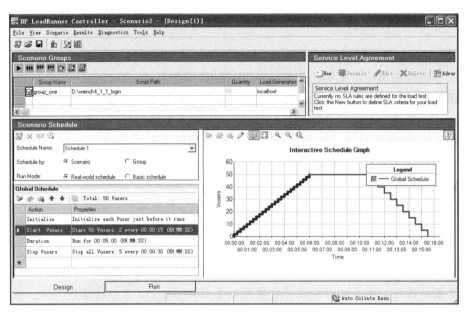

图 4.3　Design(设计)标签页

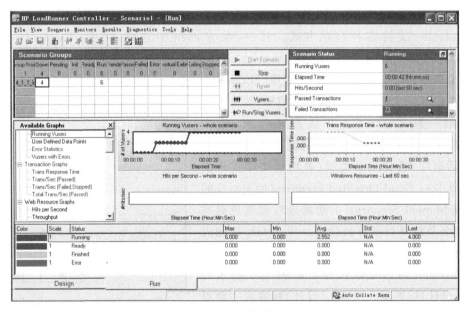

图 4.4　Run 标签页

注意：

① Load Generator 负载发生器介绍参见第 2.3.1 节中讲解。

② Group Name 组名，默认显示为所选用脚本的名称，可修改为易理解的名称。

③ 采用第二种和第三种 Controller 开启方式，可进入如图 4.5 所示的 New Scenario (新建场景)对话框，在该对话框下选择场景类型及待用脚本后，同样进入图 4.3 所示的 Design(设计)标签页。

④ 在图 4.5 中选择待用脚本时有如下几种方式。其一，直接从 Available Scripts 中选择；其二，单击 Browse 按钮，在弹出的"打开"对话框中从硬盘其他位置选择；其三，单击 Record 按钮，在打开的 VuGen 对话框中从新录制或编辑脚本后获得；其四，单击 Quality Center 按钮，从打开的管理工具中获得。

4.1.2 场景类型介绍

如图 4.5 所示，Controller 主要支持两大类场景类型：Manual Scenario（手工场景）和 Goal-Oriented Scenario（面向目标的场景）。不同的场景类型适用于不同的场景设计，能更加灵活地模拟用户真实活动场景及观测性能测试指标。

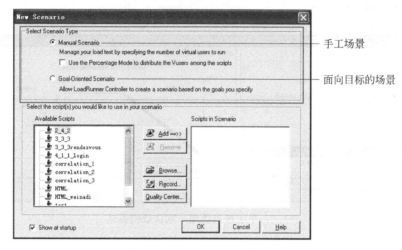

图 4.5 New Scenario 对话框

正式分析上述两种场景类型前，先引入一个生活中的实例：运动员小刘跨栏！

【例 4-1】 教练为了充分了解运动员小刘的体能及跨栏水平的高低，让小刘在训练中一次次接受新的挑战，最终确定小刘的能力极限。例如先让小刘在 100 米内跨 5 个栏，检验其所需时间及体能指标；若进展顺利，则再增加"栏数"（例如 10 个），重新完成跨栏任务，再次检验其所需时间及体能指标。依此类推，逐渐增加"栏数"（即压力），重新进行跨栏体能测试，直至超过教练预期的某项体能指标或体力不支为止。通过一次次的加压测试，最终确定出小刘的能力极限。

【例 4-2】 假设 110 米栏世界纪录为 12 秒。小刘参加挑战 110 米栏世界纪录大赛，则小刘仅有一次挑战机会且挑战目标即 12 秒。若小刘在 110 米栏挑战中用时少于 12 秒，则挑战（即测试）成功；反之，则挑战（即测试）失败。

上述生活中的两个实例，分别模拟了 Manual Scenario 和 Goal-Oriented Scenario 两种测试场景类型。例 4-1 对应于前者，例 4-2 对应于后者。

Manual Scenario：使用手工方式创建测试场景组，并通过为场景组指定脚本、Vuser 数量、负载发生器、场景运行时间及 Vuser 加压/减压方式等来创建测试场景。

手工场景类型还可细分为两个分支：默认情况下，Vuser 数量按实际数值分配（例如脚本 1 的 Vuser 分配 50 个，脚本 2 的 Vuser 分配 30 个，脚本 3 的 Vuser 分配 20 个等），如

图 4.6。当选中 ☐ Use the Percentage Mode to distribute the Vusers among the scripts 复选框后,Vuser 按百分比模式在脚本间分配 Vuser(例如事先设置 100 个 Vuser,脚本 1 分配 50%,脚本 2 分配 30%,脚本 3 分配 20% 等),如图 4.7 所示。

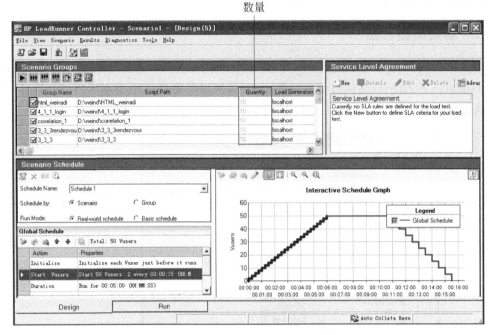

图 4.6 手工场景类型—默认数值模式

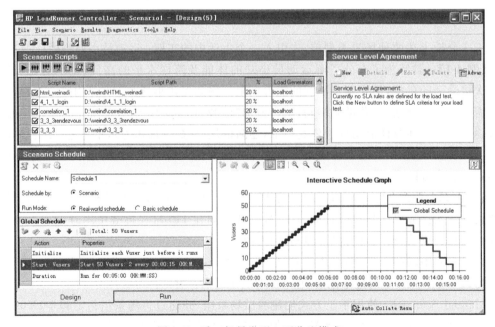

图 4.7 手工场景类型—百分比模式

注意:在 Controller 中,选择 Scenario|Convert Scenario to the Vuser Group Mode 菜

单命令,可进行手工场景类型下的默认模式与百分比模式的转化。

Goal-Oriented Scenario:人工事先定义预期的测试目标,Controller 将依据所定义的预期目标值自动创建测试场景。并可在场景运行后,明确反馈场景运行结果(即是否达到了预期目标)。图 4.8 所示为面向目标场景类型对话框,单击 Edit Scenario Goal 可进入如图 4.9 所示的 Edit Scenario Goal(场景目标编辑)对话框中设置场景预期目标。

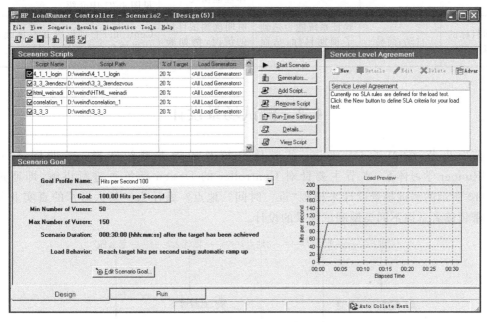

图 4.8 面向目标场景类型

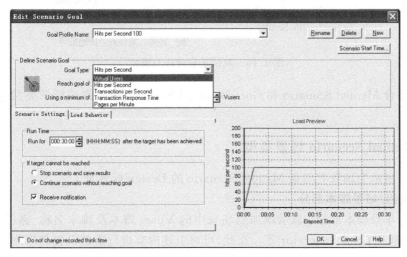

图 4.9 Edit Scenario Goal(场景目标编辑)对话框

表 4.1 总结比较了两种场景类型。

表 4.1 Controller 场景类型比较

场 景	特 点	作 用	适用场合	注 意
手工场景	手工；灵活	整体了解系统处理能力及性能问题，从而确定系统瓶颈	需要对系统性能多项指标进行验证，分析系统整体性能情况	Vuser 支持以数值或百分比模式显示；数值显示模式下 Scenario Schedule 支持通过 Group 形式进行场景设计。Group 形式讲解参见图 4.21 中介绍
面向目标的场景	自动；简易	验证系统能否达到了预期目标，从而确定系统瓶颈	有明确测试目标的情况，例如验收测试	Controller 自动形成并发负载，无法设置集合点策略

4.2 测试场景设计

前面小节，学习了 Controller 的整体介绍及场景类型的选择。参照图 4.1 中 LoadRunner 学习体系，本节主要针对 Controller 的 Design 标签页进行讲解，即通过如图 4.10 所示的测试场景设计来模拟"谁？时间？地点？做什么？怎么做？"的真实业务场景。带领读者掌握不同类型测试场景的设计。

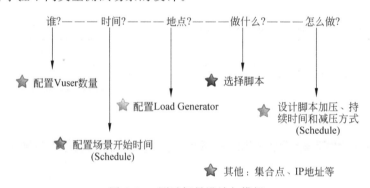

图 4.10 测试场景设计与模拟

以下，结合 Manual Scenario 和 Goal-Oriented Scenario 两种测试场景类型分别介绍场景的设计。

4.2.1 Manual Scenario 场景类型

图 4.11 所示为场景类型是 Manual Scenario 的 Design 标签页。

1. 场景组/场景脚本部分

场景组/场景脚本部分：显示添加到场景中的 Vuser 脚本及脚本名称、路径、该脚本下的 Vuser 数量及 Load Generator 等。在此，可对上述内容进行重新设置和修改。

（1）解决"做什么？"的问题。解决"做什么？"的问题，实质就是选择 VuGen 脚本（每个 VuGen 脚本包含待模拟的基础操作）。可通过如下方式配置：其一，在如图 4.12 所示的 Scenario Groups 对话框中勾选/取消勾选场景组中的脚本或通过单击在 Group Name 列添加新脚本；其二，单击 图标按钮可进入如图 4.13 所示的 Add Group（添加组）对话框，进行脚本添加。单击 图标则可进行脚本的移除。

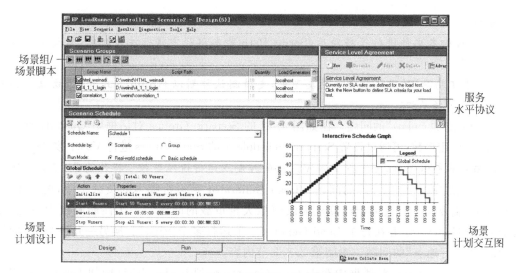

图 4.11 Design 标签页—手工场景类型

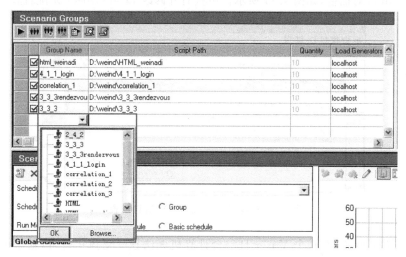

图 4.12 场景设计视图—添加脚本方式一

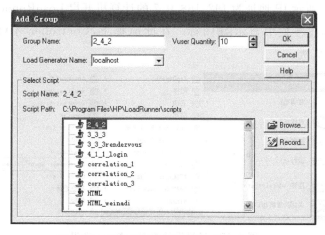

图 4.13 场景设计视图—添加脚本方式二

注意：

① 当对脚本文件进行了移动后，Script Path 脚本路径中将标注为红色，需要重新修改为新的路径。

② "手工场景"的默认数值场景类型中，支持测试计划以 Group 方式开展，故每个脚本又可称为一个场景组。

（2）解决"谁(who)"的问题。在如图 4.12 的 Scenario Groups 对话框中 Quantity 项显示 Vuser 的虚拟用户数，可通过设置 Scenario Schedule 中的 Start Vusers 进行 Vuser 数量的更改。

注意：单击 图标，可进行整体 Vuser 的控制及运行情况监控。操作简易，不再赘述。

（3）解决"地点(where)"的问题。Load Generator 是运行脚本的负载引擎，配置 Load Generator 主要用于解决单台计算机无法模拟大量负载的问题。一次性能测试中，可使用多个 Load Generator 并在每个 Load Generator 上运行多个 Vuser。换另一角度思考，回答了 Vuser "运行地点"的问题。参阅第 2.3.2 节内容。

在 Scenario Groups 对话框中双击 Load Generators 列的记录内容（例如 localhost），弹出 Group Information 对话框，如图 4.14 所示。可查看并修改 Load Generator 配置及其他信息。

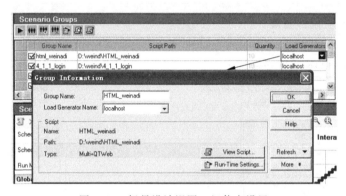

图 4.14　场景设计视图—组信息设置

例如，当需要设置 1000 个 Vuser 且一台计算机无法独立支撑运行时，新添加一台 IP 地址为 192.168.0.7 的计算机。具体设置如下。

（1）如图 4.15 所示 IP 地址为 192.168.0.7 的计算机开启 LoadRunner Agent Process，进程成功开启后，任务栏中显示 图标。在此前提下，Controller 才可调用 IP 地址为 192.168.0.7 的计算机。

图 4.15　场景设计视图—Agent 进程

(2) 在 Group Information 对话框中单击 Load Generator Name 下拉列表中的＜Add…＞按钮,如图 4.16 所示,弹出 Add New Load Generator 的对话框。

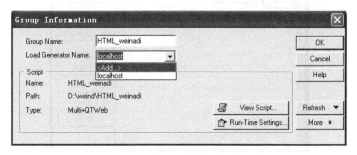

图 4.16　场景设计视图—组信息设置—添加 Load Generator

注意:在图 4.16 所示的 Group Information 对话框中还可进行除 Load Generator 配置之外的其他设置。

① 单击 View Script 按钮,可跳转至 VuGen 查看当前脚本。

② 单击 Run-Time Settings 按钮,可修改运行时设置(直接在场景组中单击图标,也可进行运行时设置),尤其值得提醒的是:Controller 的运行时设置中 Think Time(思考时间)默认为 Reply think time As recorded(按录制时记录的时间)。

③ 单击 More 按钮,可查看并修改当前脚本的集合点、Vuser 及文件等详细信息。

(3) 如图 4.17 填写新的信息并单击 OK 按钮,成功添加 Load Generator,如图 4.18 所示。

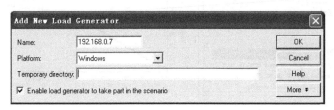

图 4.17　场景设计视图—添加 Load Generator

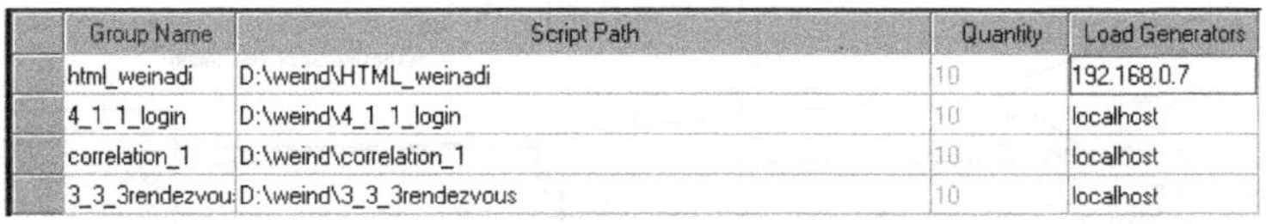

Group Name	Script Path	Quantity	Load Generators
html_weinadi	D:\weind\HTML_weinadi	10	192.168.0.7
4_1_1_login	D:\weind\4_1_1_login	10	localhost
correlation_1	D:\weind\correlation_1	10	localhost
3_3_3rendezvou	D:\weind\3_3_3rendezvous	10	localhost

图 4.18　成功添加 Load Generator

注意:单击 More 按钮可查看更多选项卡信息:"Vuser 限制"、"WAN 仿真"、"终端服务"、"运行时文件存储"等。

(4) 在工具栏中单击图标,进入如图 4.19 所示的 Load Generators 对话框。可单击 Connect 按钮测试连接。成功建立连接后,Status(状态)列会由 Down 变为 Ready。

注意:

① 第(3)步并非是必须的步骤。测试场景运行时,Controller 会自动连接到 Load Generator。

② 在图 4.19 中,还可进行 Load Generator 的添加、删除、状态监控等各项操作。

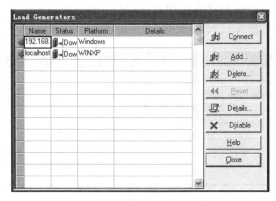

图 4.19　Load Generators 对话框

2. 场景计划设计部分

场景计划设计部分：通过设置加压方式、场景持续运行时间及减压方式等信息，详细模拟用户的真实活动场景。在此，支持 Scenario 和 Group 两种计划方式，以及 Real-world schedule 和 Basic schedule 两种运行模式。

结合图 4.20 和图 4.21，比较两种场景计划方式。

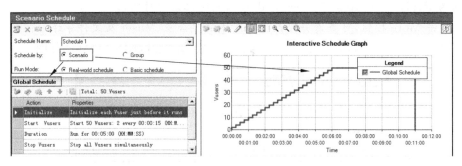

图 4.20　场景计划设计—Scenario 方式

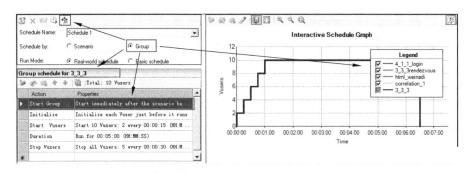

图 4.21　场景计划设计—Group 方式

Scenario 方式：将所有启用的测试脚本"封装"为一个整体，进行整体场景的统一设计和运行。

Group 方式：较 Scenario 方式而言，该方式的设计更加灵活和实用。可分别针对每个脚本进行测试场景的设计，以及设置每个脚本（别称：组）开始执行的时间。

注意：

① Group 方式中，通过单击 图标，支持"等待所有组初始化完成后再进行其他操作"的功能。

② Manual Scenario 场景类型下的"百分比模式"中，仅支持 Scenario 方式。

比较两种场景运行模式：

Real-world schedule 运行模式：可设计 Vuser 初始化方式、加压方式、场景持续运行时间及减压方式等。可通过分别单击 按钮，进行 Action 的添加、编辑、删除、上移及下移等操作。通过对 Action 的设置可更加真实的模拟实际用户业务场景。

Basic schedule 运行模式：较 Real-world schedule 而言，可进行 Vuser 各项设置，但不支持 Action 的添加、删除、上移及下移操作。换言之，该模式下仅可对现有的 Action 进行编辑。

下面，结合 Scenario 方式及 Real-world schedule 运行模式的组合，进行测试场景的介绍。

1）解决"怎么做（what）"的问题

（1）选择场景计划设计方式和运行模式，如图 4.22 所示。

图 4.22　场景计划设计—Group 方式

（2）设置 Vuser 初始化方式。Vuser 初始化即执行 VuGen 脚本中的 vuser_init 部分，使所有 Vuser 达到"就绪"状态后，运行才开始。为负载测试的正式开展做好前期准备。

单击如图 4.23 所示的 Initialize（初始化）项，进入如图 4.24 所示的 Edit Action 对话框。可进行如下 3 种设置：

① 同时初始化所有 Vuser；

② 每 m 秒初始化 n 个 Vuser；

③ 在每个 Vuser 运行前将其初始化。

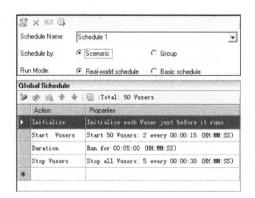

图 4.23　场景计划—Vuser 初始化设置

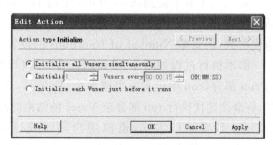

图 4.24　Vuser 初始化设置

建议读者采用第一种方式,便于所有 Vuser 同时开始场景。

(3) 设置加压方式,模拟用户同时或逐渐进入测试场景。单击如图 4.25 所示的 Start Vusers(启动 Vuser)项,进入如图 4.26 所示的 Edit Action 对话框。可设置启动的 Vuser 数量(例如 50 个),并可进行如下加压设置:

① 同时启动所有 Vuser;
② 每 m 秒加载 n 个 Vuser。

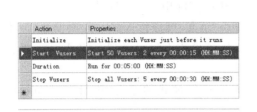

图 4.25　场景计划—加压方式设置

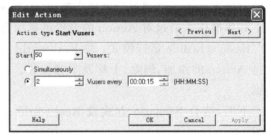

图 4.26　加压方式设置

(4) 设置 Vuser 持续执行时间。单击如图 4.27 所示的 Duration(持续时间)项,进入如图 4.28 所示的 Edit Action 对话框。可设置 Vuser 持续执行的时间:

① 运行至脚本执行结束;
② 运行 m 天 n 秒。

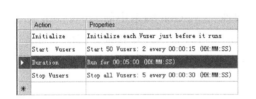

图 4.27　场景计划—持续时间设置

图 4.28　持续时间设置

思考:事先在 Run-time Settings 对话框中设置了脚本迭代次数为 1,在 Controller 中又设置了持续运行时间 Duration 为 12 小时。脚本究竟运行多久结束?脚本执行过程又如何?

第 3.4.1 节中提到,Controller 中的 Duration 参数优先级别高于 Run-time Settings 对话框中 Number of Iterations 参数。当设置了持续时间后,脚本将在本时间段内运行所需的迭代次数,而忽略 Number of Iterations 的设置。

脚本执行过程如图 4.29 所示。首先,执行脚本的 init 进行初始化操作;其次,运行脚本的 run 部分(run 中包含一个或多个 Action),当 run 执行结束但仍未到达 Vuser 的结束时间时,将继续迭代执行 run 部分至 Vuser 的结束时间;最后,执行脚本 end 部分,结束场景运行。

(5) 设置减压方式,模拟用户同时或逐渐退出测试场景。单击如图 4.30 所示的 Stop Vusers(停止 Vuser)项,进入如图 4.31 所示的 Edit Action 对话框。可设置停止 Vuser 的数量(即 Vuser 退出场景的方式):

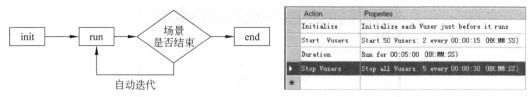

图 4.29　脚本执行过程　　　　　　　图 4.30　场景计划—减压方式设置

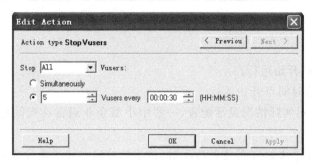

图 4.31　减压方式设置

① 同时停止所有 Vuser；
② 每 m 秒退出 n 个 Vuser。

(6) 添加新的 Action。单击如图 4.32 所示的 图标，进入 Add Action 对话框，可添加 Start Vuser、Duration 及 Stop Vuser 类型的 Action。通过多次添加 Start Vuser、Duration 及 Stop Vuser 类型的 Action，可模拟波浪形真实用户业务场景。

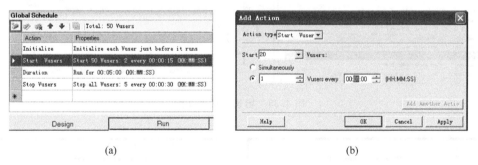

(a)　　　　　　　　　　　　　　　(b)

图 4.32　添加新 Action

2) 解决"时间(when)"的问题

单击图 4.33 中的 按钮进入如图 4.34 所示的 Scenario Start Time 对话框，设置场景开始时间。主要支持如下方式：

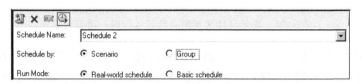

图 4.33　场景计划设计—开始时间

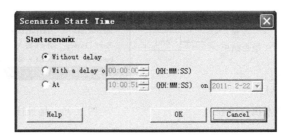

图 4.34 场景开始时间设置

(1) 无延迟;
(2) 延迟 m 秒后开始运行;
(3) 在某个具体时间点开始运行。

在此,可结合公司实际情况灵活配置,一些中小型企业通常在夜间进行场景运行,可节省软硬件资源。

注意:读者通过单击 可创建新的计划,便于针对同一场景进行多方位不同的设计。

3. 场景设计交互图部分

场景设计交互图部分:以图形化方式清晰显示出场景的详细设计,如图 4.35 所示。场景设计交互图支持手动调整图线方式进行场景设计;并且在场景运行后,能动态显示场景运行进度,如图 4.36 所示,为场景设计和监控提供了有利帮助。

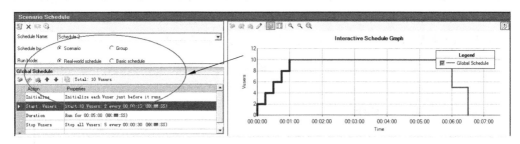

图 4.35 场景设计交互图

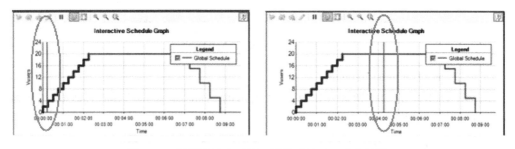

图 4.36 场景设计交互图—场景运行时—动态效果

在场景设计交互图中可灵活进行计划设计和监控。以下结合常用操作图标进行解释。

(1) :编辑/查看模式切换。当切换至编辑模式后,可进行 及手工调整图表等操作。

(2) :新建 Action。可在交互图的最末操作之后添加 Action。

(3) ![icon]：拆分 Action。可在交互图中将选定的操作进行拆分。

(4) ![icon]：删除 Action。可在交互图中删除选定的 Action。

(5) ![icon]：在 Group 方式中，可控制交互图中显示所有组或已选定的组。

(6) ![icon]：放大、缩小交互图的 X 轴及缩放重置。以更短或更长的时间间隔来进行交互图的查看。

(7) ![icon]：在场景开始运行后，可控制场景的暂停或继续运行。

4. 服务水平协议

服务水平协议（Service Level Agreement，SLA）在测试场景设计中，用于设定性能测试的目标（例如平均事务响应时间不超过 5s）。场景运行中，Controller 将收集并存储与该测量目标相关的数据，之后在 Analysis 中可将 Controller 收集并存储的性能数据与事先设定的目标进行比较，最终确定该指标的 SLA 状态是否通过，便于测试结果的分析。

下面，以如图 4.37 所示的订飞机票系统中的 login（登录）脚本（含"登录事务"）为例，在 SLA 中为平均事务响应时间设置度量目标。

（1）打开 SLA 配置向导。在如图 4.38 所示的 Service Level Agreement（服务水平协议）对话框，单击 ![New] 按钮，可进入如图 4.39 所示的 Service Level Agreement-Goal Definition（服务水平协议-目标定义）对话框的 Start 页。

```
Action()
{
    web_url("WebTours",
        "URL=http://127.0.0.1:1080/WebTours/",
        "Resource=0",
        "RecContentType=text/html",
        "Referer=",
        "Snapshot=t1.inf",
        "Mode=HTML",
        LAST);

    lr_think_time(6);

    lr_start_transaction("login");

    web_submit_form("login.pl",
        "Snapshot=t2.inf",
        ITEMDATA,
        "Name=username", "Value=jojo", ENDITEM,
        "Name=password", "Value=bean", ENDITEM,
        "Name=login.x", "Value=0", ENDITEM,
        "Name=login.y", "Value=0", ENDITEM,
        LAST);

    lr_end_transaction("login", LR_AUTO);

    return 0;
}
```

图 4.37 脚本实例

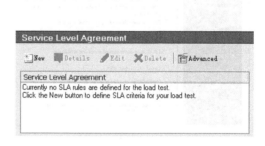

图 4.38 服务水平协议创建

（2）定义 SLA 目标。

第 1 步：为目标选择度量方式。在图 4.39 所示的对话框中单击 Next 按钮，进入如图 4.40 所示的 Service Level Agreement-Goal Definition 对话框的 Measurement 页进行选择度量设置。

目前，支持"通过时间线中的时间间隔确定 SLA 状态"和"通过整体运行确定 SLA 状态"两大类度量方式。

"通过时间线中的时间间隔确定 SLA 状态"：依据时间线中设置的时间间隔（例如 5 秒），对性能数据与事先设定的 SLA 阈值进行比较和度量，并在 Analysis 中展现 SLA 状态。该方式下支持"平均事务响应时间"和"每秒错误数"两种度量。

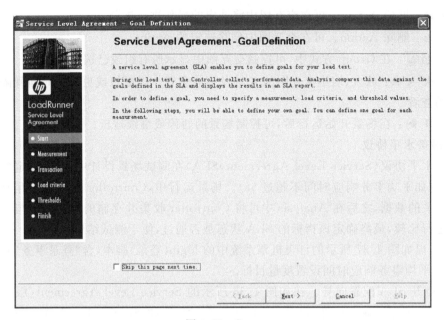

图 4.39 Start

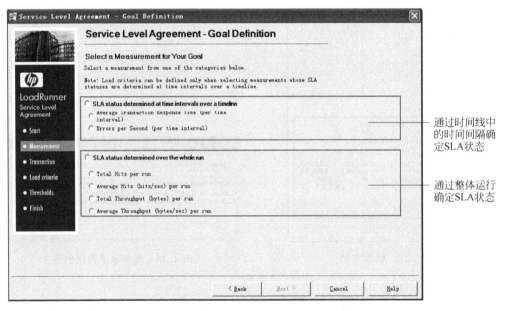

图 4.40 Measurement

"通过整体运行确定 SLA 状态":以整体场景运行过程为单位,进行 SLA 目标的比较和度量并于 Analysis 中展示结果。该方式下支持"每次运行的总单击数"、"每次运行的平均单击数"、"每次运行的总吞吐量"及"每次运行的平均吞吐量"4 种度量。

在此,选择"平均事务响应时间"方式并单击 Next 按钮,进入如图 4.41 所示的 Service Level Agreement-Goal Definition 对话框的 Transaction 页进行事务选择。

第 2 步:选择待度量的事务。添加待度量的 login 事务至 Selected Transactions 中,并

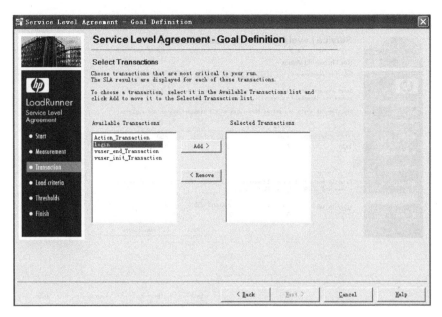

图 4.41　Transaction

单击 Next 按钮，进入如图 4.42 所示 Service Level Agreement-Goal Definition 对话框的 Load criteria 页进行负载标准设置。

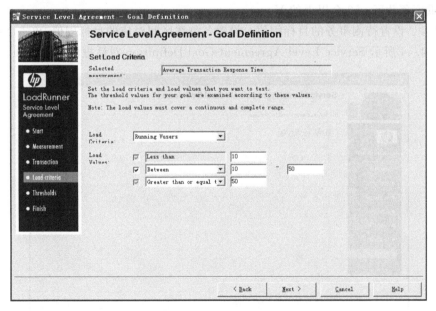

图 4.42　Load criteria

第 3 步：设置负载标准。在 SLA 目标定义时，允许针对不同的负载数量区间设定不同的负载阈值。针对 Running Vusers 加载条件设定了 3 种负载区间如下单击 Next 按钮进入如图 4.43 所示的 Service Level Agreement-Goal Definition 对话框的 Threshold 页进行阈值设定：

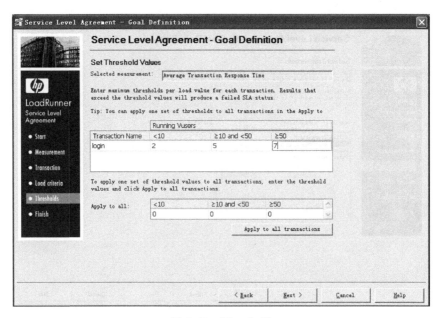

图 4.43　Threshold

① 轻度负载区：0～9 个 Vuser；
② 平衡负载区：10～49 个 Vuser；
③ 重度负载区：50 个以上的 Vuser。

第 4 步：设置待测事务的目标阈值。设置各负载区间对应的目标阈值，单击 Next 按钮进入如图 4.44 所示 Service Level Agreement-Goal Definition 对话框的 Finish 页。

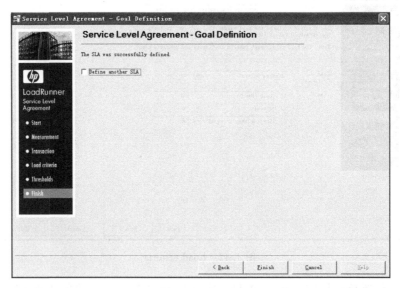

图 4.44　Finish

注意：若需针对所有事务进行相同的阈值设置，可通过单击 Apply to all transactions 按钮进行批量应用。

第5步：单击 Finish 按钮完成 SLA 目标定义。若选择 Define another SLA 复选框，则可定义下一个 SLA。

第6步：SLA 定义完成后，可对已定义的目标进行细节查看、编辑、删除及高级设置等相关配置。

注意：

① SLA 目标定义完毕后，场景运行中将参照设定进行平均事务响应时间的计算，并于 Analysis 中进行 SLA 状态显示。

② Analysis 中也支持 SLA 的配置。在 Analysis 中，选择 Tools|Configure SLA Rules 菜单命令可进行 SLA 目标配置。

至此，结合 Manual Scenario 场景类型下的默认的数值模式，介绍了测试场景设计部分的常用功能。Manual Scenario 场景类型下的百分比模式与默认的数值模式基本一致，不再赘述。

4.2.2　Goal-Oriented Scenario 场景类型

图 4.45 所示为场景类型是 Goal-Oriented Scenario 的 Design 标签页。

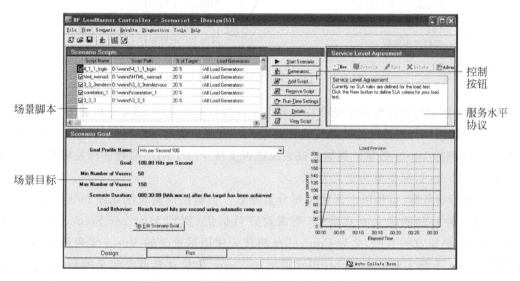

图 4.45　场景设计视图—面向目标场景类型

1. Scenario Script（场景脚本）窗口

Scenario Script 窗口用于显示添加到场景中的 Vuser 脚本及脚本名称、路径、脚本占有的目标百分比及 Load Generator 等。在此，可对上述内容进行重新设置和修改（具体设置同第 4.2.1 节）。

注意： 场景脚本部分中所选定的脚本占有的目标百分比之和为 100%。

2. 控制按钮

控制按钮用于对场景进行各项控制。例如开始运行场景、配置 Generators、添加/删除脚本、配置运行时设置及查看脚本详细信息等。各项设置在第 4.2.1 节中均有涉及，不再赘述。

3. Service Level Agreement(服务水平协议)窗口

Service Level Agreement 窗口用于同 Manual Scenario 场景类型的"服务水平协议"功能。

4. Scenario Goal(场景目标)窗口

Scenario Goal 窗口可定义如图 4.46 所示的 5 种场景目标类型,以便 Controller 依据所定义的预期目标值自动创建测试场景。

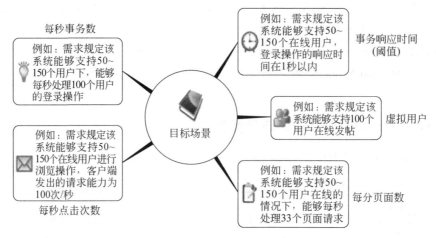

图 4.46　面向目标场景类型—目标类型

图 4.46 所示的目标类型中结合实例列举了各类目标的应用,简要分析如下。

(1) 虚拟用户。当验证待测系统支持的最大并发用户数时采用。该目标的定义需设定期望场景达到的 Vuser 数量。例如验证系统能否支持 100 个用户同时进行发帖操作,则选定 Virtual Users 目标类型并定义为 100。

(2) 每秒事务数、每秒单击次数及每分页面数。当验证待测系统承压和处理能力时采用。上述 3 种目标的定义方式类似,均需设定目标值(例如 Hits per Second 为 100)及 Vuser 范围(例如 50~100),之后 Controller 将优先使用尽量少的 Vuser 实现目标,若该数量级的 Vuser 不能实现目标,Controller 将增加 Vuser 数量直至事先定义的最大 Vuser 数(例如 100 个)。若仍然不能实现目标,标志在已定义的 Vuser 区域内不能实现当前目标(例如 Hits per Second 为 100)。

(3) 事务响应时间。当验证待测系统某功能在 m 个 Vuser 并发且要求不能超过某个最大响应时间时采用。该目标的定义同样需设定目标值及 Vuser 范围。值得提醒的是,该"事务响应时间"目标是一阈值(即可忍受的最大极限值,例如 3s)。换言之,Controller 在定义的 Vuser 范围内运行场景,事务响应时间小于或等于 3s 时均标志目标实现;当超出3s时,才标志目标未达到。

注意:

① Hits per Second 及 Pages per Minute 场景目标类型仅限于 Web Vuser。

② "每秒事务数"及"事务响应时间"目标类型的应用前提:VuGen 脚本中将待测试的

操作设置为事务,且在定义目标时需选定该事务。

③ 场景运行中,Vuser 具体加压方式同 Scenario Settings 和 Load Behavior 设置有关。

下面,结合"事务响应时间"目标类型进行面向目标的场景设计。

(1) 打开 Edit Scenario Goal 对话框。在如图 4.47 所示的窗口中单击 Edit Scenario Goal…按钮,弹出 Edit Scenario Goal 对话框。

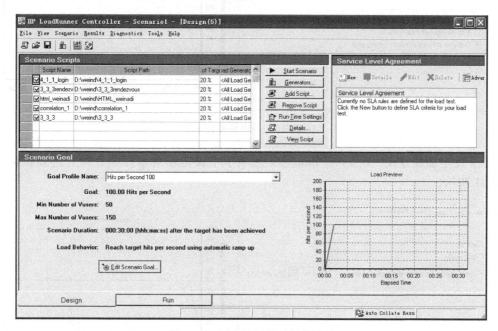

图 4.47 面向目标类型场景设计

(2) 设定目标配置文件名称。单击如图 4.48 所示 Edit Scenario Goal 对话框中的 New 按钮,在打开的 New Goal Profile(新建目标配置文件)对话框中,填写有意义的名称并单击 OK 按钮,成功设定新的目标文件名称。

图 4.48 设定目标配置文件名称

(3) 设定场景目标类型。首先,在 Edit Scenario Goal 对话框中选择目标类型为 Transactions per Second 并选择事务名为 start_login;其次,设定目标值及 Vuser 区间,如图 4.49 所示。

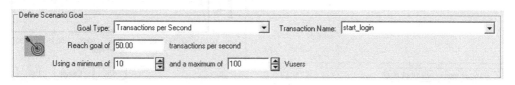

图 4.49 设定场景目标类型

(4) 设定场景达到目标后的运行时间及若无法达到目标时场景是否继续运行。在

Scenario Settings 选项卡中设定场景达到目标后再运行 30 分钟且当无法达到目标时继续运行场景,选择 Receive notification(接收 Controller 发送的场景运行通知)复选框(如错误消息,说明无法达到目标),如图 4.50 所示。

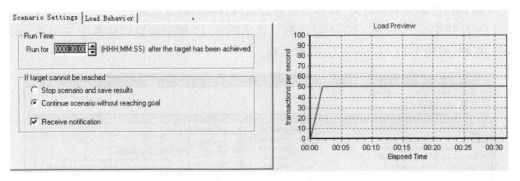

图 4.50　场景设置

(5) 设定加载方式。在 Load Behavior 选项卡中设定场景运行 3 分钟后达到目标,如图 4.51 所示。

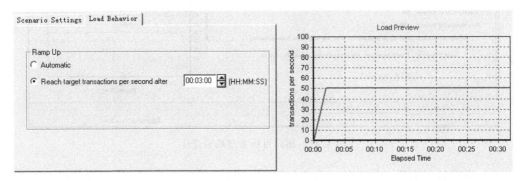

图 4.51　加载行为

(6) 取消录制的思考时间。不选择 Do not change recorded think time 复选框并单击 OK 按钮,如图 4.52 所示。

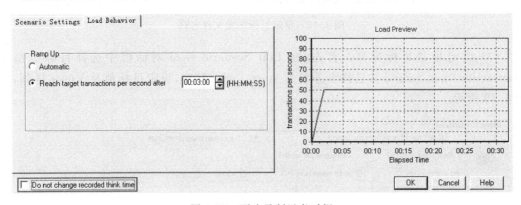

图 4.52　更改录制思考时间

(7) 设定场景开始执行时间。单击 Edit Scenario Goal 对话框上方的 Scenario Start

Time 按钮,弹出如图 4.53 所示的 Scenario Start 对话框,在其中设置场景于 2011 年 2 月 25 日晚上 8 点整开始执行,再单击 OK 按钮。

至此,完成了面向目标场景类型的设计。下面结合一个实例进行巩固。

图 4.53 设置场景开始时间

【例 4-3】 BugFree 缺陷管理系统的需求规定 50~150 个用户同时使用 BugFree 时(其中用户类型和所占比例为:执行 Bug 查询的用户占 20%,执行 Bug 创建的用户占 40%,执行 Bug 浏览的用户占 40%),每个用户打开一个 Bug 页面的时间不能超过 2 秒。请结合上述需求进行脚本及场景设计?

请读者结合如下提示的操作步骤进行脚本及场景设计。

(1) 录制 3 个脚本,分别实现 Bug 查询、Bug 创建及 Bug 浏览操作。并将脚本中的 Bug 浏览操作定义为事务。

(2) 在面向目标场景中添加上述 3 种用户行为的脚本。

(3) 设置每个脚本用户所占比例。

(4) 设置场景目标类型为"事务响应时间",并选定"Bug 浏览"事务。

(5) 设定响应时间目标值为 2s。

4.2.3 配置集合点策略

知识回顾:集合点解决"完全同时进行某项操作"的方案。通过集合点的设置,使多个 Vuser 等待到某个点,同时触发一项操作,以达到模拟真实环境下多个用户的并发操作,实现性能测试的最终目的。

思考一个生活场景:50 个人约定同时上车去旅游,在车门口集合。如果有人迟到了,就让先到达车门口的 50% 的人上车,剩下的一半人到齐了再上车。上述场景在实际生活中很常见,LoadRunner 应该怎么模拟呢?

Controller 中的集合点配置可解决上述问题,在 VuGen 脚本中插入集合点后仍可灵活进行 Vuser 的释放。集合点配置具体步骤如下。

(1) 选择 Scenario|Rendezvous 菜单命令,弹出 Rendezvous Information(集合点信息)对话框。

(2) 在 Rendezvous Information 对话框中选择一个集合点,如图 4.54 所示,单击 Policy 按钮,弹出 Policy(策略)对话框。在该对话框中可进行如下集合点配置。

① 当 m% 比例的 Vuser(占总数)到达集合点时进行释放。

② 当 m% 比例的 Vuser(占运行的总数)到达集合时进行释放。

③ 当 m 个 Vuser 到达集合点时进行释放。

④ 设置 Vuser 之间的超时值(例如 60s),则当每个 Vuser 到达集合点后,Controller 将等待下一个 Vuser 到达且最长时限为 60s。若超过 60s 后仍未到达,Controller 将释放所有 Vuser。

(3) 单击 OK 按钮,成功设置集合点释放策略。在场景运行中,将参照设置进行集合点释放。单击 OK 按钮,退出 Rendezvous Information 对话框。

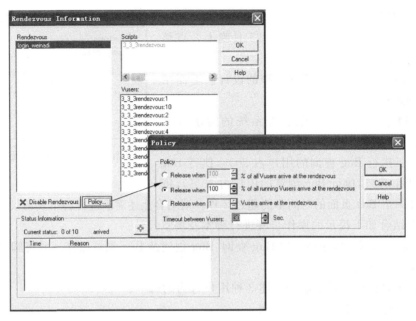

图 4.54 集合点信息

注意：当脚本中不存在集合点时，Controller 中的集合点释放策略将置灰显示。

4.2.4 配置 IP 欺骗

场景开始运行后，所有 Vuser 将使用其所在的 Load Generator 的 IP 地址来访问服务器。当大量 Vuser 同时运行在一台 Load Generator 上时，将出现大量 Vuser 使用同一 IP 并发访问同一站点的状况。但在现实场景中，很多网站（如投票站点、注册站点等）会在同一时间段内限制同一 IP 的多次访问。

为了解决上述问题并更加真实的模拟业务场景，LoadRunner 支持采用 IP 欺骗（IP Spoofer）技术以保证每个 Vuser 使用不同的 IP 访问服务器，并通过调用不同的 IP 来模拟实际业务中多 IP 访问。

在此，介绍 IP Spoofer 配置步骤如下。

（1）配置 IP 向导。

第 1 步：启动 IP 向导。选择"开始"|"程序"|LoadRunner|Tools|"IP 向导"菜单命令，如图 4.55 所示，打开如图 4.56 所示的 IP 向导第 1 步对话框。

图 4.55 启动 IP 向导

注意：IP 向导不支持启用 DHCP 的网卡。读者需要给 Load Generator 设定为固定 IP。

第 2 步：新建 IP 设置。选择 Create new settings 单选按钮，单击"下一步"按钮，进入如图 4.57 所示的 IP 向导第 2 步对话框。

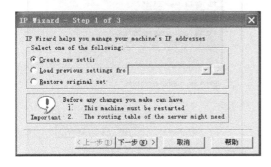

图 4.56　启动 IP 向导

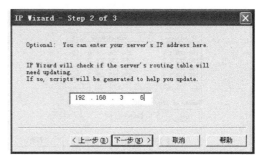

图 4.57　输入服务器 IP 地址

第 3 步：输入服务器的 IP 地址，LoadRunner 通过该地址更新路由表，并单击"下一步"，进入如图 4.58 所示的 IP 向导第 3 步对话框。

第 4 步：增加 IP 地址。在如图 4.58 所示的对话框中，单击 Add 按钮，进入 Add 对话框进行新增的 IP 地址设置，如图 4.59 所示。选择新增的 IP 地址类型为 Class C，并设置从 192.168.1.1 开始增加 10 个 IP。此后单击 OK 按钮可查看符合要求的新增 IP 地址。

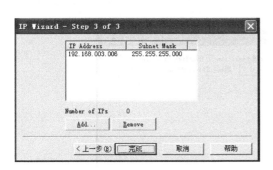

图 4.58　增加 IP 地址

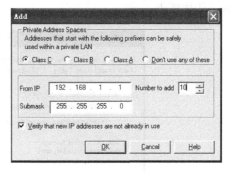

图 4.59　新增 IP 类型设置

注意：

① 一般局域网选择新增 IP 类型为 Class C；

② 选择 Verify that new IP addresses are not already in use 复选框，将检验新增的 IP 地址是否已被占用，防止 IP 冲突。

第 5 步：添加 IP 地址至计算机。在如图 4.60 所示的对话框中，单击"完成"按钮可成功添加 IP 地址至计算机，如图 4.61 所示。

第 6 步：在如图 4.61 所示的对话框中确认可用 IP 地址列表内容后，单击 OK 按钮，IP Wizard 将提示重新启动计算机；单击 Save as 按钮可保存 IP 列表，下次再新增 IP 地址时直接在图 4.56 所示向导第一步中选择第二项 Load previous settings from 即可。

第 7 步：验证新 IP 地址。在控制台中通过 ipconfig-all 命令可查看新分配的 IP 地址。

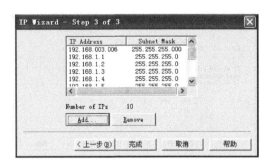
图 4.60 新增的 IP 地址

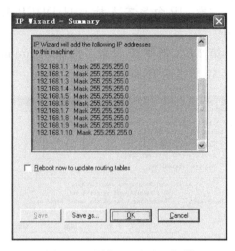
图 4.61 添加 IP 地址至机器

（2）在 Controller 中进行 IP 欺骗相关配置。

第 1 步：启用 IP 欺骗。在 Controller 窗口中，勾选 Scenario|Enable IP Spoofer 菜单命令后，Controller 的状态栏中将显示 IP Spoofer 标志。

第 2 步：启用专家模式。在 Controller 窗口中，选择 Tools|Expert Mode 菜单命令后，在选择 Tools|Options 菜单命令，在弹出的 Options 对话框中将可见如图 4.62 所示的 General 选项卡。

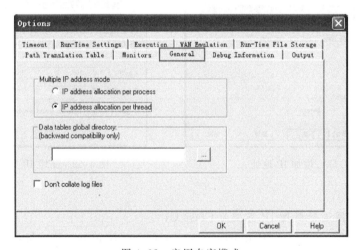
图 4.62 启用专家模式

第 3 步：设置多个 IP 地址模式。在如图 4.62 所示的 Options 对话框中，修改 Multiple IP Address Mode 的设置。注意应修改此设置同"在 VuGen 脚本中，选择 Vuser|Run-time Settings…菜单命令，在弹出的 Run-time Settings 对话框中选择 General|Miscellaneous 结点，在右侧页面的 Multithreading 中的设置"保持一致，即同为 process（进程）方式或同为 thread（线程）方式。

（3）使用生成的虚拟 IP 进行性能测试。

第 1 步：在 VuGen 脚本中编写图 4.63 所示的代码。

第 2 步：在 Controller 中执行场景后，通过如图 4.64 所示的 log 文件可清晰看到已启用了虚拟 IP。

```
Action()
{
    char * ip=lr_get_vuser_ip();
    if(ip)
        lr_log_message("The ip_address is %s",ip);
    else
        lr_log_message("IP Spoofer disabled");
    return 0;
}
```

```
Starting iteration 110668.      [MsgId: MMSG-15968]
Starting action Action.         [MsgId: MMSG-15919]
The ip_address is 192.168.1.7   [MsgId: MMSG-17999]
Ending action Action.           [MsgId: MMSG-15918]
Ending iteration 110668.        [MsgId: MMSG-15965]
Starting iteration 110669.      [MsgId: MMSG-15968]
Ending iteration 94422.         [MsgId: MMSG-15965]
Starting iteration 94423.       [MsgId: MMSG-15968]
Starting action Action.         [MsgId: MMSG-15919]
The ip_address is 192.168.1.8   [MsgId: MMSG-17999]
Ending action Action.           [MsgId: MMSG-15918]
Ending iteration 94423.         [MsgId: MMSG-15965]
```

图 4.63　启用新 IP 测试—实例代码　　　　图 4.64　log 文件—查看 IP 地址

（4）性能测试结束后，释放虚拟 IP。在如图 4.56 所示的对话框中通过选择 Restore original set 单选按钮，进行虚拟 IP 释放，并重新启动计算机后释放生效。

注意：

① IP 欺骗设置必须采用固定 IP，本地的 IP 不能设置为"自动获取"。

② 在 IP 欺骗配置中，添加 IP 和释放 IP 操作后，需重启计算机方可生效（或重新启动网络配置）。

③ 上述实例代码在脚本回放时看到的都是 IP spoofing disabled，即它在 Load Generator 中并不生效。当在 controller 中启用了 IP 欺骗后，可通过日志方式查看结果。

至此，向读者介绍了 Controller 中常用的场景设计。值得提醒的是，在场景运行中，若读者需要监控系统的性能以及服务器和组件的性能。则需在场景设计时添加各项计数器，如 CPU 使用率、内存占有率等。该部分介绍将在第 4.4 节中系统讲解。

4.3　测试场景执行与监控

测试场景设计完成，将正式进行场景的执行与监控。Controller 既支持无人照管方式运行测试场景，也支持互动交互方式实时执行、控制与监控场景。参照图 4.1 中 LoadRunner 学习体系，本节将针对 Controller 的 Run 标签页进行测试场景的执行与监控讲解。带领读者在熟悉 Controller 运行界面的基础上，灵活掌握测试场景的运行及相关设置，并能够实时进行场景监控。

在 Controller 中单击 Run 标签页，进入如图 4.65 所示的场景运行视图。下面，将结合图 4.65 中所示的顺序依次进行介绍。

4.3.1　启动场景

Controller 支持多种场景启动方式。其一，在 Design 标签页下，单击 ▶ 启动；其二，在 Run 标签页下，单击 Start Scenario 按钮启动；其三，如图 4.65 所示选择 Scenario|Start 菜单命令启动。

首次启动某测试场景，Controller 将开始运行场景并将结果文件自动保存至 Load Generator 的临时目录下；如果是重复启动某测试场景，如图 4.66 所示的消息框，系统将提

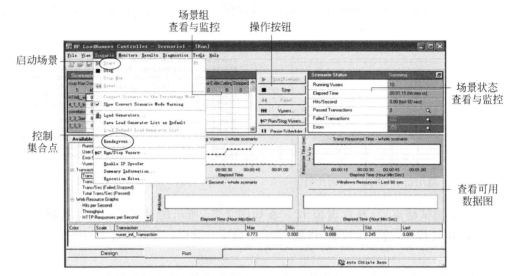

图 4.65　场景运行视图

示是否覆盖现有的结果文件,建议读者单击"否"按钮不进行覆盖(首次场景执行的结果建议作为基准测试结果,用于同后面的负载测试结果进行比较),进入如图 4.67 所示的 Set Results Directory 对话框重新定义场景结果名称。

图 4.66　结果文件覆盖提示

图 4.67　设置结果目录

注意:

① 启动场景时,既支持启动整个场景,也支持启动单个场景组或单个 Vuser。

② 测试场景启动后,Controller 将检查场景配置信息且将 Vuser 组分配至各负载发生器。当 Vuser 组就绪后,开始执行各自的 Vuser 脚本。

③ 执行场景所得到的场景结果万万不可覆盖掉或者不保存,极有可能在测试结果分析和编写测试总结报告中再次进行分析和整理。

④ 读者可在 Controller 中选择 Results|Results Settings…菜单命令设置结果存放路径及结果名称。通常结果命名遵从公司规范(如项目名称_业务名称_Vuser 数量_持续运行时间_执行时间_执行人),便于在结果分析时查找和对比几次不同的场景结果。

4.3.2　场景组查看与监控

正式讲解场景组查看与监控各项操作前,首先结合图 4.68 分析如下问题。

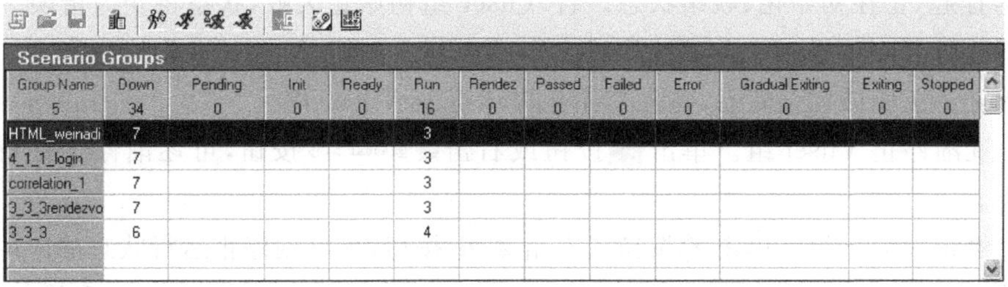

图 4.68　场景运行视图—场景组查看与监控

（1）什么是场景组？

场景组即场景的各种组合、各种场景，一般一个脚本就叫做一个场景组。

（2）场景组查看与监控中，查看什么？监控什么？

查看和监控每个脚本中 Vuser 的运行状态，并能够实时进行 Vuser 的灵活控制。

（3）为什么要查看和监控，同查看服务器性能有什么关系？

虚拟用户 Vuser 即负载，用于对系统施加压力。换言之，Vuser 的运行状态直接影响到对系统服务器施加压力的大小，同系统性能的衡量有密切关系。

伴随场景的运行，在图 4.68 所示的 Scenario Group 窗口中可进行场景组的查看与监控。主要支持如表 4.2 所示的各种 Vuser 状态。通过各状态下对应的数字统计，可清晰监控 Vuser 运行情况。

表 4.2　Vuser 状态表

Vuser 状态	描　　述
关闭	场景未启动，Vuser 处于关闭状态
挂起	Vuser 正在等待可用的 Load Generator 或正在将 Vuser 组及脚本传送至 Load Generator
初始化	Vuser 正在 Load Generator 上执行脚本的 init 部分
就绪	Vuser 已执行完毕脚本的 init 部分，可以运行
运行	Vuser 正在执行 Vuser 脚本
集合	Vuser 已到达集合点，正在等待 Controller 进行释放
通过	Vuser 执行完毕且脚本通过
失败	Vuser 执行完毕且脚本失败
错误	Vuser 发生了错误，详细错误信息可查看"Vuser 详细信息"的"状态"一栏
逐渐退出	Vuser 逐渐退出场景，正在完成退出前的迭代或操作
退出	Vuser 正在退出场景
停止	执行 Stop 命令后，Vuser 停止运行

除了查看与监控 Vuser 状态外，还可对 Vuser 组及 Vuser 进行灵活控制。

1. 控制 Vuser 组

选择一个或多个 Vuser 组，通过如下操作可实现对 Vuser 的各项控制。

（1）初始化 Vuser 组。单击 按钮或右击 Initialize Vusers 按钮，Vuser 组将从关闭状态依次变为挂起、正在初始化、就绪状态。若 Vuser 组初始化失败,状态将变为错误。

（2）运行 Vuser 组。单击 ![] 按钮或右击 ![Run Vusers] 按钮,Vuser 组将执行脚本。若当前 Vuser 组处于关闭或错误状态,将先初始化再运行该 Vuser 组。

（3）逐渐停止 Vuser 组。单击 ![] 按钮或右击 ![Gradual Stop] 按钮,可逐渐停止运行状态的 Vuser 组。

（4）停止 Vuser 组。单击 ![] 按钮或右击 ![Stop] 按钮,可立刻停止运行状态的 Vuser 组。

注意：除上述操作外,选中一个或多个 Vuser 组并右击,可进行 Vuser 重置、运行一个 Vuser 及暂停 Vuser 等操作。

2. 控制单个 Vuser

在一个 Vuser 组中双击,进入如图 4.69 所示的 Vusers(50)窗口。在 Vusers(50)窗口中可进行如下操作。

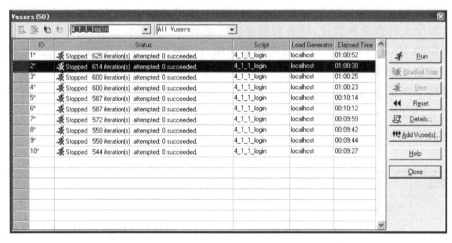

图 4.69　Vuser 控制对话框

（1）查看出当前 Vuser 组中各个 Vuser 的 ID、状态、脚本、Load Generator 和已用时间（自场景开始进行计时）。

（2）通过对话框右侧按钮对 Vuser 进行各项控制,例如运行、停止、重置、添加 Vuser 及查看详细等。

（3）通过 ![] 选项,可查看运行时查看器及 Vuser 脚本日志信息。

4.3.3　操作按钮

通过单击如图 4.70 所示的各操作按钮,可控制测试场景的启动、停止、重置、Vuser 控制、运行场景中手动添加 Vuser 及暂停等。值得一提的是,如何向运行场景中手动添加 Vuser。

单击 ![Run/Stop Vusers...] 按钮,在打开的如图 4.71 对话框的"♯"列中,针对每个脚本组输入待添加的 Vuser 数量（例如 10 个）并通过右侧按钮进行新添加的 Vuser 的初始化、运行及停止等操作。

注意：不同的场景类型,场景运行期间手动增加 Vuser 的方式略有差异。Manual Scenario 场景类型下的百分比模式,并非直接向每个脚本输入待添加的 Vuser 数量,而是输入 Vuser 总数及这些 Vuser 在所选 Vuser 脚本间分配的百分比。

图 4.70 操作按钮

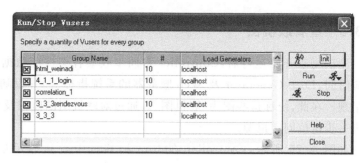

图 4.71 运行/停止 Vuser

4.3.4 场景状态查看与监控

图 4.72 所示的 Scenario Status 窗口显示了运行中场景的摘要信息。可依此进行场景运行 Vuser 数量、场景已运行时间、每秒单击次数、通过/失败的事务数及 Vuser 错误数等场景状态的监控。

在 Scenario Status 窗口中单击 Passed Transactions 或 Failed Transactions 右面的数字超链接,进入如图 4.73 所示的 Transactions 对话框以查看事务详细信息。

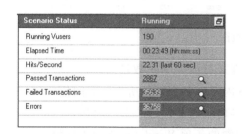

图 4.72 场景状态

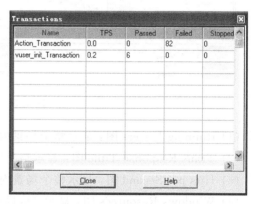

图 4.73 事务详细信息

当 Vuser 运行出错时,单击 Errors 右面的数字超链接,进入如图 4.74 所示的 Output 对话框可查看错误详情。单击 Details 按钮可进一步查看错误原因。图 4.74 显示为,错误原因为不能成功连接服务器。

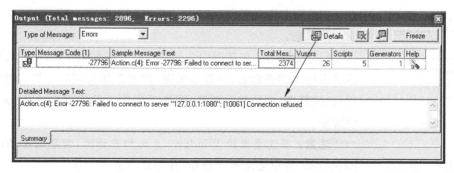

图 4.74 Output 对话框

4.3.5 查看联机图

测试场景开始运行后,Controller 将同步收集各类性能数据(例如负载运行情况、事务响应时间、Load Generator 及 Web 服务器的系统指标等)并以随时间轴动态变化的图表形式呈现。在此,统称这些图为"联机图"。通过对联机图的监控及分析,可及时发现系统瓶颈并进一步定位问题根源。

如图 4.75 所示,Controller 在 Run 标签页中默认显示如下 4 张图。在 Available Graphs 图中,读者可通过双击某图或选中某图后拖动至右侧显示区域方式进行其他图的查看。

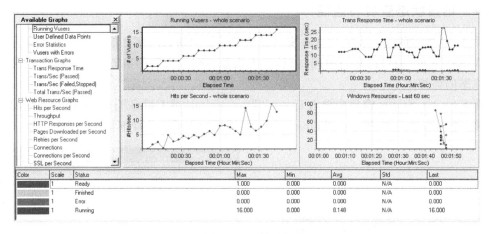

图 4.75 联机图

(1) Running Vusers 图:显示整个场景内正在运行的 Vuser 数量。
(2) Trans Response Time 图:显示整个场景内完成每个事务所需的时间值。
(3) Hits per Second 图:显示整个场景内每秒向服务器发送的单击次数。
(4) Windows Resources 图:显示 60s 内待监测的各项 Windows 资源指标值。

面对众多联机图,读者可进行如下多项操作。

(1) 查看某图中的具体测量值。单击某张图,下方图例视图中将显示该图中的各度量值及对应数据,并以不同颜色标识。在图例中单击一行,对应图中的数据线将加粗显示。

(2) 放大待观测图。双击某张图可将其最大化,再次双击恢复放大前状态。

(3) 配置图。在某图中右键单击,可通过如图 4.76 所示的快捷菜单进行图的重命名、查看多张图、图的叠加及图的配置(如图 4.77 所示,刷新率、图的显示类型)等各项操作。具体将在 Analysis 模块中讲解。

注意:若需要监控 Windows 系统相关资源,需事先在 Windows Resources 图中定义度量指标,具体介绍第 4.4 节。

图 4.76 联机图

4.3.6 集合点手动释放

在第 3.3.3 与第 4.2.3 节中,读者接触了"VuGen 中插入集合点"及"Controller 中配置集合点策略"。场景开始运行后,Vuser 将按照预期设置的集合点策略进行释放。

场景运行中,除了自动释放 Vuser 外,也可采用手动方式灵活进行集合点 Vuser 的释放。手动释放集合点将使场景运行更加灵活和方便。具体操作步骤如下。

(1) 选择 Scenario | Rendezvous 菜单命令,进入如图 4.78 所示的 Rendezvous Information(集合点信息)对话框。

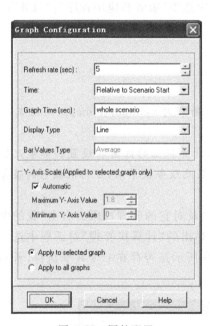

图 4.77 图的配置

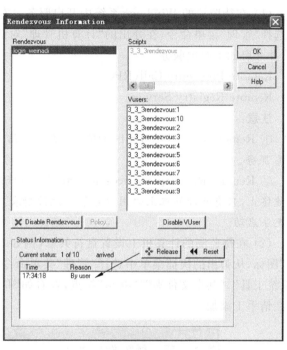

图 4.78 集合点信息对话框

(2) 在集合点列表中选择一个集合点并单击 Release 按钮,实现 Vuser 的释放。

至此,介绍了 Controller 中场景的执行与监控。对于第 4.3.5 节谈到的 Windows 系统资源监控将在第 4.4 节中进行重点剖析。再次提醒读者,执行场景所得到的场景结果务必遵从公司规范进行命名并逐一保存,将作为测试结果进一步分析及测试总结报告编写的依据。

4.4 系统资源监控

系统资源监控是 Controller 监控中的重要组成部分之一。可进一步对系统的性能问题准确定位。在第 4.3.5 节查看联机图讲解中,读者已查看到系统资源图中的 Windows Resources 图。在此,将系统地介绍 LoadRunner 的系统资源监控。

4.4.1 系统资源监控简介

LoadRunner 可以监控场景运行期间的计算机各项系统资源(既包括服务器系统资源

也包括 Load Generator 的系统资源)的使用情况,并定位系统性能瓶颈。需要监控的系统资源对象种类繁多,通常包含操作系统、数据库、中间件服务器等。

下面,将以监控 Windows XP、Linux 系统资源为例进行讲解。

4.4.2 Windows 系统资源监控

大多数读者都对 Windows 系统资源有所了解。监控 Windows 系统的前提是,在待监控系统中开启相应服务并具备其管理员权限。

监控 Windows 系统资源的具体步骤如下。

(1) 在待监控的 Windows 系统中开启服务。右击"我的电脑"图标,从弹出的快捷菜单中选择"管理"菜单命令,在弹出的"计算机管理"对话框中选中"服务和应用程序"|"服务"结点,并开启如下两项服务。

Remote Procedure Call(RPC)。

Remote Registry Service。

注意:

① Remote Procedure Call(RPC):提供终结点映射程序(endpoint mapper)及其他 RPC 服务。

② Remote Registry Service:使远程用户能修改此计算机上的注册表设置。如果此服务被终止,只有此计算机上的用户才能修改注册表。如果此服务被禁用,任何依赖它的服务将无法启动。

(2) 在待监测的计算机上设置盘符共享(例如 C 盘)及对它的管理权限。右击"我的电脑"图标,从弹出的快捷菜单中选择"管理"菜单命令,在弹出的"计算机管理"对话框中选中"系统工具"|"共享文件夹"|"共享"结点,查看如图 4.79 所示是否存在 C$共享盘符,若不存在请手工添加。

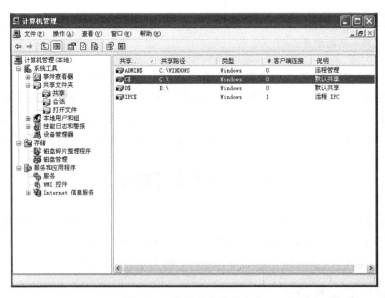

图 4.79 设置 C$共享盘符

成功设置 C$ 共享盘符后,参照如下方法之一验证 LoadRunner 所在的计算机是否已具有了待测计算机的管理权限。

方法 1:于 LoadRunner 所在的计算机,选择"开始"|"运行"菜单命令,在弹出的"运行"对话框的"打开"文本框中输入"\\被监视机器的 IP\C$",并在弹出的窗口中输入管理员账号和密码,当能够访问到待测计算机的 C 盘,则表明已具备了它的管理权限。

方法 2:于 LoadRunner 所在的计算机,选择"开始"|"程序"|"附件"|"命令提示符"菜单命令,在"命令提示符"窗口中输入如下命令:

net use \\< 计算机名> /用户(例如 net use \\192.168.131.4 administrator)

参照提示信息输入待测计算机的密码。当提示"命令成功完成"时,表明已具备了它的管理权限。

注意:如果监控本机系统资源,只需用管理员登录即可进行系统监控。

(3) 启动 Controller 并添加 Windows 资源计数器。在窗口中右击,从弹出的快捷菜单中选择 Add Measurements 菜单命令,如图 4.80 所示,进入 Windows Resources 对话框,在其中添加待监控计算机的 IP 地址及操作系统类型,如图 4.81 所示,再添加需要监控的计数器(待监控的指标),如图 4.82 所示。

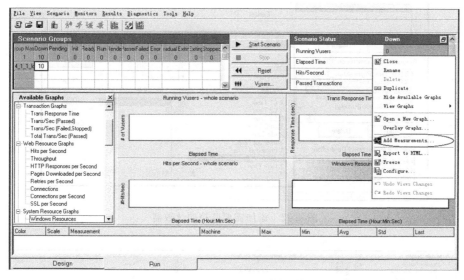

图 4.80 添加度量

注意:计数器即系统资源监控的各度量指标,通过添加计数器可监控已使用的 CPU、内存、磁盘空间及应用程序等资源。

(4) 监控 Windows 系统资源,如图 4.83 所示。

注意:监控远程计算机上的资源,前提需能够连接到该计算机。读者可通过在 LoadRunner 所在的 Windows 的"命令提示符"窗口中输入 ping <server_name>进行验证。

Windows 资源计数器种类繁多,表 4.3 中列出常用的计数器类型及度量值。读者可参考进行计数器的添加和监控。

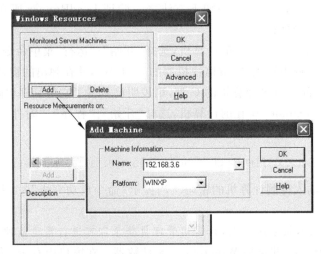

图 4.81 添加待监控计算机的 IP 地址及系统类型

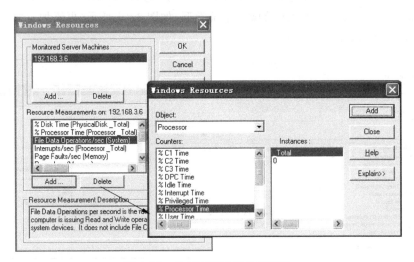

图 4.82 添加需要监控的计数器

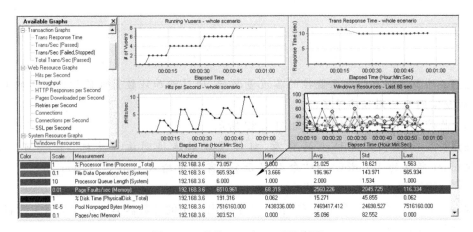

图 4.83 监控 Windows 系统资源

表 4.3 Windows 资源计数器

对象	计数器	描述	度量值
System	%Total Processor Time	系统上所有处理器都忙于执行非空闲线程的时间的平均百分比,体现整体的处理器利用率。例如在多处理器系统上,当所有处理器始终于忙碌状态,则此值为100%;当所有处理器中的1/4处于100%忙碌状态,则此值为25%	该值若持续高于80%～90%,则系统面临处理器方面的瓶颈。可通过升级 CPU 或增加 CPU 方式改善
	Process Queue Length	线程在等待分配 CPU 资源所排队列的长度,此长度不包括正在占有 CPU 资源的线程。此值为瞬时计数,不是一段时间的平均值	若该值总大于处理器个数+1,则需要升级 CPU 或增加 CPU 方式改善
Processor (CPU 分析)	%Processor Time	此计数器尤为常用,表示 CPU 利用率。可观测处理器是否已处于饱和状态,该项参考值为<80%	若该值持续高于95%,则极大可能系统的瓶颈为 CPU。可增加一处理器或更换一更高性能的处理器
	%User Time	该计数器表示某些数据库操作对 CPU 的耗费	如使用了合计函数,进行排序或使用大量算法或复杂操作时,该值会较大,可通过增加索引、简化表联接、水平分割大表格及进行算法优化等方式解决
	%Priviliaged Time	CPU 在特权模式下处理线程所花的时间百分比。如内存管理、SQL Server I/O 请求等	若该值和 Physical Disk 计数器值同时过高,可考虑提高 I/O 子系统的性能
	%DPC Time	在网络处理上处理器消耗的时间,该计数器值越低越好	在 Process\% Processor Time 值很高的前提下,% DPC Time 大于50%,则表明当前网络资源已饱和。增加一网卡可能会提高性能
Memory (内存分析)	Available Mbytes	系统剩余的可用物理内存(单位是兆字节),该项参考值为大于等于10%	若该值过低(4MB 或更小),可能内存有问题或某些程序未释放内存,可通过增加内存或修改程序进行改善
	Pages/sec	表示为了解决硬件错误错误或页错误而从硬盘上读取或写入硬盘的页面数,该项参考值为 00～20	若该值保持在几百的数量级,则需进一步研究页交换活动。有可能需要增加内存,但也可能是运行使用内存映射文件的程序所致
	Page Reads/sec	表示为了解决硬错误而从硬盘上读取的页数。该值越低越好,阈值为5	若该值很低,但% Disk Time 和 Average Disk Queue Length 的值很高,则可能出现了磁盘瓶颈;若队列长度增加的同时 Page Reads/sec 不降低,则可能出现内存不足
	Page Faults/sec	该计数器表示 CPU 每秒处理的错误页面数,包括硬错误和软错误	

续表

对象	计数器	描述	度量值
Process（进程分析）	private Bytes	进程无法与其他进程共享的字节数量	若该值持续较大,极有可能发生了内存泄漏
	Work set	处理线程最近使用的内存页	若 Memory\Available bytes 计数器的值持续降低,但 Process\Private Bytes 和 Process\Working Set 计数器的值持续升高,极有可能发生了内存泄漏
PhysicalDisk（磁盘 I/O 分析）	%Disk Time	磁盘驱动器为读取或写入请求提供服务所占用的时间百分比	若只有%Disk Time 比较大,硬盘有可能是瓶颈；若几个值都较大,且数值持续超过 80%,可能是发生内存泄漏
	Average Disk Queue Length	取样间隔期间排入选定磁盘的读取和写入请求的平均数。该值应不超过磁盘数的 2 倍	若%Disk Time 和 Avg Disk Queue Length 的值很高,而 Page Reads/sec 值很低时,则可能出现了磁盘瓶颈；若 Avg Disk Queue Length 升高的同时 Page Reads/sec 并未降低,则可能出现了内存不足
	Average Disk sec/Read	磁盘中读取数据的平均时间,单位是秒(s)	若该值大于 60 则说明磁盘存在瓶颈,可通过换硬盘或更改硬盘的 RAID 方式改善
Network Interface（网络分析）	Byte Total/sec	表示网络中发送和接收字节的速度,通过该计数器与网络带宽的比较可得出网络是否存在瓶颈	一般该计数器/带宽<50%

4.4.3 Linux 系统资源监控

Linux 是一套免费使用和自由传播的类 UNIX 操作系统,由世界各地的成千上万的程序员设计和实现的。其目的是建立不受任何商品化软件的版权制约的、全世界都能自由使用的 UNIX 兼容产品。

Linux 是开源软件、不需支付费用即可获取源代码,它具有 UNIX 的全部功能,在广大企业中担当服务器的重要角色。因此,对作为服务器的 Linux 操作系统各项资源的监控显得尤为重要。

监控 Linux 系统资源的具体步骤。

(1) 下载 rstatd 守护程序。该程序可从内核获取性能统计信息并返回,它是 LoadRunner 监控 Linux 系统资源的必要前提。通过访问 http://sourceforge.net/projects/rstatd 可下载 rpc.rstatd-4.0.1.tar.gz 安装包。

(2) 利用 ssh 客户端(例如 WinSCP 工具)上传 rpc.rstatd-4.0.1.tar.gz 程序包至 Linux 系统。

(3) 在 Linux 系统上执行安装程序。

第 1 步:解压 rpc.rstatd-4.0.1.tar.gz 程序包。

[root@pei root]#tar -xzvf rpc.rstatd-4.0.1.tar.gz_

第 2 步：进入解压后的 rpc.rstatd 目录。

[root@pei root]#cd rpc.rstatd-4.0.1_

第 3 步：配置 rpc.rstatd 的安装。

[root@pei rpc.rstatd-4.0.1]#./configure_

第 4 步：编译 rpc.rstatd。

root@pei rpc.rstatd-4.0.1]#make_

第 5 步：安装 rpc.rstatd。

[root@pei rpc.rstatd-4.0.1]#make install_

（4）安装完成后，启动 rpc.rstatd 进程。

[root@pei rpc.rstatd-4.0.1]#rpc.rstatd_

（5）验证 rpc.rstatd 是否成功启动。

[root@pei rpc.rstatd-4.0.1]#rpcinfo -p_

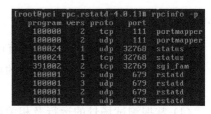

图 4.84 验证 rpc.rstatd 成功启动

执行上述命令后，当出现如图 4.84 所示的版本信息时，表明 rpc.rstatd 启动成功且可进行后续性能指标监控。

（6）启动 Controller 并如图 4.85 所示添加 UNIX 资源计数器，进行 Linux 系统资源监控，如图 4.86 所示。

注意：

① 使用 # whereis rpc.rstatd 可查看 rpc.rstatd 是否已安装。

② 在进行 Linux 资源监控前，请读者使用 ping 命令检查网络是否连通。

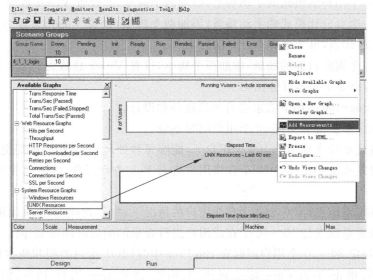

图 4.85 添加 UNIX 资源计数器

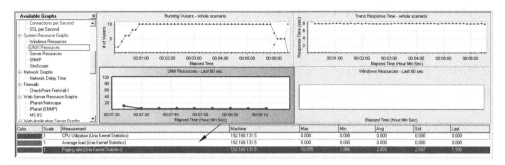

图 4.86　Linux 系统资源监控

4.5　同步训练

4.5.1　实验目标

(1) 熟悉 Controller 创建场景页面；
(2) 掌握手动场景和目标场景的创建；
(3) 掌握实际场景的设计；
(4) 掌握测试场景的运行及相关设置。

4.5.2　前提条件

(1) 所用脚本能够正确运行；
(2) 示例脚本中已添加事务；
(3) 示例脚本中已添加集合点。

4.5.3　实验任务

(1) 创建一个用户组模式的手动场景，添加两个脚本，并设置 Vuser 数均为 50。

(2) 创建一个百分比模式的手动场景，添加两个脚本，设置 Vuser 总数为 50，第 1 个脚本用户百分比为 60%，第 2 个脚本百分比为 40%。

(3) 创建一个面向目标的场景，添加两个脚本，设置 Vuser 总数为 50，第 1 个脚本用户百分比为 60%，第 2 个脚本百分比 40%。

(4) 针对 BugFree 的如下需求进行场景选择和设计。

① 需求规定系统能够支持 50 个用户同时登录。

② 需求规定系统支持 50~100 个用户下，能够每秒处理 30 个用户的提交 Bug 操作。

③ 需求规定系统支持 30~50 个在线用户进行 Bug 查询操作，客户端发出的请求能力为每秒 80 次。

④ 需求规定系统支持 20~50 个在线用户的情况下，每秒处理 15 个页面请求。

⑤ 需求规定系统支持 10~60 个在线用户进行登录的响应时间在 2s 内。

(5) 需求规定 30~50 个用户同时在 BugFree 中时(其中用户类型和所占比例为：查询 Bug 用户 15%，单击 Test Case 标签页用户 35%，浏览 Bug 用户 10%，创建 Bug 用户

40%),每个用户单击 Test Case 标签页后打开列表页面的响应时间在 3s 内,达到目标后再运行 15min,如不能达到目标则停止场景并保存结果,请进行场景设计。

(6) 录制 BugFree 登录功能,创建手动用户组模式场景,5min 用户数达到 200 个,持续 50min 后,用户数在 1min 内均匀陆续停止,且场景于 2011 年 9 月 3 日早上 8 点整开始执行,如何设计?

(7) 录制 BugFree 登录、新建 Bug 功能,并进行场景创建和设计。2011 年 9 月 6 日早上 9 点整开始场景,场景开始后 15min 进行场景组 1"登录脚本"的执行,每 2s 加载 5 个用户直至加载到 50 个,然后场景运行 10min,之后同时停止所有用户;场景组 1 结束后立即执行场景组 2,同时加载所有用户 50 个,然后运行直到完成。请设计该场景。

(8) 录制"订飞机票系统"登录脚本,并且请添加集合点,并在 Controller 中设置 50 个 Vuser 同时执行脚本,分别在本机和另一台 Load Generator 上进行,每台计算机支持 25 个 Vuser,请成功添加 Load Generator。

(9) 录制 BugFree 登录功能,并插入集合点,创建手动用户组模式场景,3min 用户数达到 20 个,持续 2min 后,用户数在 1min 内均匀陆续停止,设计结合点策略为"占总数 100% 的 Vuser 到达时进行释放",场景设计好后立即开始运行,运行过程中进行如下操作:

① 监控场景组中 Vuser 状态,并对各状态简要描述。

② 监控每个 Vuser 的详细运行情况,并对其中一个 Vuser 进行"运行日志查看"和"运行时查看器查看"。

③ 场景运行中,分别在"用户组模式"和"百分比模式"两种模式下进行 10 个 Vuser 添加。

④ 运行过程中,控制结合点,当 Vuser 未全部到达时即进行释放操作,并查看集合点释放信息。

⑤ 运行过程中,查看成功事务和失败事务的详细信息。

⑥ 如果运行有错误出现,进行错误信息查看。

⑦ 运行结束后,对默认图进行分析(除系统资源图)。

(10) 录制 BugFree 登录脚本,并任意进行场景设计,在该场景运行过程中对 Windows 系统资源进行监控,监控指标为 CPU 使用率、可用物理内存、磁盘使用率。

第 5 章　性能测试结果分析

性能测试结果分析是测试的目的，是认识被测系统性能的关键步骤。然而，对性能测试结果进行透彻分析并准确定位系统瓶颈并非易事，往往需要测试工程师具备丰富的项目经验和扎实的技术功底。本章将结合实际性能测试结果分析中常用的 Analysis 功能进行讲解。使读者能够独立分析性能测试结果，如概要报告、Vusers 图、事务图、Web 资源图、网页细分图等，最终确定系统性能瓶颈和改进方案。

本章讲解的主要内容如下：

（1）Analysis 基础；
（2）Analysis 分析概要；
（3）Analysis 图；
（4）Analysis 报告；
（5）Analysis 常用操作及配置；
（6）同步训练。

5.1　Analysis 基础

参照图 5.1 中 LoadRunner 学习体系，本节主要介绍 Analysis 入门知识，带领读者了解该工具并熟悉其界面组成。

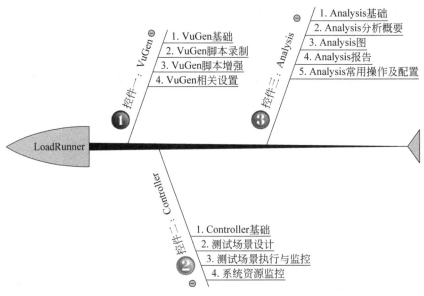

图 5.1　LoadRunner 学习体系图

5.1.1 Analysis 简介

Analysis 是压力结果分析工具,是性能测试结果分析的有效工具和手段。其功能强大,简于使用。其一,它汇总了 Controller 收集的各类结果分析图,包括 Load Generator、应用服务器等系统资源使用情况及事务响应时间、吞吐量、点击率及网页细分图等;其二,它可自动生成分析概要报告、SLA 报告及事务分析报告等各类报告;其三,它支持图的合并、自动关联、数据过滤及场景结果比较等常用操作与配置,便于透彻进行结果分析。

注意:请读者回顾第 2.3.2 节 LoadRunner 工具原理,仔细体会 Analysis 模块的作用。

5.1.2 Analysis 启动与界面

Analysis 支持多种启动方式。其一,Controller 启动场景前勾选 Results|Auto Load Analysis 菜单命令,当场景运行完成后将自动跳转至 Analysis 模块;其二,在 Controller 工具栏中单击 图标启动;其三,在 Controller 工具栏中单击 图标启动;其四,选择"开始"|"程序"|LoadRunner|Applications|Analysis 菜单命令启动。

前两种启动方式可自动分析当前场景的运行结果;而后两种方式仅打开 Analysis 应用程序,需要手动选择测试结果文件。

以第一种 Analysis 启动方式为例,进入如图 5.2 所示的窗口。

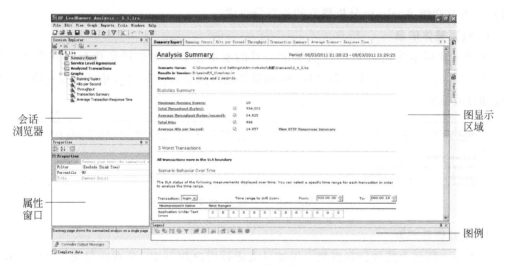

图 5.2 Analysis 结果分析窗口

图 5.2 所示的对话框主要分为如下 4 个部分。

(1) Session Explorer(会话浏览器)窗口。显示当前结果分析中所开启的树视图。主要包括概要报告、服务水平协议、已分析的事务及各类图。单击某项,右侧图显示区域中将显示对应内容。

(2) Properties(属性)窗口。显示 Session Explorer 窗口中选中项的属性信息,处于灰色状态的项不可重新设置。

(3) 图显示区域。显示 Session Explorer 窗口中选中项的详细信息,如概要报告或各类图等。在此,可进行各项信息详细查看和分析。

(4) Legend(图例)窗口。显示图显示区域中选中项的数据信息,例如最小值、最大值及平均值等。

注意:

① 读者打开的 Analysis 结果分析对话框若不同于图 5.2 中所示布局,可通过 Windows 菜单进行页面布局配置或开启其他窗口。

② 未打开 Analysis 结果文件时,读者可通过 Windows|Restore Default Layout 菜单命令将 Analysis 窗口的位置恢复到默认布局;通过 Windows|Restore Classic Layout 菜单命令将 Analysis 窗口的位置恢复到经典布局(经典布局类似于 Analysis 早期版本)。

③ 通过拖动菜窗口并使用菱形引导箭头方式,可将窗口移动到所需的位置。

④ 通过选择 Windows|Layout Locked 菜单命令可锁定/解锁屏幕布局。

5.2 Analysis 分析概要

分析概要报告显示场景运行情况的一般信息,对判断是否需要深入分析性能测试结果图有重要作用。Analysis 结果分析文件开启后,默认显示分析概要报告;或在 Session Explorer 窗口中单击 Summary Report 选项卡可进行开启。参照图 5.1 中 LoadRunner 学习体系,本节介绍 Analysis 分析概要的各部分组成。

1. 概要整体信息

如图 5.3 所示为待分析的性能测试场景的基本信息。例如场景执行时间为 11/03/2011 12:27:24-11/03/2011 12:29:56,场景持续时间 2 分钟 32 秒,并可查看对应文件的名称和存放位置。

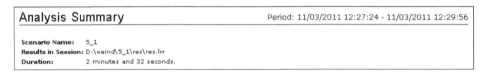

图 5.3 Analysis 分析概要_概要整体信息

2. 统计信息概要

如图 5.4 所示为统计信息概要。例如最大运行用户数为 10,总吞吐量为 3590730B,平均吞吐量为 23469B/s,总点击数为 3535,平均点击次数为 23105。单击相应超链接可查看对应的详细信息。

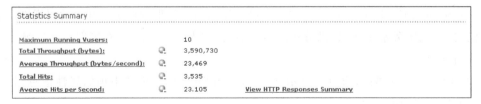

图 5.4 Analysis 分析概要_统计信息概要

3. N 个执行情况最差的事务

如图 5.5 所示为场景运行期间,针对"事务超出 SLA 阈值的比率及超出比率的幅度"而言执行最差的事务。例如相对于 SLA 阈值,login 事务的持续时间超出了 56.67%。整个运行期间超出的平均百分比为 21.28%。

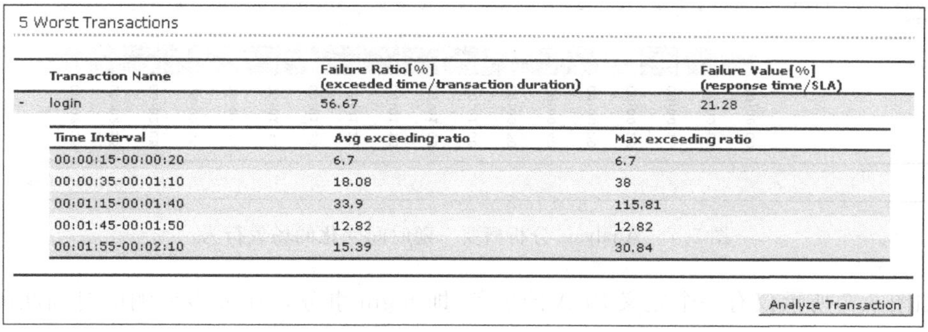

图 5.5　Analysis 分析概要—N 个执行情况最差的事务

注意:SLA 即服务水平协议。通过定义测试场景目标,Controller 将在场景运行期间进行目标评测并在 Analysis 概要报告中进行分析。

单击事务前的"-",将显示特定的时间间隔内,事务超出 SLA 的平均百分比和最大百分比。例如图 5.5 所示的第一个时间间隔内,事务多次超出 SLA 阈值且每次超出的幅度存在差异,它的平均百分比为 6.7%,最大百分比为 6.7%。

通过单击 Analyze Transaction 按钮,在打开的分析事务窗口中可查看更详细的事务分析。相关介绍参见第 5.5.2 节。

注意:选择 Tools|Options|General 菜单命令,可在如图 5.6 所示对话框中设置执行情况最差的事务的个数(默认为 5)。

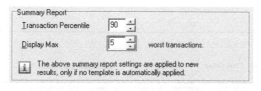

图 5.6　设置 N 个执行情况最差的事务

4. 随时间变化的场景行为

随时间变化的场景行为即场景运行期间不同时间间隔内各事务的执行情况。参照图 5.7 所示解释如下。

(1) Application Under Test Errors 表示在各时间间隔内,所测程序每秒收到的平均错误数(0 表示每秒收到的错误数为 0,0+表示每秒收到的错误数略大于 0)。

(2) 事务后面各色块的含义:灰色代表尚未定义相关 SLA;绿色代表事务未超过 SLA 阈值;红色代表事务失败。

(3) 通过单击 Analyze Transaction 按钮,同样进入 Analyze Transaction(分析事务)窗口可查看更详细的事务分析。相关介绍参见第 5.5.2 节。

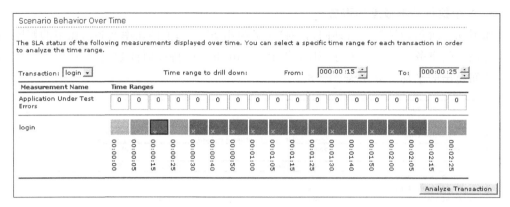

图 5.7　Analysis 分析概要—随时间变化的场景行为

如图 5.7 所示仅有一个定义 SLA 的事务(即 login 事务),在大多评测的时间间隔内该事务超出了 SLA 阈值。

注意:通过 Transactions 和 From、To 的设置并单击 Analyze Transaction 按钮,或通过鼠标选中事务和时间范围并单击 Analyze Transaction 按钮,可查看某时间段内特定事务的详细信息。

5. 事务概要

如图 5.8 所示,事务概要用于查看各事务的 SLA 状态及响应时间相关信息,例如最小值、平均值、最大值、标准方差、90%阈值、通过事务数、失败事务数及停止的事务数。值得提醒的是,其一,通过"事务通过数/事务总数"可得出事务成功率;其二,SLA Status 值表示该事务相关的 SLA 整体状态,login 事务的状态标记为失败;其三,通过单击各事务的 SLA 状态标志(例如),可进入如图 5.9 所示的 SLA 报告对话框并查看具体 SLA 信息;其四,login 事务"90%"列中的值是 1.954,表示 90%的 login 事务响应时间小于 1.954 秒。

Transaction Summary

Transactions: Total Passed: 486 Total Failed: 0 Total Stopped: 8　　Average Response Time

Transaction Name	SLA Status	Minimum	Average	Maximum	Std. Deviation	90 Percent	Pass	Fail	Stop
Action_Transaction		1.545	3.873	32.285	2.289	5.614	233	0	8
login		0.425	1.145	3.902	0.634	1.954	233	0	0
vuser_end_Transaction		0	0	0.001	0	0.001	10	0	0
vuser_init_Transaction		0	0.027	0.267	0.08	0	10	0	0

Service Level Agreement Legend:　Pass　Fail　No Data

图 5.8　Analysis 分析概要—事务概要

注意:

① Std. Deviation 即标准方差,是描述数据采样离散状态的一项重要指标。读者可将标准方差同平均值进行对比,前者越大于后者,表明数据离散程度越高,曲线越不平稳即波动较大。

② "90%"列用于定义某事务响应时间的 90%的阈值。例如假定一组数据(3、9、4、5、7、

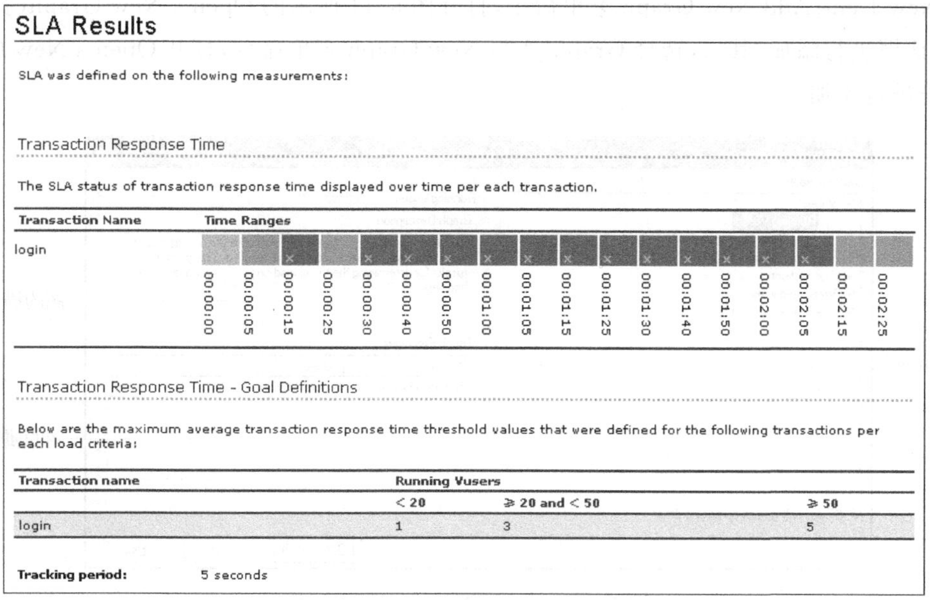

图 5.9　SLA 报告

1、8、2、10、6)，排序后为(1、2、3、4、5、6、7、8、9、10)，则"90%"为 9。

③ 通过选择 Tools|Options|General 菜单命令，可在如图 5.6 所示 Summary Report 对话框的 Transaction Percentile 中设置百分比列的数值(默认为 90)。

④ 上述谈到的 SLA 报告，还存在其他多种开启方式。其一，选择 Reports|Analyze SLA 菜单命令开启；其二，在"Analysis 分析概要"主显示区中，右键单击并从弹出的快捷菜单中选择 Analyze SLA 菜单命令开启。

6. HTTP 响应概要

HTTP 响应概要显示运行测试期间 Web 返回的 HTTP 状态码，如图 5.10 所示。例如 HTTP 200 表示页面返回正常；HTTP 404 表示要浏览的网页在服务器中不存在，该网页可能已迁移；HTTP 500 表示服务器遇到内部错误，不能够完成请求。

HTTP Responses Summary

HTTP Responses	Total	Per second
HTTP 200	3,535	23.105

图 5.10　Analysis 分析概要—HTTP 响应概要

5.3　Analysis 图

LoadRunner 的 Analysis 提供了丰富的图供读者进行性能测试结果分析。参照图 5.1 中 LoadRunner 学习体系，重点介绍 Analysis 各类图的分析。

可通过 Session Explorer 窗口访问可用图，也可向 Session Explorer 窗口中添加新图。添加新图支持多种方式。其一，在 Session Explorer 窗口右击，从弹出的快捷菜单中选择

Add New Item|Add New Graph 菜单命令,打开图 5.11 所示的 Open a New Graph(打开新图)对话框进行添加;其二,选择 Graph|Add New Graph 菜单命令,打开 Open a New Graph 对话框进行添加。

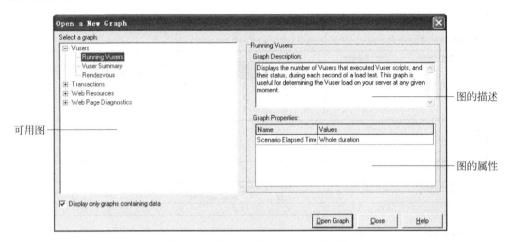

图 5.11 Open a New Graph 对话框

Analysis 图种类繁多,涉及范围甚广。例如虚拟用户图、错误图、事务图、Web 资源图、网页细分图、用户定义的数据点图、系统资源图、网络监控器图、Firewall 服务器监控器图、数据库服务器资源图、中间件性能图、Java 性能图等,它们均属于 Analysis 图范畴。下面,针对如图 5.12 所示的较为常用的几类图进行介绍。值得强调的是,读者在进行实际项目性能结果分析时,需在掌握各类图功能的基础上综合使用各类图进行结果分析和瓶颈的定位。

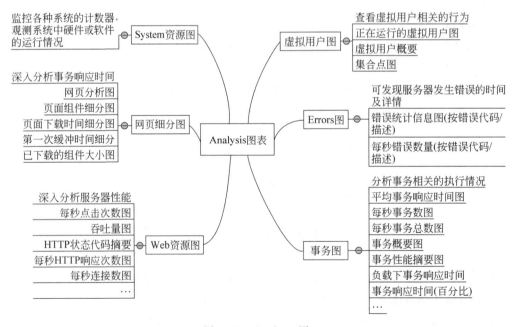

图 5.12 Analysis 图

5.3.1 虚拟用户图

Vusers 图即虚拟用户图,用于描述场景执行期间 Vuser 的相关行为。例如 Running Vusers 图(描述 Vuser 状态)、Vuser Summary 图(描述已完成场景的 Vuser 数)、Rendezvous 图(描述集合点统计信息)。

1. Running Vusers 图

Running Vusers(运行 Vuser 图)显示场景执行期间每秒运行的 Vuser 数及相应状态。Running Vusers 图横轴为自场景开始运行后所用的时间,纵轴为各时间下对应的 Vuser 数量,默认显示运行状态的 Vuser。通过在 Properties 窗口中的 Filter 行设置 Vuser Status,可显示其他状态的 Vuser。

如图 5.13 所示,场景开始执行后,1 分钟内虚拟用户数量逐渐增加至 10 个;之后 Vuser 数量保持为 10 并一直运行;运行了大约 1 分钟后开始陆续退出场景。

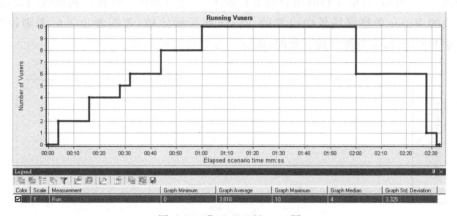

图 5.13 Running Vusers 图

注意:

① 读者可能会遇到如下情况,场景设计为 Vuser 从 0 开始逐渐增加,但 Running Vusers 图中 Vuser 数量并不是从 0 开始,而是直接从某一数值开始递增。原因:存在一些网络延迟,所以该情况是正常的。

② 通常将 Running Vusers 图与 Average Transaction Response Time 图、Hits per Second 图等进行合并,分析 Vuser 数量对其他方面的影响。

2. Vuser Summary 图

Vuser Summary(Vuser 概要)图以饼状图显示 Vuser 性能概要信息。用于查看已成功执行性能测试场景的 Vuser 数量(相对于未成功执行场景的 Vuser 而言)。

10 个 Vuser 均处于 Passed 状态,如图 5.14 所示。

3. Rendezvous 图

Rendezvous(集合点)图显示场景执行期间在每个集合点处释 Vuser 的时间及释放的 Vuser 数量。Rendezvous 图横轴为自场景开始运行后所用的时间,纵轴为各集合点处释放的 Vuser 数。

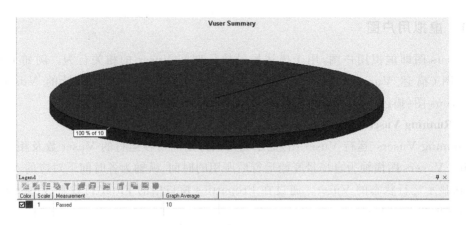

图 5.14　Vuser Summary 图

如图 5.15 所示,在第 4 秒时集合点处释放了 10 个 Vuser。值得特别提醒的是,需将集合点释放的 Vuser 数量同场景中设置的 Vuser 数量做比较,若前者小于后者则说明某些 Vuser 发生了超时,未全部释放。此时,需进一步分析超时原因。

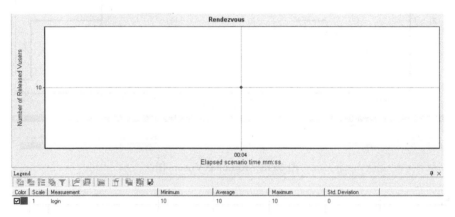

图 5.15　Rendezvous 图

注意:

① 若脚本中未设置集合点,则 Analysis 中不显示 Rendezvous 图。

② 通常将 Rendezvous 图与 Average Transaction Response Time 图进行合并,可观察并分析集合点对事务响应时间的影响。

5.3.2　Error 图

Error(错误)图主要显示场景执行期间发生的错误信息,通过错误描述或错误代码分类显示。例如 Error Statistics(by Description)、Errors per Second(by Description)、Error Statistics、Errors per Second 等。读者可通过错误图进行错误原因分析及故障排查。

1. Error Statistics(by Description)图

Error Statistics(by Description)(错误统计(按描述分))图以饼状图显示场景执行期间

发生的错误统计及描述信息。图 5.16 共显示了 3 类错误,总计 30 个。图例中标识的错误三出现了 10 次,占总错误数的 33.33%,具体错误描述为:访问服务器拒绝。

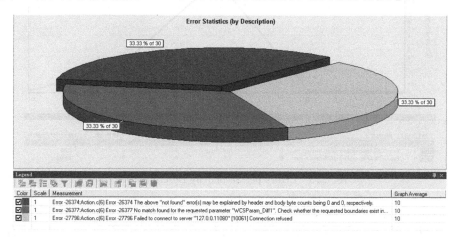

图 5.16　Error Statistics(by Description)图

2. Error Statistics 图

Error Statistics(错误统计)图。该图功能同 Error Statistics(by Description)图保持一致,唯一区别在于"通过错误代码"进行的分类,如图 5.17 所示。

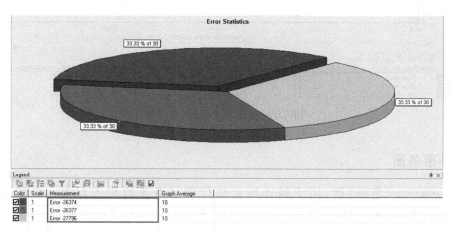

图 5.17　Error Statistics 图

3. Errors per Second(by Description)图

Errors per Second(by Description)(每秒错误数(按描述分))图显示场景执行期间每秒发生的错误平均数。如图 5.18 所示横轴为自场景开始运行后所用的时间,纵轴为各时间下对应的错误数量,并参照错误描述进行分类。

4. Errors per Second 图

Errors per Second(每秒错误数)图。该图功能同 Errors per Second(by Description)图保持一致,唯一区别在于"通过错误代码"进行的分类,如图 5.19 所示。

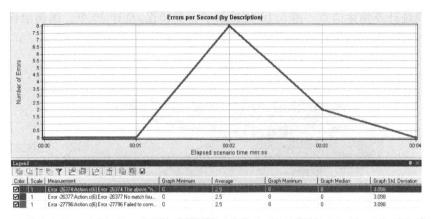

图 5.18　Errors per Second(by Description)图

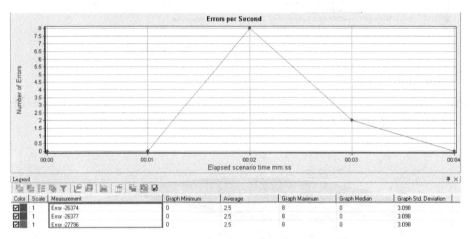

图 5.19　Errors per Second 图

5.3.3　事务图

Transactions(事务)图,用于描述场景执行期间事务的相关行为。例如 Average Transaction Response Time、Transactions per Second、Total Transactions per Second、Transaction Summary、Transactions Performance Summary、Transaction Response Time Under Load 等。

1. Average Transaction Response Time 图

Average Transaction Response Time(平均事务响应时间)图,显示场景执行期间每秒执行事务所使用的平均时间,是衡量系统性能走向的重要指标之一。Average Transaction Response Time 图横轴为自场景开始运行后所用的时间,纵轴为各事务的平均响应时间。

性能测试中,该指标尤为常用。通常将该指标与用户的期望值进行比较,该指标越小说明系统处理速度越快。

如图 5.20 所示 Login 事务随时间变化曲线较平缓,最小响应时间为 0.425s,平均响应时间为 1.145s,最大响应时间为 3.902s。整体趋势无较大波动,性能很好。

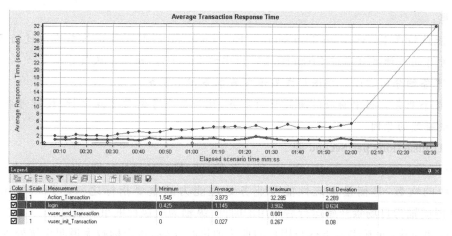

图 5.20　Average Transaction Response Time 图

若平均事务响应时间在虚拟用户数平稳的时候出现突然上升或突然下降情况(例如 Action_Transaction),则表明可能当前事务中某个页面元素造成了事务响应时间过长,需进一步查看并分析细节。

通过选择 View|Show Transaction Breakdown Tree 菜单命令,或在图中右击某事务并从弹出的快捷菜单中选择 Show Transaction Breakdown Tree 菜单命令,可查看如图 5.21 所示的事务细分树,并可进行如下操作。

(1) 查看事务细分图。在事务细分树中右击某事务并从弹出的快捷菜单中选择 Break Down Action_Transaction 菜单命令,可查看事务细分图。

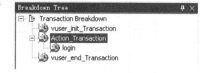

图 5.21　事务细分树

(2) 查看网页细分图。网页细分图即对事务和子事务所含网页的细分。在事务细分树中右击某事务(例如 Action_Transaction)并从弹出的快捷菜单中选择 Web Page Diagnostics for"Action_Transaction"菜单命令,可查看如图 5.22 所示的 login 事务网页细分图。网页细分图讲解参见第 5.3.5 节。

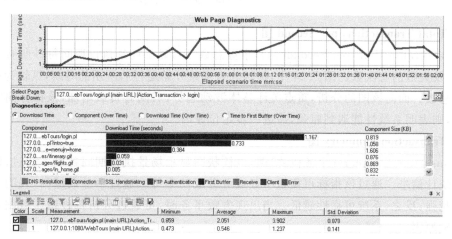

图 5.22　网页细分图

注意：

① 默认情况下，Average Transaction Response Time 图仅显示状态为通过的事务，且包含思考时间。读者可通过 Properties 窗口中的 Filter 行，修改默认设置。

② 事务细分树即以树视图形式展示当前事务和子事务。

③ 整个业务流程中响应时间最长的事务，往往该事务需要重点分析，极有可能是造成整个系统瓶颈的原因。

2. Transactions per Second 图

Transactions per Second(TPS,每秒事务数)图,显示场景执行期间每秒各事务通过、停止及失败的次数,是衡量系统性能及业务处理能力的重要指标之一。Transactions per Second 图横轴为自场景开始运行后所用的时间,纵轴为所执行的事务数量。

性能测试中,通常将该指标与用户的期望值进行比较,该指标越大说明系统处理能力越强。值得强调的是,负载的大小对该指标有一定影响。若负载稳定,则该指标曲线应相对平缓;若随着负载的增加,该指标曲线仍平缓显示,则可能是服务器或程序出现瓶颈。

在虚拟用户数变化趋势前提下,login 事务数逐渐增大,在场景结束前呈减小趋势,该情况属于正常现象,如图 5.23 所示。

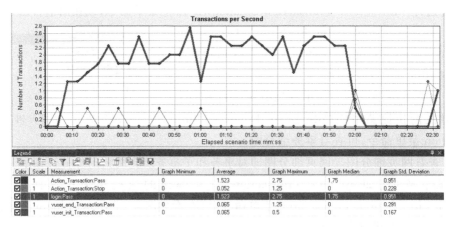

图 5.23 Transactions per Second 图

3. Total Transactions per Second 图

Total Transactions per Second(每秒事务总数)图,显示场景执行期间每秒所有事务通过、停止及失败的总次数。图 5.24 中,横轴为自场景开始运行后所用的时间,纵轴为所执行的事务总数。面向该图的分析,重点关注整体波动趋势,若随着负载增加,该指标曲线呈下降趋势,则表明系统性能遇到瓶颈,需进一步定位原因。

4. Transaction Summary 图

Transaction Summary(事务概要)图,以柱状图显示场景执行期间各事务通过、停止及失败的统计信息。通过该指标可衡量事务或业务成功率等。通过事务数越高,表明系统处理能力越强;反之,系统可靠性越低。当出现失败事务时,可通过分析每秒错误数图进一步分析失败原因。

图 5.25 显示,在场景执行期间,login 事务共 233 个且全部成功,事务成功率为 100%。

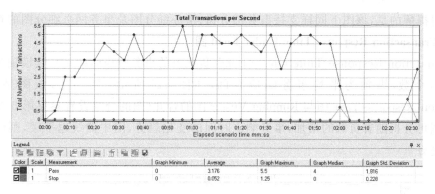

图 5.24 Total Transactions per Second 图

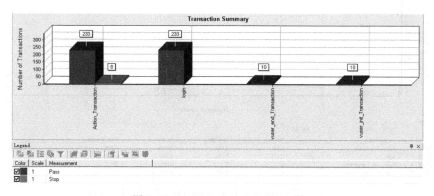

图 5.25 Transaction Summary 图

5. Transaction Performance Summary 图

Transaction Performance Summary(事务性能概要)图,以柱状图对比显示场景执行期间各事务的最小、平均及最大响应时间,如图 5.26 所示。Transaction Performance Summary 图横轴为各事务名称,纵轴为各事务对应的 3 类响应时间值。依据该图可清晰辨别系统响应时间是否符合用户需求,当超出用户期望值时,需进一步分析原因。同时,每个事务三类响应时间值的落差大小可判断系统稳定性。

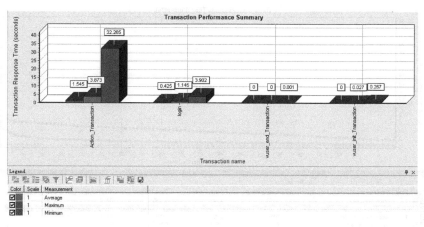

图 5.26 Transaction Performance Summary 图

值得提醒的是,该图下同样支持事务细分树、事务细分图及事务网页细分图的查看。

6. Transaction Response Time Under Load 图

Transaction Response Time Under Load(负载下的事务响应时间)图,其横轴为虚拟用户(负载)个数,纵轴为平均事务响应时间,如图5.27所示。实质上,该图是 Average Transaction Response Time 图与 Running Vusers 图的合并(图的合并设置参见第5.5.3节)。通过该图可分析随着负载的增加,事务响应时间的变化趋势,图中曲线越平缓,则说明系统稳定性越好。

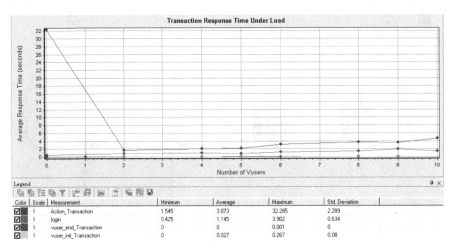

图 5.27 Transaction Response Time Under Load 图

7. Transaction Response Time(Percentile) 图

Transaction Response Time(Percentile)(事务响应时间(百分比))图,以百分比形式展示各事务的响应时间范围。Transaction Response Time(Percentile)图横轴为事务总数的百分比,纵轴为最大事务响应时间。性能测试结果分析中,可能存在某事务最大响应时间超过用户期望值的情况,但其中较高百分比的事务响应时间未超出期望值,则也认为满足用户需求。

图5.28显示95%左右的最大事务响应时间不超过2s。

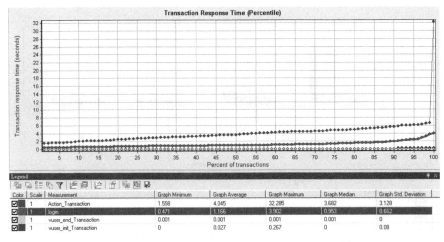

图 5.28 Transaction Response Time(Percentile) 图

5.3.4 Web 资源图

Web Resources(Web 资源)图,用于深入分析 Web 服务器性能。通过 Web 资源各项指标数据,进行系统性能衡量及瓶颈定位。例如 Hits per Second、Throughput、HTTP Status Code Summary、HTTP Responses per Second、Pages Downloaded per Second、Connections、Connections per Second 等。

注意:生成 Web Resources 图的前提条件,需在 Controller 下的 Run-time Settings 对话框中选择 Internet Protocol|Preferences 结点,再于右侧页面中进行如图 5.29 所示的设置。

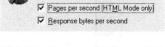

图 5.29 Run-time Settings—Web Resources 图配置

1. Hits per Second 图

Hits per Second(每秒点击次数,即点击率)图,显示场景执行期间每秒 Vuser 向 Web 服务器发送的 HTTP 请求数。Hits per Second 图横轴为自场景开始运行后所用的时间,纵轴为服务器上的点击次数。该图用于衡量向服务器施加的压力大小,每秒点击次数越高,表明产生的压力越大。

如图 5.30 所示,在虚拟用户数变化趋势前提下,每秒点击次数逐渐增大,在场景结束前呈减小趋势,该情况属正常。

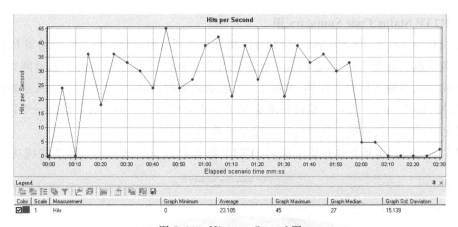

图 5.30 Hits per Second 图

注意:

① 读者进行的一次鼠标点击操作,并非向服务器仅发送了一次请求。需结合实际请求页面资源情况分析,往往一次鼠标点击包含了多次请求。例如一次页面访问中,假定待访问页面中仅包含 5 张图片,则读者进行一次访问页面的鼠标操作,点击量为 1+5=6。

② 通常将 Hits per Second 图与 Average Transaction Response Time 图进行合并,分析点击次数对事务性能和响应时间的影响。

2. Throughput 图

Throughput(吞吐率)图,显示场景执行期间每秒接收的服务器返回的数据总量。Throughput 图横轴为自场景开始运行后所用的时间,纵轴为服务器上的吞吐量(以字节为单位)。该图用于衡量服务器的处理能力。通常将 Throughput 图与 Hits per Second 图进行合并,若系统性能良好,则二者曲线类似;同一时间段内,如 Hits per Second 图曲线处于上升趋势,而 Throughput 图曲线较平缓或处于下降趋势,则表明服务器性能存在问题,需进一步分析原因。

图 5.31 所示的吞吐率图同图 5.30 所示的点击率图曲线类似,表明服务器能够及时处理各项请求信息,该情况属正常。

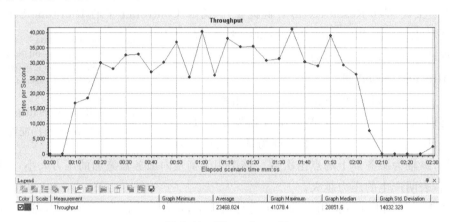

图 5.31　Throughput 图

3. HTTP Status Code Summary 图

HTTP Status Code Summary(HTTP 状态码概要)图,以饼状图显示场景执行期间 Web 服务器返回的 HTTP 状态码且以状态码分组。HTTP 状态码是用于表示网页服务器 HTTP 响应状态的 3 位数字代码,例如 1×× 表示请求收到,继续处理;2×× 表示操作成功收到,分析、接受;3×× 表示完成此请求必须进一步处理;4×× 表示请求包含一个错误语法或不能完成;5×× 表示服务器执行一个完全有效请求失败。

图 5.32 显示,本场景执行中生成的 HTTP 状态码为 200,表示所有请求均成功。

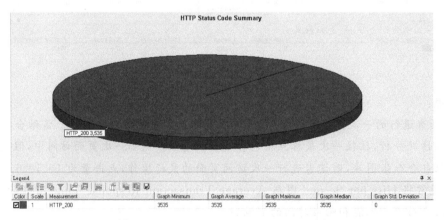

图 5.32　HTTP Status Code Summary 图

4. HTTP Responses per Second 图

HTTP Responses per Second(每秒 HTTP 响应数)图,显示场景执行期间每秒从 Web

服务器返回的 HTTP 状态码且以状态码分组,如图 5.33 所示。具体 HTTP 状态码同 HTTP Status Code Summary 图中讲解。

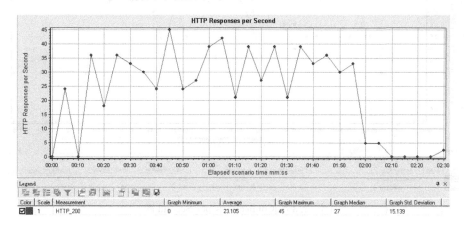

图 5.33　HTTP Status Code Summary 图

5. Pages Downloaded per Second 图

Pages Downloaded per Second(每秒下载页数)图,显示场景执行期间每秒从服务器下载的页面数,如图 5.34 所示。Pages Downloaded per Second 图同 Throughput 图非常类似:二者均为每秒从服务器获取数据的统计;但 Pages Downloaded per Second 图仅考虑下载页数,而 Throughput 图会涉及各项页面资源的大小,以字节来定位。

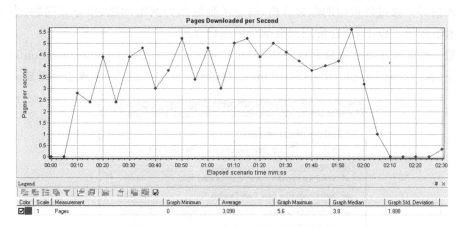

图 5.34　Pages Downloaded per Second 图

6. Connections per Second 图

Connections per Second(每秒连接次数)图,显示场景执行期间每秒进行的服务器连接和关闭连接的次数,如图 5.35 所示。若系统性能正常,随着负载的增加,该图曲线应呈上升趋势;当曲线趋于平缓不再上升时,表明服务器连接池已满,即服务器连接数限制了系统性能的提高,需修改服务器连接数参数值。

注意:

① 每服务器同时连接数即一台服务器同时接受的最大连接数目。

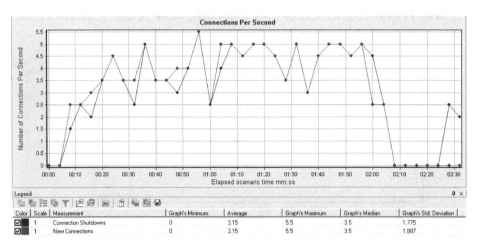

图 5.35 Connections per Second 图

② 性能测试过程中,出现 Connections per Second 图曲线急剧下降并保持为 0 状况,则极有可能发生了严重故障,导致系统宕机等问题。

5.3.5 网页细分图

Web Page Diagnostics(网页细分)图,用于深入分析网页性能信息。例如对网页进行全面性能分析、分析页面及其组件的大小和下载时间、对下载时间进行细分及网络/服务器处理时间衡量等。通过各项图的综合分析,确定系统瓶颈为网络问题、服务器问题、亦或是页面某元素造成等。以下,结合常用网页细分图进行介绍。

注意:生成网页细分图的前提条件,需在 Controller 下选择 Diagnostics|Configuration 菜单命令,在打开的 Diagnostics Distribution 对话框中进行如图 5.36 所示的设置。

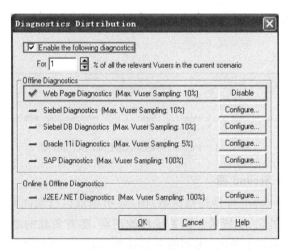

图 5.36 网页细分图配置

1. Web Page Diagnostics 图

Web Page Diagnostics(网页分析)图,对网页进行全方位分析,如图 5.37 所示。

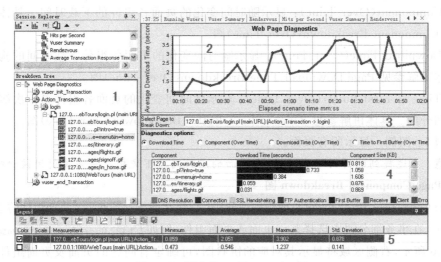

图 5.37 Web Page Diagnostics 图

区域 1：事务细分树。可查看事务和子事务包含的网页信息及网页中的元素信息。例如页面 127.0....ebTours/login.pl (main URL) 由 7 项页面元素构成。选中某元素右击，从弹出的快捷菜单中选择 View page in browser 菜单命令，如图 5.38 所示，可通过浏览器查看当前元素，如图 5.39 所示。

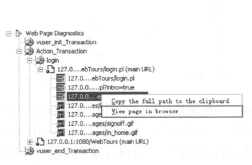

图 5.38 浏览器中查看页面元素

图 5.39 页面元素显示

区域 2：页面下载时间。随着时间的变化，显示某个页面平均下载时间的波动趋势。如区域 2 中所示，该页面的下载时间较为波动，在时间 01：43 左右的页面下载时间达到 4s。

区域 3：选择具体某一待细分的页面，区域 2 和 4 中信息会同步更新。

区域 4：通过切换 4 个选项，支持如下功能。

① Download Time：显示页面各组件下载时间的细分。同 Page Download Time Breakdown 图。

• 203 •

② Component(Over Time)：显示随时间变化的页面各组件的下载时间。具体讲解参见 Page Component Breakdown(Over Time)图。

③ Download Time(Over Time)：显示随时间变化的页面各组件下载时间的构成和分配。具体讲解参见 Page Download Time Breakdown(Over Time)图。

④ Time to First Buffer(Over Time)：显示随时间变化的页面各组件第一次缓冲时间的构成和分配。具体讲解参见 Time to First Buffer Breakdown(Over Time)图。

区域 5：图例。显示所有页面。

注意：上述提到的页面下载时间，即页面响应时间。下文中也将多次引用该称呼。

2. Page Component Breakdown 图

Page Component Breakdown(页面组件细分)图，以饼状图显示各网页及页面组件的平均下载时间(秒)。在事务细分树中选择某一页面或页面组件(例如 127.0....ebTours/login.pl (main URL))，如图 5.40 所示，右侧区域将显示其对应的饼状图，可确定有问题的页面及页面组件。通过进一步细分有问题的页面或组件，可确定问题最显著的部分。

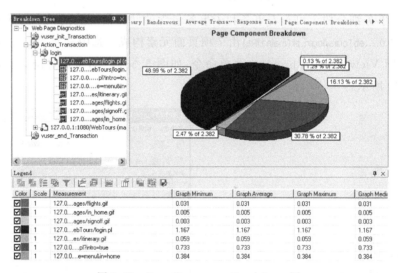

图 5.40　Page Component Breakdown 图

如图 5.40 所示，127.0....ebTours/login.pl (main URL) 页面整体平均下载时间为 2.382s，其中页面组件 127.0....es/itinerary.gif 平均下载时间为 0.059s，占总页面下载时间的 2.47%。在此，可通过分析得出是否由于页面中某个组件下载时间过长而导致响应时间超时等问题。若设定一个开发新手，在添加图片时使用的不是.gif，而是.bmp，可想而知下载时间一定会大大增加，因为.bmp 的文件远大于.gif 的文件。

注意：通过单击某列标题可自主排序。便于从众多组件中确定有问题的部分。

3. Page Component Breakdown(Over Time)图

Page Component Breakdown(Over Time)(页面组件细分(随时间变化))图，显示场景执行期间每秒内各网页及页面组件的平均下载时间(秒)。Page Component Breakdown (Over Time)图横轴为自场景开始运行后所用的时间，纵轴为各组件的平均下载时间(秒)。通过在事务细分树中灵活选择，同样可查看各层页面及页面组件的下载时间变化趋势。

图 5.41 显示,场景执行期间,127.0....ebTours/login.pl 的下载时间波动大,最高达到 2.4s。

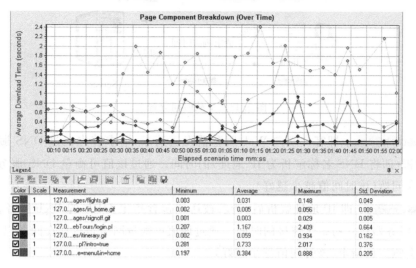

图 5.41　Page Component Breakdown(Over Time)图

4. Page Download Time Breakdown 图

页面及页面组件的下载时间由 DNS 解析时间、连接时间、第一次缓冲时间、接收时间、SSL 握手时间、客户端时间及错误时间等共同构成。Page Download Time Breakdown(页面下载时间细分)图,针对上述各时间类型显示各页面及页面组件下载时间的细分情况。从而分析得出产生问题的时间段及原因。

如图 5.42 所示,127.0....ebTours/login.pl 组件的下载时间消耗主要为第一次缓冲时间(First Buffer)。就实际情况分析,该时间可接受。

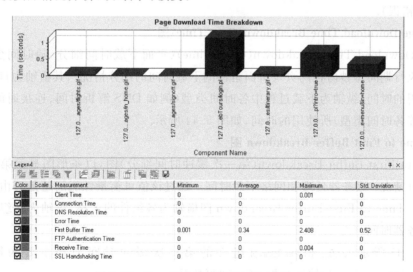

图 5.42　Page Download Time Breakdown 图

以下,借助客户端与服务器端的请求响应过程来剖析各阶段的时间含义,如图 5.43 所示。

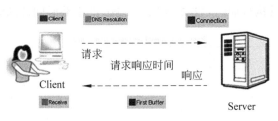

图 5.43 下载时间分解

(1) DNS Resolution：即客户端向 Web 服务器发送请求，请求首先经过 DNS 服务器进行 IP 地址解析(即将 DNS 名称解析为 IP 地址)的时间。通过该值可衡量 DNS 服务器及其配置是否存在问题(该时间值越小越好)。

(2) Connection：即 IP 地址解析后，请求被送往包含指定 URL 的 Web 服务器，在此之前同 Web 服务器建立初始化连接的时间。通过该值可衡量网络是否存在问题以及 Web 服务器是否会响应该请求(该时间值越小越好)。

(3) First Buffer：即客户端从发出第一个 HTTP 请求至收到服务器返回的第一个字节所用的时间。通过该值可衡量 Web 服务器延迟及网络延迟的时间(该时间值越小越好)。

(4) Receive：即客户端接收到服务器返回的第一个字节至最后一个字节所用的时间。通过该值可衡量网络是否存在问题(该时间值越小越好)。

除此之外，还有如下几类时间：

(1) SSL Handshaking 即建立 SSL 连接的时间，仅适用于 HTTPS 通信；

(2) Client 即客户端反应时间或其他客户端相关延迟造成的时间消耗；

(3) Error 即自发出 HTTP 请求至 Web 服务器返回一个错误消息所需的时间(仅面向于 HTTP 错误)。

5. Page Download Time Breakdown(Over Time)图

Page Download Time Breakdown(Over Time)(页面下载时间细分(随时间变化))图，显示场景执行期间每秒内各网页及页面组件的下载时间的细分情况。其横轴为自场景开始运行后所用的时间，纵轴为下载过程中各时间类型(例如 DNS 解析时间、连接时间、第一次缓冲时间等各时间类型)所使用的时间，如图 5.44 所示。

6. Time to First Buffer Breakdown 图

Time to First Buffer Breakdown(第一次缓冲时间细分)图，以条形图显示第一次缓冲时间的细分情况：服务器处理和网络下载时间。通过该值可衡量性能问题是否由服务器或网络导致。Time to First Buffer Breakdown 图横轴为各组件的名称，纵轴为各组件的平均网络或服务器时间。

如图 5.45 所示 127.0....ebTours/login.pl 组件的第一次缓冲时间消耗主要为网络时间(Network Time)。就实际情况分析，该时间可接受。

7. Time to First Buffer Breakdown(Over Time)图

Time to First Buffer Breakdown(Over Time)(第一次缓冲时间细分(随时间变化))图，显示场景执行期间每秒内各网页及页面组件的第一次缓冲时间细分情况。横轴为自场景开

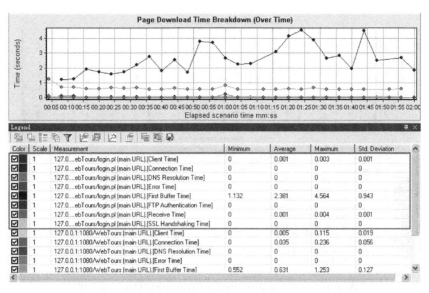

图 5.44　Page Download Time Breakdown(Over Time)图

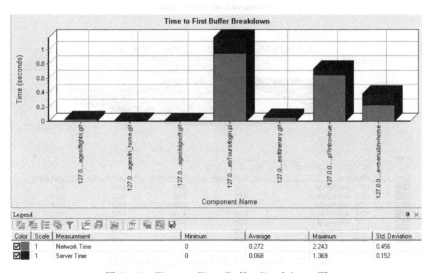

图 5.45　Time to First Buffer Breakdown 图

始运行后所用的时间,纵轴为各组件的平均网络时间或服务器时间,如图 5.46 所示。通过该值可确定场景执行期间网络或服务器出现问题的时间。

8. Downloaded Component Size(KB)图

Downloaded Component Size(KB)(下载组件的大小(千字节))图,以饼状图显示各网页组件的大小(以千字节为单位)。通过该值可衡量性能问题是否由某页面组件过大导致。

如图 5.47 所示, 127.0....ebTours/login.pl(main URL) 页面整体大小为 6.954KB,其中页面组件 127.0....es/itinerary.gif 的大小为 0.876KB,占总页面大小的 12.6%。

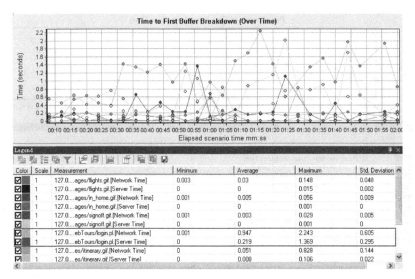

图 5.46　Time to First Buffer Breakdown(Over Time)图

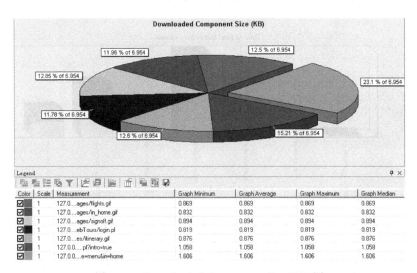

图 5.47　Downloaded Component Size(KB)图

5.3.6　系统资源图

System Resources(系统资源)图,显示场景执行期间各项系统资源的使用。例如 CPU 使用率、可用物理内存大小、每秒读取页面数及平均磁盘队列长度等。通过该类图的分析,可把瓶颈定位到特定计算机的某个部件上。

系统资源图种类繁多,例如 Windows 资源图、UNIX 资源图、服务器资源图、SNMP 资源图及 SiteScope 图等。分析系统资源图,基于对系统资源图中各类计数器的学习和理解。读者可参照第 4.4 节及其他网络资源进行拓展学习。

至此,介绍了较常用的性能测试结果分析图。Analysis 图种类繁多,覆盖知识面广,读者需结合各类图的讲解不断总结积累项目经验,从而达到灵活进行性能结果分析的能力。

5.4 Analysis 报告

Analysis 除了提供丰富的分析图外,通过 Reports 菜单还可查看或生成各种类型的报告供读者进行性能测试结果分析。参照图 5.1 中 LoadRunner 学习体系,本节介绍 Analysis 各报告的查看。

Analysis 主要支持的报告类型如图 5.48 所示。

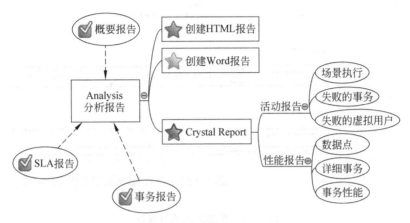

图 5.48 Analysis 报告

注意:

① Analysis 分析概要(即概要报告)在第 5.2 节中已讲解。

② 通过选择 Reports|Analyze SLA…菜单命令可开启 SLA 报告。SLA 报告实质已包含于 Analysis 分析概要中且第 5.3.2 节中介绍了 SLA 相关配置,在此不再赘述。

③ 通过选择 Reports|Analyze Transaction…菜单命令,在打开的 Analyze Transaction 对话框中单击 Generate report 按钮可生成事务报告,详细介绍参见第 5.5.2 节。

5.4.1 HTML 报告

HTML 报告,即以 HTML 形式展现 Analysis 性能测试详细结果,用于性能测试结果的发布。选择 Reports|HTML Report 菜单命令可生成如图 5.49 所示的性能测试结果报告。单击报告中的超链接可自动跳转至相应 HTML 页面。

5.4.2 Word 报告

Word 报告,即以 Word 形式展现 Analysis 性能测试详细结果,同样用于性能测试结果的发布。Word 报告展现形式更加灵活多样,支持报告格式、报告主内容及其他图的定制。下面,简要介绍 Word 报告的生成。

(1) 配置报告格式信息。选择 Reports|Microsoft Word Report 菜单命令,打开 Microsoft Word Report 对话框。在 Format 选项卡中填写报告格式信息,如报告标题、作者信息、标题页面、目录、图详细信息及公司徽标等,如图 5.50 所示。

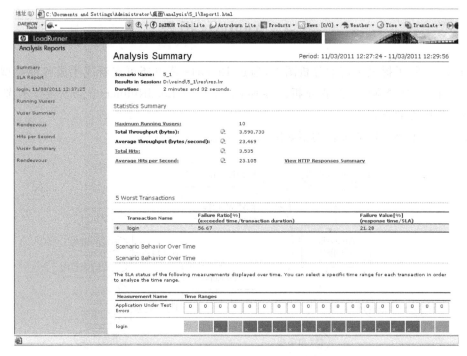

图 5.49 性能测试结果报告

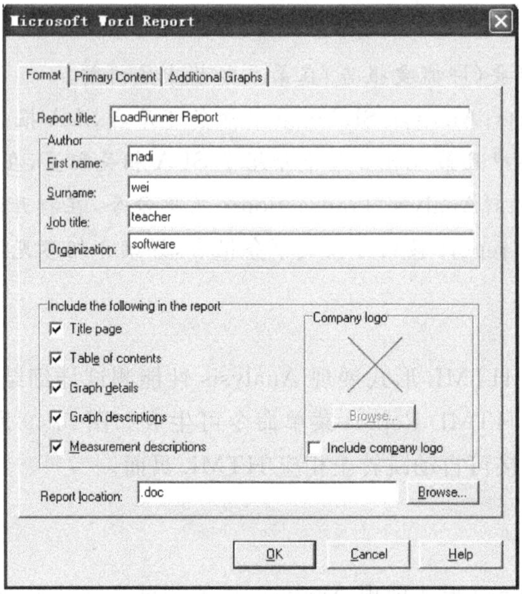

图 5.50 Word 报告_格式

（2）配置报告主内容信息。选择 Primary Content 选项卡，在其中配置报告中将显示的主内容。例如执行概要、场景配置、用户影响、每秒点击次数、服务器性能、Vuser 加载方案等，如图 5.51 所示。

(3) 配置报告其他图信息。选择 Additional Graphs 选项卡，在其中可添加其他 Analysis 图，如图 5.52 所示。

图 5.51 Word 报告—主内容

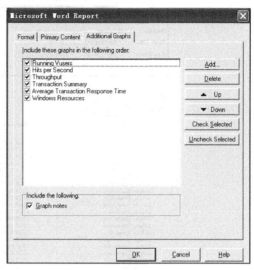

图 5.52 Word 报告—其他图

(4) 上述均配置完毕，单击 OK 按钮，可生成一份实用的 Word 性能测试结果报告。

5.4.3 Crystal Report

Crystal Report(水晶报表)用于记录测试场景执行期间的事务及 Vuser 运行情况，可进一步分析性能测试结果。Crystal Report 主要支持如下类型：

(1) Activity Reports(活动报告)：包含场景执行、失败的事务和失败的 Vuser 报告。

(2) Performance Reports(性能报告)：包含数据点、详细事务和按 Vuser 统计事务性能报告。

选择 Reports|Crystal Report 菜单命令，可选择查看上述不同类型的报告。下面，以 Failed Transactions(失败的事务)报告类型为例，介绍报告的引入。

(1) 在 Analysis 分析概要报告中，查看是否存在失败状态的事务。若存在则打开 "Failed Transactions" 报告进一步分析。

(2) 假定存在失败状态的事务，选择 Reports|Crystal Report…|Activity Reports|Failed Transactions 菜单命令，进入如图 5.53 所示的报告窗口。确定哪个 Vuser 的事务状态为失败。

(3) 假定 Vuser1 的事务为失败，则打开如图 5.54 所示的 Vuser1 的输出日志分析出错原因。

注意：

① Crystal Report 窗口页面，支持打印、保存或导出数据等操作。

② Vuser 日志中包括错误消息、参数替换信息及事务的状态等。

1 20-三月-11

Failed Transaction Report (By Vuser)

Scenario:	Scenario1
Result:	res1.lrr
Start Time:	18-三月-11 13:29:46
End Time:	18-三月-11 13:37:18
Duration:	00:07:32 (452sec)

Group: **Aggregated Data**

Vuser: Vuser1

Transaction	*Start time*	*End time*	*Duration*	*Number of transactions*
Action_Transaction	13:30:05.000	13:30:05.000	00:00:00.000	.20
Action_Transaction	13:30:04.000	13:30:04.000	00:00:00.000	.20
Action_Transaction	13:30:03.000	13:30:03.000	00:00:00.000	.20
Action_Transaction	13:30:02.000	13:30:02.000	00:00:00.000	.20
Action_Transaction	13:30:01.000	13:30:01.000	00:00:00.000	.20
Action_Transaction	13:30:00.000	13:30:00.000	00:00:00.000	1.80
Action_Transaction	13:29:59.000	13:29:59.000	00:00:00.000	1.80
Action_Transaction	13:29:58.000	13:29:58.000	00:00:00.000	1.80
Action_Transaction	13:29:57.000	13:29:57.000	00:00:00.000	1.80
Action_Transaction	13:29:56.000	13:29:56.000	00:00:00.000	1.80
Action_Transaction	13:29:55.000	13:29:55.000	00:00:00.000	2.00
Action_Transaction	13:29:54.000	13:29:54.000	00:00:00.000	2.00
Action_Transaction	13:29:53.000	13:29:53.000	00:00:00.000	2.00
Action_Transaction	13:29:52.000	13:29:52.000	00:00:00.000	2.00
Action_Transaction	13:29:51.000	13:29:51.000	00:00:00.000	2.00
Action_Transaction	13:29:50.000	13:29:50.000	00:00:00.000	.80
Action_Transaction	13:29:49.000	13:29:49.000	00:00:00.000	.80
Action_Transaction	13:29:48.000	13:29:48.000	00:00:00.000	.80
Action_Transaction	13:29:47.000	13:29:47.000	00:00:00.000	.80
Action_Transaction	13:29:46.000	13:29:46.000	00:00:00.000	.80

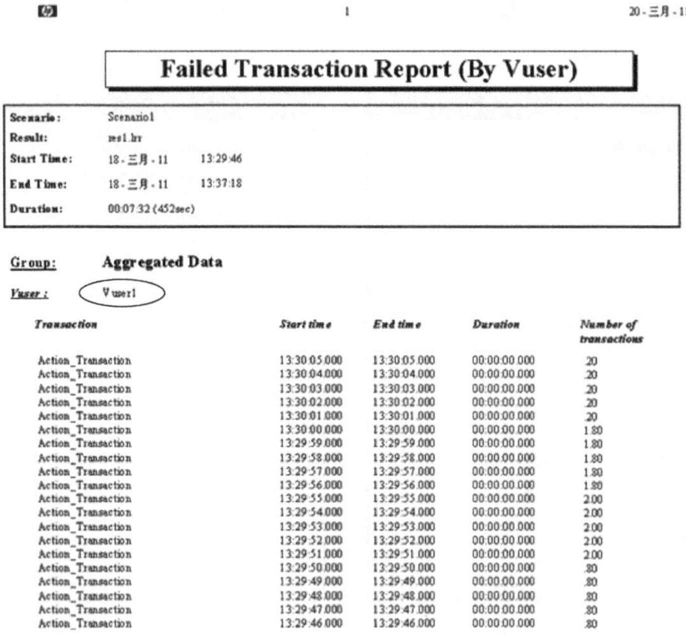

图 5.53 失败事务报告

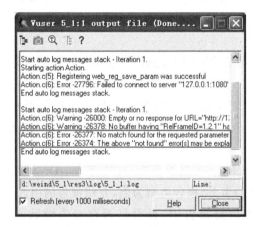

图 5.54 Vuser 输出日志

5.5 Analysis 常用操作及配置

尽管 Analysis 提供了强大的图表、报告功能，但据此应对众多实际项目的结果分析还是远远不够的。读者需掌握 Analysis 其他常用操作及配置，并灵活应用于项目结果分析。参照图 5.1 中 LoadRunner 学习体系，本节介绍如图 5.55 所示的 Analysis 的常用操作及配置。

下面，结合上述 Analysis 的常用操作及配置，逐一进行介绍。

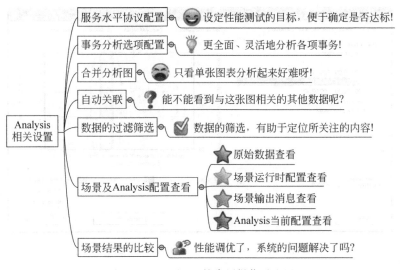

图 5.55 Analysis 的常用操作及配置

5.5.1 服务水平协议配置

服务水平协议配置即 SLA 的配置(SLA 用于设定性能测试的目标)。在第 4.2.1 节中已介绍过 Controller 中 SLA 的配置。Analysis 中同样支持 SLA 的配置,帮助读者在场景运行后仍可灵活设定性能测试目标。

通过选择 Tools|Configure SLA Rules 菜单命令可开启 SLA 配置向导对话框,并可进行如第 4.2.1 节中所述的同样操作。

注意:关于 SLA 的介绍及 Controller 中 SLA 的设置请参见第 4.2.1 节。

5.5.2 事务分析选项配置

Analysis 提供了强大的事务分析功能,通过"事务报告及分析事务工具"可对脚本中的各事务进行更全面、灵活的分析。

图 5.56 所示的 Analyze Transaction(分析事务)对话框支持多种开启方式。其一,选择 Report|Analyze Transaction...命令菜单开启;其二,通过单击工具栏上的 按钮开启;其三,在分析概要的主窗口中,右键单击并从弹出的快捷菜单中选择 Analyze Transaction 菜单命令开启;其四,单击 N Worst Transactions(N 个执行情况最差的事务)列表右下方或 Scenario Behavior Over Time(随时间变化的场景行为)列表右下方的 Analyze Transaction 按钮开启。

注意:未定义 SLA 时,上述第 4 种开启方式直接进入分析事务对话框;否则直接进入如图 5.57 所示的事务分析报告页面。

在图 5.56 所示 Analyze Transaction 对话框中可进行分析事务的各项条件配置。

(1) 在 Show time ranges based on 下拉列表中,设置事务树中待显示的内容。

① 选择 Suggestions,显示整体测试场景中的事务和时间段;

② 选择 SLA violations,显示超出 SLA 的部分。

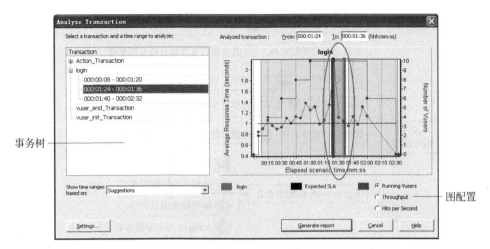

图 5.56 Analysis 的常用操作及配置

(2) 在事务树中选择某特定时间段下的事务,右侧将显示该事务的已标注了所选时间段的平均响应时间图。

(3) 通过切换"图配置"中的 3 个选项,可进行所选事务平均响应时间图与正在运行的虚拟用户、吞吐量或点击率的合并。

(4) 单击 Settings 按钮,可打开如图 5.57 所示的 Analyze Transaction Settings 对话框,可进行所选事务的平均响应时间图与其他图的关联,并可通过 Show correlations with at least ☐ % match 设置最小的关联匹配度。

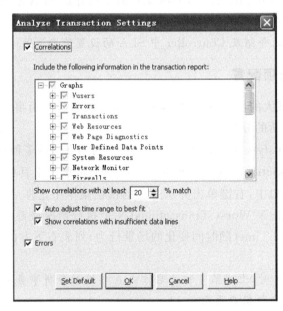

图 5.57 分析事务设置

(5) 在 Analyze Transaction 对话框中单击 Generate report 按钮,将生成如图 5.58 所示的事务分析报告。可对事务信息进行更详细的分析。

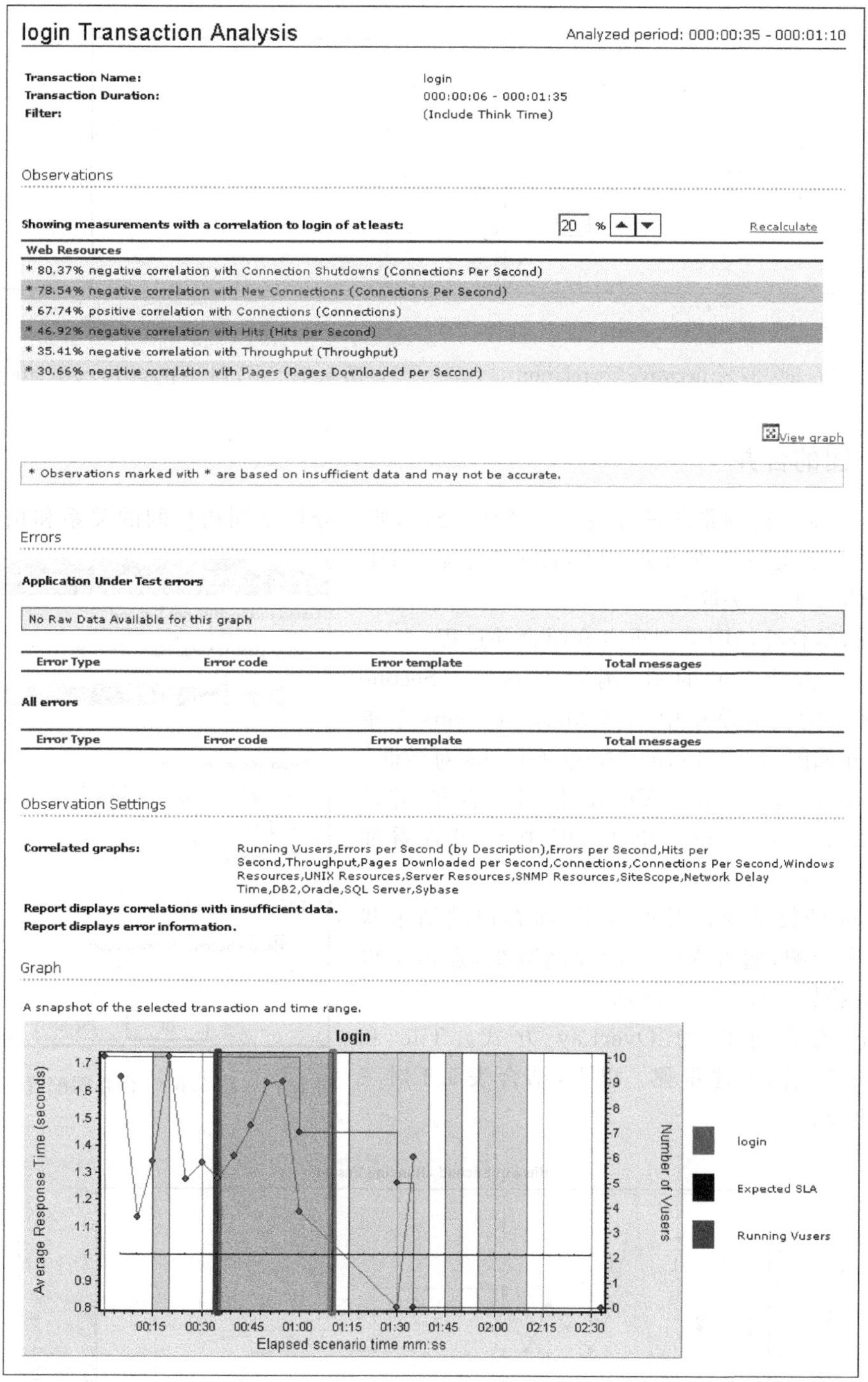

login Transaction Analysis

Analyzed period: 000:00:35 - 000:01:10

Transaction Name:	login
Transaction Duration:	000:00:06 - 000:01:35
Filter:	(Include Think Time)

Observations

Showing measurements with a correlation to login of at least: 20 % Recalculate

Web Resources

* 80.37% negative correlation with Connection Shutdowns (Connections Per Second)
* 78.54% negative correlation with New Connections (Connections Per Second)
* 67.74% positive correlation with Connections (Connections)
* 46.92% negative correlation with Hits (Hits per Second)
* 35.41% negative correlation with Throughput (Throughput)
* 30.66% negative correlation with Pages (Pages Downloaded per Second)

View graph

* Observations marked with * are based on insufficient data and may not be accurate.

Errors

Application Under Test errors

No Raw Data Available for this graph

Error Type	Error code	Error template	Total messages

All errors

Error Type	Error code	Error template	Total messages

Observation Settings

Correlated graphs: Running Vusers,Errors per Second (by Description),Errors per Second,Hits per Second,Throughput,Pages Downloaded per Second,Connections,Connections Per Second,Windows Resources,UNIX Resources,Server Resources,SNMP Resources,SiteScope,Network Delay Time,DB2,Oracle,SQL Server,Sybase

Report displays correlations with insufficient data.

Report displays error information.

Graph

A snapshot of the selected transaction and time range.

图 5.58　事务分析报告

在图 5.58 所示的 Observations(观察)栏中，显示所选事务的平均响应时间图与其他图的各项正负关联。选中某一项并单击 View graph 超链接，可查看对应的关联图(如图 5.59 和图 5.60 所示)。在此特别提醒，事务分析报告中需尤其关注同事务平均响应时间图相似度较高的指标，往往它们是系统瓶颈所在。

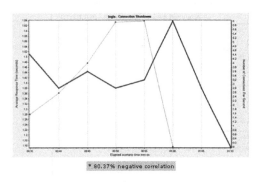
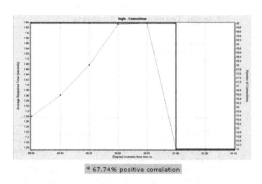

图 5.59　80.37% negative correlation　　　图 5.60　67.74% positive correlation

5.5.3　图的合并

Analysis 支持两张图进行整合，即图的合并，便于分析不同指标间的关系和相互影响。图的合并主要支持 3 种方式：OverLay（叠加）、Tile（平铺）、Correlate（关联）。

下面，结合叠加图类型重点介绍合并过程。

（1）右击待合并的图（例如 Hits per Second 图），从弹出的快捷菜单中选择 Merge Graphs 菜单命令，打开如图 5.61 所示的 Merge Graphs 对话框。

（2）选择同 Running Vusers 图进行合并，并设置合并类型为 Overlay。单击 OK 按钮可查看如图 5.62 所示的合并图。

Vuser 的数量变化对点击率（即客户端请求状况）有较大影响，随着 Vuser 的逐渐减少，点击率也呈现降低趋势，如图 5.62 所示。

上述为合并图的 OverLay 方式。Tile 和 Correlate 方式同上述步骤。以下，结合表 5.1 对三者进行比较。

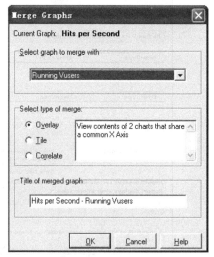

图 5.61　合并图配置

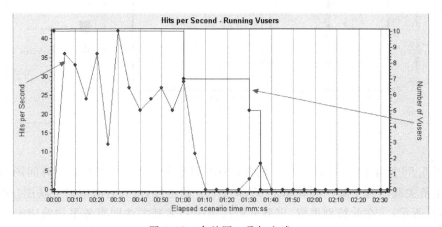

图 5.62　合并图—叠加方式

表 5.1 合并方式对比

	特　点	备　注
OverLay(叠加)	如图 5.62 所示：两图共用 X 轴，左右两侧分别显示不同 Y 轴	叠加数量无限制，支持两个或两个以上的图进行合并
Tile(平铺)	如图 5.63 所示：两图共用 X 轴，曲线上下分布	
Correlate(关联)	如图 5.64 所示：当前图的 Y 轴变为合并图的 X 轴；被合并图的 Y 轴作为当前图的 Y 轴	

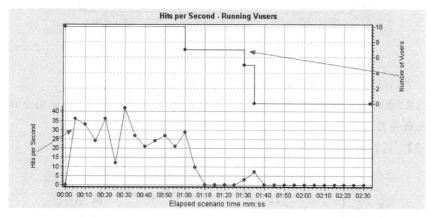

图 5.63　合并图—平铺方式

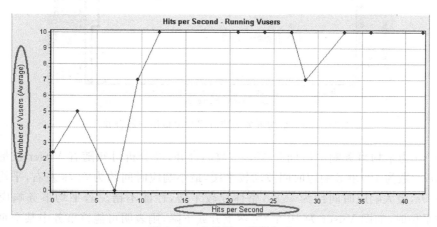

图 5.64　合并图—关联方式

注意：在结果图分析中，经常将 Running Vusers 图与 Hits per Second 图、Throughput 图及 Average Transaction Response Time 图等进行合并。如图 5.65 和图 5.66 展示 3 个合并图结果分析实例，以供参考。

【例 5-1】 进行合并图分析，如图 5.65 所示。

图 5.65 为吞吐量和 Vuser 数的合并，经分析可知，随着 Vuser 数的增加吞吐量也在增加。当 Vuser 数达到 10 个后，用户数保持稳定。此时，吞吐量也逐渐平缓，但中途有波动，可以看到有一些下降的线条，则出现下降的地方网络或服务器处理能力可能存在问题，需进

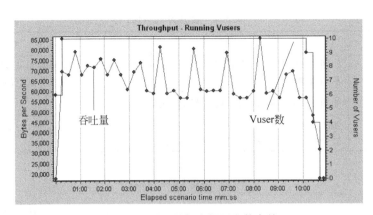

图 5.65 吞吐量与虚拟用户数合并

一步分析。之后随着用户的逐渐退出系统,"吞吐量"也逐渐下降。

注意:若"吞吐量"并未随着用户数的上升而上升,反而出现了下降,说明出现该现象的地方网络或服务器处理能力有问题。

【**例 5-2**】 进行合并图分析,如图 5.66 所示。

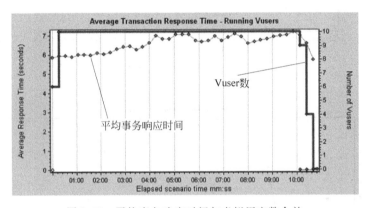

图 5.66 平均事务响应时间与虚拟用户数合并

图 5.66 为平均事务响应时间和 Vuser 数的合并,经分析可知随着 Vuser 数量的变化(最大 Vuser 数为 10)事务响应时间波动较平缓,最小响应时间约为 5.7s 左右,平均响应时间约为 6.5s,最大响应时间约为 7.2s,整体比较平缓,性能不错。若平均事务响应时间在 Vuesr 数平稳时(如图 Vuser 为 10 个)突然上升或下降,则表明可能该事务中某个页面元素造成了事务响应时间过长,则需查看网页细分图进行具体细节分析等。

5.5.4 自动关联

自动关联,即 Analysis 能够自动将待分析图中的指标同其他图的指标关联起来并进行综合分析,通过观察各指标间的匹配程度(即相互依赖程度)来确定它们对系统性能的影响程度。在此,忽略各项指标的实际值而更关注整体曲线变化趋势。

下面,结合吞吐量图进行自动关联讲解。

(1) 在 Throughput(吞吐量)图中,选中待关联的曲线并右击,从弹出的快捷菜单中选择 Auto Correlate 菜单命令,打开如图 5.67 所示的 Auto Correlate 对话框。

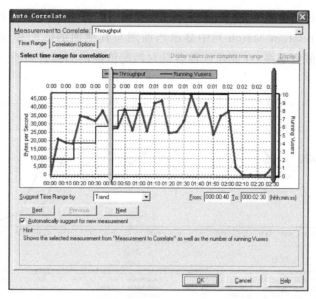

图 5.67　自动关联—时间范围

（2）选择待分析的时间范围。在 Auto Correlate 对话框中 Suggest Time Range by 下拉列表中有两种时间选择建议方式：Trend（基于趋势）和 Feature（基于特性）。在此，选择 Trend 方式。

注意：除上述时间选择方式外，还可通过直接输入时间段或鼠标拖拽边界线方式进行时间设置。

（3）选择同当前图进行关联的其他图。选择 Correlation Options 选项卡，在其中选择待关联的图。默认选择 Windows 资源图，如图 5.68 所示。

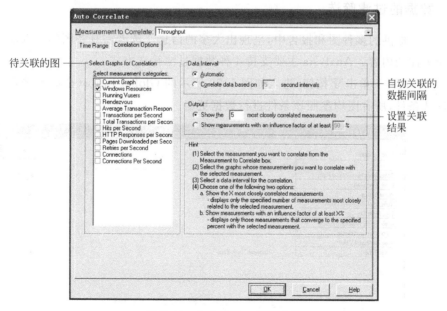

图 5.68　自动关联—关联选项

(4) 成功进行上述设置后,单击 OK 按钮,显示如图 5.69 所示的自动关联结果。在 Legend 窗口的 Correlation Match 列中显示当前图与其他图的匹配程度。匹配值越高,表明两指标曲线的相似度越高,在此建议读者针对匹配值高的指标进行重点分析,往往它们是系统瓶颈所在。

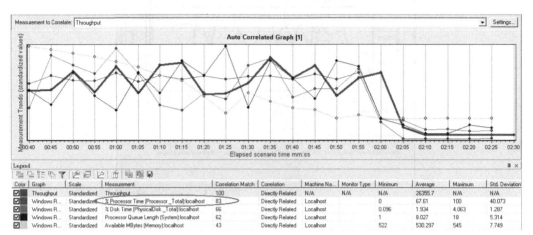

图 5.69　自动关联结果

总之,自动关联图可灵活选择特定的时间段,并针对多指标进行整合分析,通过关联匹配值的高低来进一步分析各指标对系统性能的影响。自动关联功能对确定系统瓶颈起着重要作用。

注意:通过单击 Settings 按钮,可进入如图 5.67 所示的 Auto Correlate 对话框,并重新设置自动关联选项。

5.5.5　数据的过滤筛选

Analysis 提供的多种图和报告中,呈现出太多的信息。读者需具备图的筛选能力,有助于定位所关注的内容。Analysis 主要支持 4 种数据过滤筛选方式。

(1) 全局筛选:单击 ▽ 按钮,进入如图 5.70 所示的 Global Filter(全局筛选器)对话框并配置筛选条件,所有图均参照该条件进行数据更新。

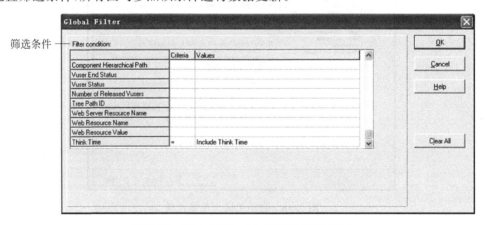

图 5.70　Global Filter(全局筛选器)对话框

(2) 概要报告筛选:在概要报告中单击 按钮,进入如图 5.71 所示的 Analysis Summary Filter(分析概要筛选器)对话框并配置筛选条件,分析概要将参照该条件进行数据更新。

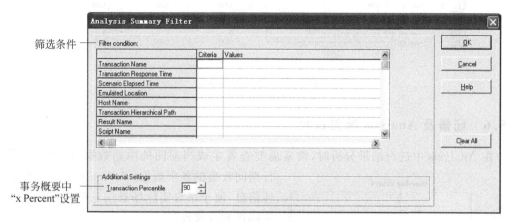

图 5.71　Analysis Summary Filter(分析概要筛选器)对话框

(3) 单个图筛选:在某图中单击 按钮,进入如图 5.72 所示的 Graph Settings(图设置)对话框并配置筛选条件,仅当前图参照该条件进行数据更新。

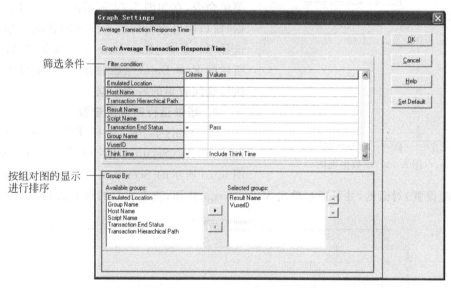

图 5.72　图筛选器

(4) 单个图筛选(通过图例):在某图的 Legend 窗口中,如图 5.73 所示选择一个或多个指标并单击 按钮或右击后从弹出的快捷菜单中选择 Filter By Selected 菜单命令,当前图及图例区域将进行数据更新。此外,选择 View|Clear Filter/Group By 菜单命令可清除筛选。

注意:数据的过滤筛选功能中,Think Time(思考时间)的筛选一项在进行结果分析时尤为常用。例如在 Filter condition 区域中,可设置 Think Time 一项=Include Think Time(包含思考时间)。

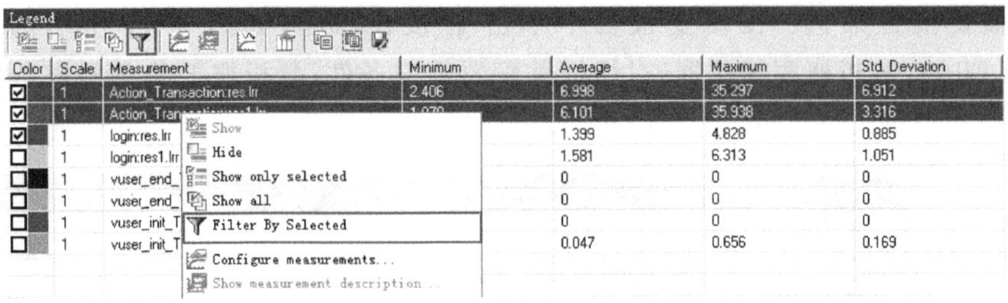

图 5.73 通过图例筛选

5.5.6 场景及 Analysis 配置查看

在 Analysis 中进行结果分析时，常常需要查看生成当前图的原始数据（即测试场景执行期间收集的各项数据）及 Analysis 中的配置属性信息，便于结合实际场景信息确定测试结果的正确性和合理性。

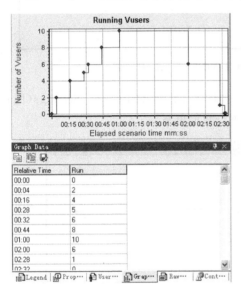

1. 原始数据查看

Analysis 中支持以下两种方式查看当前图的相关数据。其一，选择 Windows|Graph Data 菜单命令，在如图 5.74 所示的 Graph Data（图数据）窗口中可查看构成当前图的各项数据；其二，选择 Windows|Raw Data 菜单命令，在如图 5.75 所示的 Raw Data（原始数据）窗口中可测试场景执行期间收集的各项数据。

2. 场景运行时配置查看

在 Analysis 中，选择 File | View Scenario Run Time Settings 菜单命令，可查看如图 5.76 所示的 Scenario Run Time Settings（场景运行时设置）对话框，并可通过单击 View Script 按钮，查看对应的脚本信息。

图 5.74 图数据视图

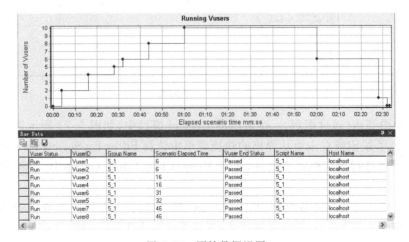

图 5.75 原始数据视图

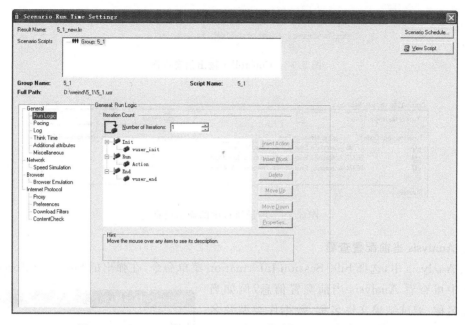

图 5.76　Scenario Run Time Settings(场景运行时设置)对话框

3. 场景输出消息查看

在 Analysis 的 Controller Output Messages(Controller 输出消息)视图下,可查看场景执行期间输出的各项消息,便于进行更准确的结果分析。通过如下步骤可进行 Controller 输出消息查看。

(1) 配置场景输出消息属性。选择 Tools | Options | Result Collection 菜单命令,在如图 5.77 所示的 Options 对话框中配置 Copy Controller Output Messages to Analysis Session (将 Controller 输出消息复制到 Analysis 中)属性。

① 当数据集小于设定的兆字节 MB 时进行复制。

② 复制所有信息。

③ 不复制任何信息。

在此,选择第一项并应用至当前文件。

(2) 在 Controller 输出消息视图中查看消息。选择 Windows | Controller Output Messages 菜单命令,打开如图 5.78 所示的 Controller Output Messages 窗口,并单击相应的超链接后可查看场景执行中的输出信息,如图 5.79 所示。

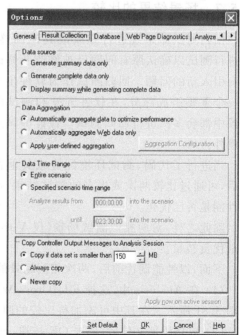

图 5.77　配置场景输出消息属性

图 5.78 Controller 输出信息视图

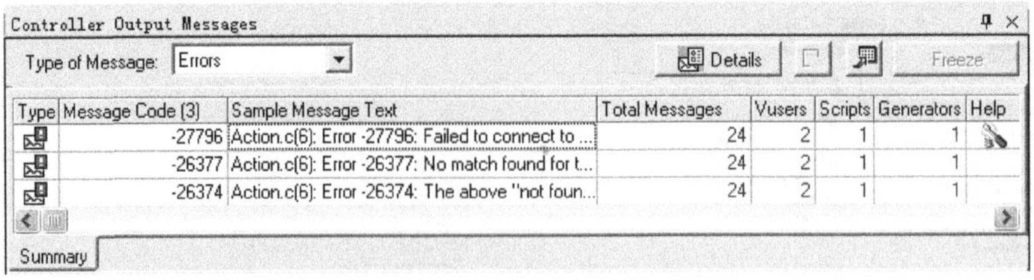

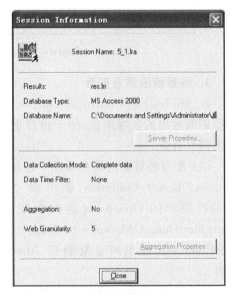

图 5.79 场景执行中的输出信息

4. Analysis 当前配置查看

在 Analysis 中,选择 File|Session Information 菜单命令,在弹出的 Session Information 对话框中可查看 Analysis 当前配置信息,例如当前文件名称、测试结果文件名称、数据库类型及名称、服务器属性及数据收集模式等,如图 5.80 所示。

注意:通过 Tools|Options 菜单命令,可进行 Analysis 配置更改。

5.5.7 场景结果的比较

回归测试即系统进行修改或其他调整后,重新进行测试以确认原有问题已被修改及修改操作没有引入新的问题。回归测试作为软件生命周期的一个重要组成部分,在软件开发和测试的各个阶段中都会多次进行回归测试。性能测试过程也不例外。

当进行了代码、测试环境配置或其他性能调优后,可通过比较两次或更多的测试结果,确定系统性能是否已优化。

图 5.80 Analysis 当前配置信息查看

除此之外,对两相似测试场景(仅 Vuser 数量不同)执行结果比较,可衡量系统所支持的最优负载量。

下面,以性能调优前后,两次相同场景的执行结果为例进行讲解。

(1) 在 Analysis 中,选择 File|Cross With Result 菜单命令,弹出 Cross Result 对话框,如图 5.81 所示。在其中可添加待比较的两个场景结果文件。

(2) 成功添加文件后,单击 OK 按钮,可查看场景比较结果,如图 5.82 所示。

很明显,res1.lrr 场景结果中平均事务响应时间小于 res.lrr 场景结果中,可见通过性能调优,系统性能有了提高。

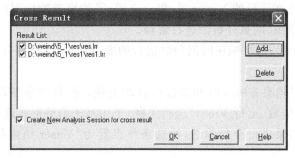

图 5.81 场景结果文件比较

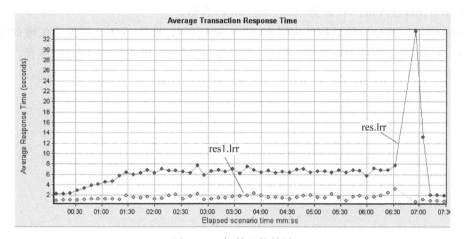

图 5.82 场景比较结果

5.6 同步训练

5.6.1 实验目标

(1) 能够独立分析概要报告。
(2) 能够独立分析 Vusers 图、事务图、Web 资源图、网页分析图中的重点图表。
(3) 能够进行图的合并和自动关联,进行简要分析。
(4) 能够修改图的各种配置信息、进行场景运行的比较。
(5) 能够生成 Analysis 各类报告。

5.6.2 前提条件

熟练掌握 VuGen 及 Controller 工具使用。

5.6.3 实验任务

(1) 录制"订飞机票系统"登录、订票、查看路线、退出功能,用户预查看 30 个用户同时进行操作时"订票"和"查看路线"分别的响应时间,且要求用户完全同时进行"查看路线"操作。录制脚本并且场景运行后,在 Analysis 中进行结果分析,请对"分析概要"页面信息进行介绍,并对生成的正在运行的 Vuser 图、集合点图、平均事务响应时间图、事务概要图、每秒点击次数图、吞吐量图、网页分析图进行解释。

(2) 将(1)中的"平均事务响应时间"和"运行的虚拟用户数"进行合并,并对合并图简要分析。

(3) 将(1)中的平均事务响应时间图进行自动关联,与"每秒事务数、每秒事务总数、吞吐量、每秒 HTTP 响应数、运行 Vuser"进行关联,采用基于趋势形式进行图的分析。

(4) 将(1)中的结果进行全局筛选,筛选条件设置为"Vuser 结束状态为 passed 的"且"不包括思考时间"。

(5) 将(1)结果中的"运行 Vuser 图"进行单独筛选,筛选条件为:Vuser,结束状态为 passed or error,且 Vuser 状态为 ready or run 的数据。

(6) 针对(1)的分析概要和默认图表,请生成 HTML 报告、Word 报告及失败的事务报告;并在 Word 报告生成中设置个人信息,添加显示"网页分析图"和相应的图注释。

第 6 章　Discuz!社区项目实战

到目前为止,已学习了性能测试基础知识及 LoadRunner 三大功能模块的使用。读者已从各单一层面上认识了 LoadRunner,并基本跨入了性能测试领域。本章将从综合角度揭示项目整体性能测试的开展,同时加深读者对性能测试基础知识和 LoadRunner 各层面的认识。

本章讲解的主要内容如下:
(1) Discuz!社区项目实战背景;
(2) 性能测试前期准备;
(3) 性能测试计划制定;
(4) 性能测试环境与测试数据准备;
(5) LoadRunner 执行测试;
(6) 性能测试总结;
(7) 同步训练。

6.1　Discuz!社区项目实战背景

某学院预采用 Discuz!社区作为校园信息发布及网络沟通平台。在此,面向学院全体师生客户群体衡量 Discuz! X1.5 系统性能状况。已知软件学院教师人数 70 人左右,学生人数 500 人左右。软件学院期望 Discuz! X1.5 上线后可高效、快捷地支撑师生的网络交流和沟通。

6.1.1　系统介绍

Discuz! X1.5 是集门户、广场(论坛)、群组、家园及排行榜等五大服务于一身的开源互动平台,可帮助管理员轻松进行网站管理、扩展网站应用。目前很多网站采用 Discuz!系列进行运营。读者可访问如下资源搜集并查看相关介绍。

(1) http://x.discuz.net/。
(2) http://www.discuz.net/release/dzx15/。

6.1.2　系统搭建

首先,介绍 Discuz!社区搭建方式。
(1) 成功配置 Apache＋MySQL＋PHP＋PERL 环境。基于篇幅限制,该部分不再赘述。

注意:读者可结合实际情况搭建 Web 服务器及数据库服务器。

(2) 将 upload 工程文件夹放至站点目录下(例如 htdocs 或 www)。
(3) 启动安装向导。在浏览器中访问 http://<IP>/upload/地址,进入如图 6.1 所示的 Discuz!安装向导并单击"我同意"按钮。

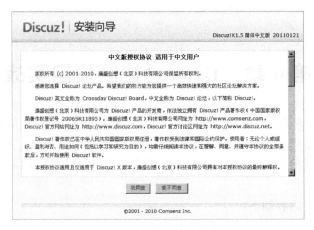

图 6.1 安装向导—协议

（4）配置检查。在如图 6.2 所示窗口中自动进行环境、目录文件权限及函数依赖性检查并单击"下一步"按钮。

图 6.2 安装向导—开始安装

(5) 设置运行环境。在如图 6.3 所示窗口中选择安装类型并单击"下一步"按钮。

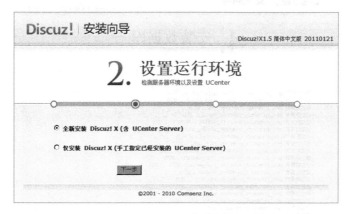

图 6.3　安装向导—设置运行环境

(6) 安装数据库。在如图 6.4 所示窗口中填写数据库信息及管理员信息并单击"下一步"按钮，可自动进行数据库安装，如图 6.5 所示。

图 6.4　安装向导—安装数据库—配置

(7) 访问 Discuz!社区。数据库安装完成后进入安装成功提示窗口，单击"安装成功，点击进入"超链接可进入如图 6.6 所示的 Discuz!社区首页。

注意：

① Apache 启动前，请检查 80、81、443 端口是否被占用，避免 Apache 启动不成功。

② 建议读者熟练使用 phpMyAdmin 工具，进行数据库管理。

图 6.5 安装向导—安装数据库—过程

图 6.6 Discuz!社区首页

6.2 性能测试前期准备

性能测试工作的开展并非一个完全独立的过程,需要事先进行大量的前期准备工作。针对 Discuz!社区进行性能测试前,读者需先完成下述几项工作。

6.2.1 熟悉需求

性能测试前期准备之一:熟悉 Discuz!社区需求。读者已了解:功能测试是性能测试的前提,功能测试的开展既是提高系统基本质量的阶段,又是深入理解系统需求的过程。因此,性能测试开始前,需满足如下要求:其一,系统基本功能及流程应保持运行正常;其二,读者对系统需求已非常熟悉。

考虑到目前各大门户网站的广泛推广和使用,因此,对 Discuz!的相关业务在此不再赘述。下面仅简要介绍 Discuz! X1.5 系统的各功能模块。

(1) 门户:通过多数据类型、多页面、多区域、多位置方式任意展示文章、日志、帖子等内容,供浏览者方便、快捷地查看所需信息。

(2) 广场:即论坛。提供给广大用户一个交流、沟通的平台。在 Discuz! X 1.5 中,该功能进行了优化。其一,从系统架构方面全面提速,实现低负载高性能;其二,对论坛的局部细节进行改进,提高用户体验和舒适度。

(3) 群组:即以分组的方式将有共同话题的人们聚在一起。例如车友会、影迷会、业主小区、歌友会、粉丝团、玩家群等,供用户有选择的参与。

(4) 家园:即个性化空间。用户可创建并展示自己的个人空间,它支持模块替换及个性化装扮等多种方式,灵活应对网民年轻化的特点。

(5) 排行榜:引入"竞价排名"机制,主要用于展现 Discuz!社区的精华内容,例如热门帖子/日志/投票/活动/版块、活跃用户、群组及精彩图片等。

注意:读者可从 http://www.discuz.net/thread-1961800-1-1.html 下载 Discuz! X 1.5 及 Discuz!历史版本的用户手册,进一步了解系统功能、熟悉业务。

6.2.2 创建 WBS

性能测试前期准备之二:引用 WBS(Work Breakdown Structure,工作分解结构)进行工作分解和细化。WBS 用于把项目具体工作和可交付的成果进行分解,有助于进行任务的评估和分配。它对整个项目成功的集成和控制起到非常重要的作用。

一句话,WBS 有助于明确分工及细化工作职责。对于中大型项目来说这是一个很好的方式,可以避免一些遗漏和冲突。图 6.7 简要显示了 Discuz!社区的 WBS。读者可依据实际项目情况,进一步细化和扩充。

任务号	任务描述	第一责任人	第二责任人	协助人员	验收责任人	协助人员	验收结果	备注
1	完成Discuz!社区前台各模块开发	开发经理1	开发员1	开发1、2、3、4、5组	验收员1	验收员2	pass	模块包含:门户、广场、群组、家园、排行榜……
2	完成Discuz!社区后台各模块开发	开发经理2	开发员2	开发6、7、8、9、10组	验收员1	验收员2	pass	模块包含:首页、全局、界面、内容、用户、门户等配置
3	完成Discuz!社区系统整合,部署测试环境	开发经理3	开发员4	测试员1	验收员1	验收员2	pass	测试环境需硬件机型、常用兼容软件、常用浏览器类型及版本……
4	完成功能测试计划、用例及评审	测试组长1	测试员1	测试1组	验收员1	验收员2		
5	完成功能测试执行	测试组长2	测试员2	测试2、3、4、5组	验收员1	验收员2	pass	包括:冒烟测试、单元/集成/系统测试
6	完成其他方面测试	测试组长3	测试员3	测试6组	验收员1	验收员2	pass	包括:易用性、兼容性、安全性测试……
7	完成性能测试计划及性能测试设计	测试组长4	测试员4	性能测试小组	验收员1	验收员2		
8	完成性能测试环境与测试数据准备	测试组长4	测试员4	性能测试小组	验收员1	验收员2		
9	完成性能测试执行	测试组长4	测试员4	性能测试小组	验收员1	验收员2		
10	完成性能测试总结	测试组长4	测试员4	性能测试小组	验收员1	验收员2		
11	完成测试项目总结报告	测试组长1	测试员1		验收员1	验收员2		

图 6.7 Discuz!社区—WBS

6.2.3 熟悉性能测试规范

性能测试前期准备之三:熟悉性能测试规范。中大型软件企业针对性能测试的开展已形成了基本测试流程和规范。针对实际项目,可能需要对基本流程进行改进和加工。本次性能测试基本参照如图 6.8 所示的流程开展。

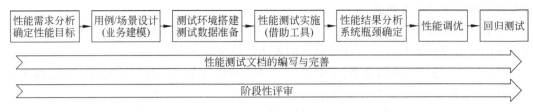

图 6.8　性能测试流程

6.3　性能测试计划制定

依据图 6.8 中的性能测试流程,首先进行性能需求分析及用例/场景设计。读者可参照第 1.6 及第 1.7 节的讲解,进行真实项目的性能需求提取与测试场景设计。在此,以性能测试计划方式呈现上述两方面的思考过程。

任何工作的开展,唯有前期进行了良好的、切实可行的计划,方可收到好的效果。性能测试计划是性能测试工作开展的首要工作,它的核心即规划"如何"开展后续性能测试工作。以下,针对性能测试计划中的重点内容进行介绍。

6.3.1　项目概述

依据第 6.1 节中项目背景的介绍,本次性能测试面向 Discuz! X 1.5 社区所支持的重点业务过程开展。性能测试的实施,需满足如下要求。其一,依据对软件学院实际业务的了解和经验,做出基本的运行假定并确定需要性能测试的部分;其二,针对上述假定情况经性能测试小组评审后,规划性能测试等级并进行实施;其三,满足河北师大软件学院性能目标。

6.3.2　术语及缩略语

(1) 性能测试、负载测试、压力测试、大数据量测试、配置测试等参见第 1.3 节。
(2) 虚拟用户、并发及并发用户数、响应时间、吞吐量、资源利用率等参见第 1.4 节。
(3) 门户、广场(论坛)、群组、家园、排行榜等参见第 6.2.1 节。

6.3.3　参考文档

(1) 编写《项目计划文档》;
(2) 编写《需求规格说明书》;
(3) 编写《设计文档》;
(4) 编写《功能测试用例文档》;
(5) 编写《测试规范》。

6.3.4　测试环境

本次性能测试采用如图 6.9 所示的 3 层体系结构。学院教师和学生通过网络访问 Web 服务器及数据库服务器。

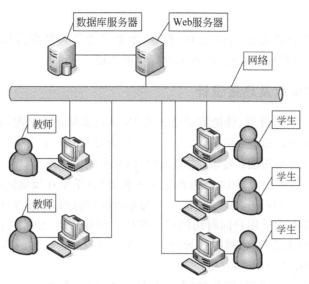

图 6.9 性能测试环境网络架构图

具体环境配置如表 6.1 所示。

表 6.1 环境配置

	数量	软件环境	硬件环境
Web 服务器	1 台	WinXP SP3＋Apache	CPU:Intel(R)2.10GHz;Memory:1GB;硬盘:160GB
数据库服务器	1 台	WinXP SP3＋ My SQL 5	CPU:Intel(R)2.10GHz;Memory:3GB;硬盘:160GB
客户端	1 台	WinXP SP3＋LoadRunner 9.5	CPU:Intel(R)2.10GHz;Memory:1GB;硬盘:120GB

6.3.5 测试工具列表

测试工具列表如表 6.2 所示。

表 6.2 测试工具

测试工具	版本	许可	用　　途
LoadRunner	9.5	有	性能测试脚本创建、测试场景模拟及结果分析

6.3.6 测试对象及范围

基于对 Discuz! X 1.5 社区的业务实际应用情况。从以下"测试范围"和"非测试范围"两方面来确定具体测试内容。

1. 测试范围

依据实际需求,针对 Discuz! X1.5 社区的门户、广场、群组、家园及排行榜进行性能测试开展,主要面向大量用户并发访问及持续访问情况开展。例如注册、登录、门户(文章查看)、广场(帖子查看/发帖/回帖/查询)、群组(查看群组分类/查看主题/发帖/浏览帖子)、排行榜(查看排行分类、查看上榜项)等。

其中,注册、登录及门户模块下浏览文章功能尤为常用,将作为测试重点。

2. 非测试范围

后台管理、设置(修改头像、个人资料、积分、隐私筛选等)、提醒、短消息、找回密码等功能在实际使用中,并发数量相对较少,暂不进行性能测试。

6.3.7 测试需求提取及场景设计

针对第 6.1 节中项目背景、性能测试范围及 Discuz!实际运行情况,进行如下分析。

(1) 主要产生压力的角色:访客(未登录用户)、已注册用户;
(2) 主要产生压力的功能:登录、注册、门户模块下浏览文章等;
(3) 每年 4 月~7 月、9 月~12 月为系统使用频繁期(学生在校期间);
(4) 每天 11:30~13:00、6:00~11:00 为系统使用高峰期(学生无课时间);
(5) 高峰期内将有大量用户同时访问相应模块。例如注册、登录、门户(浏览文章)等。

结合学院人员组成结构(粗略统计教师人数 70 人左右,学生人数 500 人左右),特定时段登录/活动人数预计为 50~300 人。

在此,从"单一业务场景测试"及"组合业务场景测试"两方面入手,重点针对"注册、登录及门户模块下浏览文章功能"进行需求提取与设计。

注意:广场、群组、家园等其他模块和功能点也需进行需求提取及场景设计等操作。但基于如下原因不再赘述。其一,其他功能点性能测试基本同"注册、登录及浏览文章功能"的测试,仅具体细节存在差异;其二,在目前众多系统或网站中,注册、登录及浏览文章功能作为典型代表尤为常见,以此为例更具通用价值;其三,限于篇幅限制。

1. 单一业务场景测试

(1) 注册功能,用例如图 6.10 所示。

用例ID	1		
业务名称	新用户注册		
URL	http://<IP>/upload/portal.php		
权重	高		
前置条件	无		
测试步骤	1. 打开Discuz!社区首页 http://<IP>/upload/portal.php 2. 单击"注册"按钮,进入注册页面 3. 输入用户名、密码、确认密码、E-mail 4. 单击"提交"按钮,显示登录成功提示并使用注册账号自动进入网站首页		
脚本设置			
参数设置	参数需求	参数类型	取值方式
	"用户名"参数化	每次迭代中更新	唯一
	"密码"参数化	每次迭代中更新	同用户名保持匹配
	"确认密码"参数化	每次迭代中更新	同用户名保持匹配
	"E-mail"参数化	每次迭代中更新	同用户名保持匹配
事务设置	事务名称	起始位置	结束位置
	zhuce	输入注册各字段后,单击"提交"前	弹出注册成功提示信息后
集合点设置	集合点名称	集合点位置	
	zhuce	单击"提交"前	
检查点设置	检查点名称	检查点方式	
	zhuce	web_reg_find	
场景设置			
场景类型	1. 50个用户,所有用户都同时并发操作 2. 50个用户,每5s增加10个用户 3. 100个用户,所有用户都同时并发操作 4. 100个用户,每5s增加20个用户 5. 200个用户,每5s增加50个用户 6. 300个用户,每5s增加50个用户		
期望结果			
编号	测试项	平均事务响应时间	90%响应时间	事务成功率	CPU使用率	内存使用率
1	注册	≤3s	≤3s	>90%	≤70%	≤75%

图 6.10 注册功能用例

(2) 登录功能,用例如图 6.11 所示。

用例ID	2		
业务名称	用户登录		
URL	http://<IP>/upload/portal.php		
权重	高		
前置条件	无		
测试步骤	1. 打开Discuz!社区首页 http://<IP>/upload/portal.php 2. 输入用户名、密码 3. 单击"登录"按钮,成功进入系统页面		
脚本设置			
参数设置	参数需求	参数类型	取值方式
	"用户名"参数化	每次迭代中更新	顺序
	"密码"参数化	每次迭代中更新	同用户名保持匹配
事务设置	事务名称	起始位置	结束位置
	denglu	输入各字段后,单击"登录"按钮前	成功进入Discuz!社区首页后
集合点设置	集合点名称	集合点位置	
	denglu	单击"登录"按钮前	
检查点设置	检查点名称	检查点方式	
	无	无	
场景设置			
场景类型	1. 50个用户,所有用户都同时并发操作 2. 50个用户,每5秒增加10个用户 3. 100个用户,所有用户都同时并发操作 4. 100个用户,每5s增加20个用户 5. 200个用户,每5s增加50个用户 6. 300个用户,每5s增加50个用户		
期望结果			
编号	测试项	平均事务响应时间	90%响应时间	事务成功率	CPU使用率	内存使用率
1	登录	≤3s	≤3s	>95%	≤70%	≤75%

图 6.11 登录功能用例

(3) 门户下浏览文章功能,用例如图 6.12 所示。

用例ID	3		
业务名称	用户在门户中浏览文章		
URL	http://<IP>/upload/portal.php		
权重	高		
前置条件	无		
测试步骤	1. 打开Discuz!社区首页 http://<IP>/upload/portal.php 2. 单击"门户"按钮,进入门户首页 3. 在门户页面下,**随机**单击某文章超链接,进入对应页面浏览文章内容(**注意**:模拟随机单击)		
脚本设置			
参数设置	参数需求	参数类型	取值方式
	使用关联解决随机单击"超链接"问题	web_reg_save_param()	随机取值
事务设置	事务名称	起始位置	结束位置
	liulanwenzhang	在门户下,单击"链接"前	成功打开所链接的页面后
集合点设置	集合点名称	集合点位置	
	liulanwenzhang	单击"超链接"前	
检查点设置	检查点名称	检查点方式	
	无	无	
场景设置			
场景类型	1. 50个用户,所有用户都同时并发操作 2. 50个用户,每5秒增加10个用户 3. 100个用户,所有用户都同时并发操作 4. 100个用户,每5s增加20个用户 5. 200个用户,每5s增加50个用户 6. 300个用户,每5s增加50个用户		
期望结果			
编号	测试项	平均事务响应时间	90%响应时间	事务成功率	CPU使用率	内存使用率
1	门户下浏览文章	≤2s	≤2s	>95%	≤70%	≤75%

图 6.12 浏览文章功能用例

2. 组合业务场景测试

其用例如表 6.3 所示。

表 6.3 组合业务场景用例

序号	组合业务场景	期望结果（性能指标）	备 注
1	注册(50人)、登录(50人)、门户下浏览文章(50人)3个单一业务同时执行（每5s增加5个Vuser）	① 注册响应时间小于3s； ② 登录响应时间小于3s； ③ 浏览文章响应时间小于2s； ④ 业务成功率大于95%； ⑤ CPU使用率小于等于70%； ⑥ 内存使用率小于等于75%	脚本设置参照"单一业务场景测试"
2	注册(50人)、登录(50人)、门户下浏览文章(150人)三个单一业务同时执行（每5s增加10个Vuser）	① 注册响应时间小于3s； ② 登录响应时间小于3s； ③ 浏览文章响应时间小于2s； ④ 业务成功率大于95%； ⑤ CPU使用率小于等于70%； ⑥ 内存使用率小于等于75%	脚本设置参照"单一业务场景测试"
注意	可结合实际测试结果情况，增加测试场景		

6.3.8 角色与职责

角色和职责分配如表 6.4 所示。

表 6.4 角色与职责分配

角 色	人 员	职 责	备 注
测试经理	张××	负责协调总体的进度，检查测试的进度，督促项目组进行瓶颈确定及性能调优	
性能测试工程师	李××、王×	负责性能需求分析、编写测试计划、测试执行、结果分析及瓶颈定位、回归测试	
网络工程师	赵×	协助进行网络瓶颈分析	
DBA	孙×	协助进行数据库性能调优	
程序员	刘×、王××	代码性能问题解决	

注意：更详细的角色与职责中应包含各人员的联系方式等信息。

6.3.9 测试启动和结束准则

1. 启动准则

（1）测试人员、技术、工具准备就绪；

（2）性能测试计划通过评审；

（3）测试环境成功搭建。

2. 结束准则

(1) 性能测试完成后,性能指标未超出事先定义的指标范围。

(2) 单一业务场景测试:用于单个事务或用户,在每个事务所预期时间范围内成功地执行测试脚本,所测试页面得到及时响应并正确显示,无其他故障发生。

(3) 组合业务场景测试:用于多个事务或用户,在可接受的时间范围内成功地执行测试脚本,所测试页面得到及时响应并正确显示,无其他故障发生。

6.4 性能测试环境与测试数据准备

依据图6.8中的性能测试流程,性能测试计划完成制定且通过评审后,将参照性能测试计划中设计的"测试环境"进行环境的搭建和模拟,并且需提前准备好后续测试中将用到的测试数据。

6.4.1 性能测试环境准备

性能测试环境准备原则:测试环境同生产环境尽量贴近,做到最大限度的一致性。当然,可以肯定的是模拟完全一致的测试环境是相当困难的。

目前一些第三方测试机构或较大型的企业,构建专门的测试实验室进行支持。对于广大软件企业而言,建议从表6.5中所示的各方面进行性能测试环境的准备。

表6.5 性能环境准备

环境类型	关 注	备 注
硬件环境	机器型号及配置、是否为集群环境、是否采用负载均衡技术等	既包括服务器,也包括客户端
软件环境	软件版本及参数配置,如操作系统、数据库、待测系统、所用到的第三方软件等	参数配置,例如数据库的并发读写数、Session超时配置等
网络环境	网络类型,有线、无线、带宽、网络协议等	
数据及运行环境	基础数据、历史数据、模拟出的测试场景等	

读者可参照第6.3.4节中设计的测试环境,进行性能测试环境搭建。

6.4.2 测试数据创建

测试数据的准备主要包含两层含义。其一,准备系统中已存在的历史数据(例如测试Discuz!论坛中包含5万条帖子的情况下,系统的性能情况);其二,准备参数化操作中需使用的数据。

读者可通过以下方法进行测试数据的准备。

(1) 手工输入。最为灵活但效率低。

(2) 直接使用SQL语句插入。灵活、快捷但对操作者的技术水平有一定要求。

(3) 使用数据生成工具创建(例如DataFactory)。简单、直观但灵活性略低。

(4) 引用现有数据库中历史数据。快捷但灵活度差,修改冗余数据较烦琐。

6.5 LoadRunner 执行测试

参照图 6.8 所示的性能测试流程,在上述各项操作准备就绪基础上,将正式引入 LoadRunner 进行性能测试。

6.5.1 测试脚本创建

首先,使用 VuGen 进行 LoadRunner 测试脚本创建。值得提醒的是,请读者注意及时回顾第三章脚本创建及增强的相关知识;其二,进行脚本录制之前,应考虑好需选择的协议类型,建议通过 LoadRunner 自带的 🔍 功能进行判断;其三,建议读者在 Controller 中进行场景设置,除非业务需要请勿创建很复杂的脚本(例如配置 Run Logic、Pacing 等)。

1. 注册脚本创建

参照图 6.10 所示的测试用例设计进行"注册"脚本创建。

(1) 确定录制协议。启动 VuGen,如图 6.13 所示单击 🔍 按钮并配置对话框信息后,进行程序录制并得出待选用的协议。如图可知 Discuz!社区需采用 Web(HTTP/HTML) 协议。

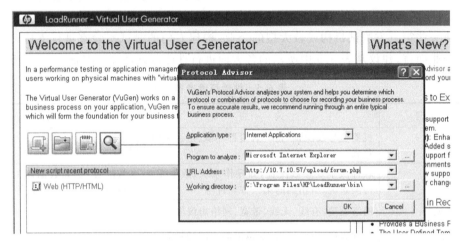

图 6.13 确定录制协议

注意:所访问的 IP 地址需结合实际情况进行调整。

(2) 进行脚本录制。

第 1 步:配置录制选项。单击 Start Record 按钮,打开 Start Recording 对话框并单击 Options 按钮,在打开的 Recording Options 对话框中,单击 General | Recording 结点,选择 HTML-based script 单选按钮,再单击 HTML Advanced 按钮,在打开的对话框中选择 A script containing explicit URLs only(e.g web_url,web_submit_data),如图 6.14 和图 6.15 所示。

第 2 步:录制注册操作并生成脚本。值得提醒的是,注册用户名具有唯一性且长度有一定限制,请读者在熟悉了注册业务基础上再进行脚本创建。

(3) 依据如图 6.10 所示的性能测试设计,进行脚本增强。

① 添加注释,便于脚本阅读及其他版本引用。

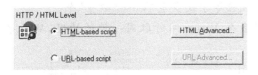 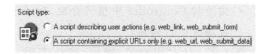

图 6.14　HTML-based script 方式　　　图 6.15　A script containing explicit URLs only 类型

② 在注册操作前插入集合点：lr_rendezvous("zhuce")。

③ 针对注册操作,插入事务。

④ 针对注册用户名、密码、确认密码、E-mail 进行参数化。系统要实现至少 50 人同时注册且用户名要求唯一(否则注册失败),则需进行以下参数化。

第 1 步：如图 6.16 所示选中 username 字段中的常量,进行参数化属性设置。

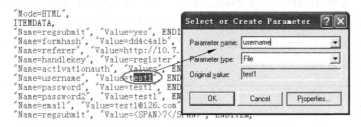

图 6.16　创建参数

第 2 步：添加参数值并参照如图 6.17 中所示进行配置。

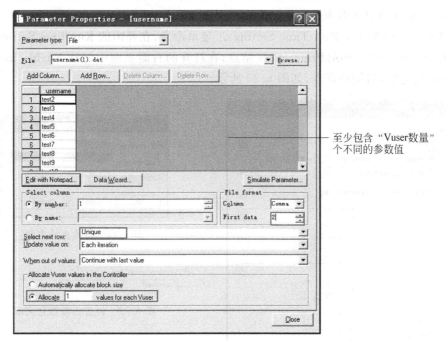

图 6.17　参数化属性设置

注意：

● 参数值可采用手动创建或从其他数据源导入方式添加。

- 基于"注册用户名唯一性"限制,参数值个数应等于或多于"Vuser 数量"个。
- 需进行 Controller 中值的分配,防止出现多个 Vuser 同时取同一值的情况,从而导致场景运行错误。

第 3 步:针对用户名、密码、确认密码、E-mail 分别进行参数化,结果如图 6.18 所示。

建议:在参数化中,密码及 E-mail 中@之前的内容可同用户名保持一致。此操作对后续性能测试没有其他影响,这样可简化脚本的参数化过程。

图 6.18 参数化结果

⑤ 添加检查点,验证是否注册成功。具体步骤如下。

第 1 步:设置"注册完成且自动使用'注册用户名'登录后,显示如图 6.19 所示的登录名"为检查点。选择 Insert | New Step… 菜单命令,在打开的 Add Step 对话框中,选择 Services | web_reg_find 结点(或在 Find Function 下拉列表框中输入 web_reg_find 快速定位上述结点),添加 web_reg_find 函数。单击 OK 按钮,弹出 Find Text 对话框,输入待查找的内容,如图 6.20 所示。

图 6.19 待检查的内容

第 2 步:针对待查找的内容进行参数化,单击 ![ABC] 进入如图 6.21 所示对话框,选择已有参数 username 并单击 OK 按钮后,完成检查点参数化,如图 6.22 所示。

第 3 步:选择 Vuser | Run-Time Settings… 菜单命令,在弹出的 Run-time Settings 对话框中选择 Internet Protocol | Preferences 结点,在打开的右侧页面中勾选 Enable Image and text check 复选框,启用检查点,如图 6.23 所示。

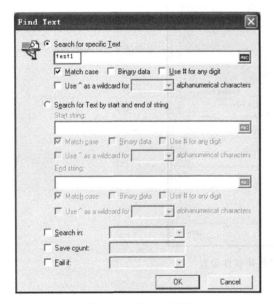

图 6.20 检查点配置

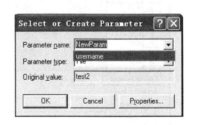

图 6.21 待检查的内容

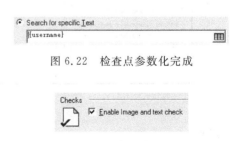

图 6.22 检查点参数化完成

图 6.23 启用检查点

注意：

① 当使用已注册过的用户名进行注册或注册信息格式输入不正确时，脚本运行后将显示如图 6.24 所示的检查点查找失败结果。

② 除在如图 6.24 所示的脚本结果页面中查看运行情况，读者还可采用"第 4、5 步"中的方式，在回放日志中通过查看事务状态确定是否注册操作成功。该方式的优势：通过在脚本中标注事务的状态，便于在 Controller 或 Analysis 中分析事务失败原因。

第 4 步：在图 6.20 所示的 Find Text 对话框中，选择 Save count 复选框并在右侧的文本框中填写 software，可将检查到的内容保存到 software 参数中，如图 6.25 所示。

图 6.24　检查点查找失败

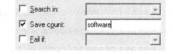
图 6.25　设置存放检查到内容的参数

第 5 步：在脚本中通过添加如下 if…else 语句进行事务状态判断，当脚本运行后可在回放日志中查看如图 6.26 所示的脚本回放结果。

```
      // lr_end_transaction("zhuce",LR_AUTO);              //注释掉该结束事务

if(atoi(lr_eval_string("{software}"))>0)
      lr_end_transaction("zhuce",LR_PASS);                 //结束事务,事务状态为成功
else
      lr_end_transaction("zhuce",LR_FAIL);                 //结束事务,事务状态为失败
```

```
Action.c(75): Notify: Transaction "zhuce" started.
Action.c(77): Registered web_reg_find successful for "Text=test1"    [MsgId: MMSG-26362]
Action.c(77): web_submit_data("member.php") was successful, 225 body bytes, 458 header bytes    [MsgId: MMSG-26386]
Action.c(108): Notify: Transaction "zhuce" ended with "Fail" status (Duration: 0.2618 Wasted Time: 0.0000).
```

图 6.26　脚本回放结果

通过上述一系列脚本增强操作，最终生成脚本如下：

```
/*
    操作：用户注册
    增强：事务(使用 if else 标注事务状态)、参数化、集合点、检查点
*/
Action()
{
web_add_cookie("nh7k_2132_sid=5OaH5A; DOMAIN=192.168.0.7");
web_add_cookie("nh7k_2132_lastvisit=1301033411; DOMAIN=192.168.0.7");
web_add_cookie("nh7k_2132_lastact=1301037012%09home.php%09misc; DOMAIN=192.168.0.7");
web_add_cookie("nh7k_2132_sendmail=1; DOMAIN=192.168.0.7");

//访问首页
web_url("portal.php",
    "URL=http://192.168.0.7/upload/portal.php",
```

```
    "TargetFrame=",
    "Resource=0",
    "RecContentType=text/html",
    "Referer=",
    "Snapshot=t1.inf",
    "Mode=HTML",
    EXTRARES,
    "Url=static/image/common/newarow.gif",ENDITEM,
    "Url=static/image/common/background.png",ENDITEM,
    "Url=static/image/common/px.png",ENDITEM,
    "Url=static/image/common/nv.png",ENDITEM,
    "Url=static/image/common/nv_a.png",ENDITEM,
    "Url=static/image/common/title.png",ENDITEM,
    "Url=static/image/common/dot.gif",ENDITEM,
    "Url=static/image/common/qmenu.png",ENDITEM,
    "Url=static/image/common/loading.gif",ENDITEM,
    "Url=static/image/common/cls.gif",ENDITEM,
    "Url=static/image/common/right.gif",ENDITEM,
    "Url=static/image/common/info.gif",ENDITEM,
    "Url=static/image/common/ratbg.gif",ENDITEM,
    "Url=static/image/common/check_error.gif",ENDITEM,
    LAST);

web_url("forum.php",
"URL=http://192.168.0.7/upload/forum.php?mod=ajax&infloat=register&handlekey=
register&action=checkusername&username=zhengshi2&inajax=1&ajaxtarget=
returnmessage4",
    "TargetFrame=",
    "Resource=0",
    "RecContentType=text/xml",
    "Referer=http://192.168.0.7/upload/portal.php",
    "Snapshot=t2.inf",
    "Mode=HTML",
    LAST);

web_url("forum.php_2",
"URL=http://192.168.0.7/upload/forum.php?mod=ajax&infloat=register&handlekey
=
register&action=checkemail&email=zhengshi2@126.com&inajax=1&ajaxtarget=
returnmessage4",
    "TargetFrame=",
    "Resource=0",
    "RecContentType=text/xml",
    "Referer=http://192.168.0.7/upload/portal.php",
    "Snapshot=t3.inf",
```

```
        "Mode=HTML",
        LAST);

    web_reg_find("Text={username}",                    //插入检查点
        LAST);

    web_add_cookie("nh7k_2132_lastact=1301037043%09forum.php%09ajax; DOMAIN=
192.168.0.7");

    lr_rendezvous("zhuce");                            //插入集合点

    lr_start_transaction("zhuce");                     //插入开始事务

    //提交注册信息
    web_submit_data("member.php",
        "Action=http://192.168.0.7/upload/member.php?mod=register&inajax=1",
        "Method=POST",
        "EncType=multipart/form-data",
        "TargetFrame=",
        "RecContentType=text/xml",
        "Referer=http://192.168.0.7/upload/portal.php",
        "Snapshot=t4.inf",
        "Mode=HTML",
        ITEMDATA,
        "Name=regsubmit","Value=yes",ENDITEM,
        "Name=formhash","Value=dd4c4a1b",ENDITEM,
        "Name=referer","Value=http://192.168.0.7/upload/portal.php",ENDITEM,
        "Name=handlekey","Value=register",ENDITEM,
        "Name=activationauth","Value=",ENDITEM,
        "Name=username","Value={username}",ENDITEM,
        "Name=password","Value={username}",ENDITEM,
        "Name=password2","Value={username}",ENDITEM,
        "Name=email","Value={username}@126.com",ENDITEM,
        "Name=regsubmit","Value=<SPAN>?</SPAN>",ENDITEM,
        LAST);
    lr_end_transaction("zhuce",LR_AUTO);               //插入结束事务
    web_add_cookie("nh7k_2132_lastact=1301037073%09portal.php%09; DOMAIN=192.168.0.7");

    //登录后返回的页面
    web_url("portal.php_2",
        "URL=http://192.168.0.7/upload/portal.php",
        "TargetFrame=",
        "Resource=0",
        "RecContentType=text/html",
        "Referer=",
```

```
            "Snapshot=t5.inf",
            "Mode=HTML",
            EXTRARES,
            "Url=static/image/common/user_online.gif",ENDITEM,
            "Url=static/image/common/arrwd.gif",ENDITEM,
            "Url=static/image/common/popupcredit_bg.gif",ENDITEM,
            LAST);
    return 0;
}
```

注意:

① 上述每步脚本增强操作后,都应展示脚本并编译、运行。限于篇幅,请读者自行操作。

② atoi()函数讲解参见第 7 章。

2. 登录脚本创建

参照图 6.11 中所示测试用例设计进行"登录"脚本创建。

(1) 在 Recording Options 对话框中,单击 General|Recording 结点,选择 HTML-based script 单选按钮,再单击 HTML Advanced 按钮,在打开的对话框中选择 A script containing explicit URLs only(e.g web_url,web_submit_data)模式,并录制"登录"脚本。

(2) 依据如图 6.11 所示性能测试设计,进行脚本增强。

① 添加注释,便于脚本阅读及其他版本引用。

② 在登录操作前插入集合点: lr_rendezvous("denglu")。

③ 针对登录操作,插入事务。

④ 对用户名、密码进行参数化。

通过上述一系列脚本增强操作,最终生成脚本如下:

```
/*
    操作:登录操作
    增强:事务、集合点、参数化
*/
Action()
{
web_add_cookie("nh7k_2132_lastvisit=1301141621; DOMAIN=192.168.0.7");

web_url("forum.php",
        "URL=http://192.168.0.7/upload/forum.php",
        "TargetFrame=",
        "Resource=0",
        "RecContentType=text/html",
        "Referer=",
        "Snapshot=t1.inf",
        "Mode=HTML",
        EXTRARES,
        "URL=static/image/common/background.png",ENDITEM,
```

```
        "URL=static/image/common/px.png",ENDITEM,
        "URL=static/image/common/newarow.gif",ENDITEM,
        "URL=static/image/common/nv_a.png",ENDITEM,
        "URL=static/image/common/nv.png",ENDITEM,
        "URL=static/image/common/search.gif",ENDITEM,
        "URL=static/image/common/titlebg.png",ENDITEM,
        "URL=static/image/common/qmenu.png",ENDITEM,
        "URL=static/image/common/chart.png",ENDITEM,
        "URL=static/image/common/cls.gif",ENDITEM,
        "URL=static/image/common/ratbg.gif",ENDITEM,
        LAST);

    lr_rendezvous("denglu");

    lr_start_transaction("denglu");
    web_submit_data("member.php",
    "Action=http://192.168.0.7/upload/member.php?mod=logging&action=login&loginsubmit=yes&infloat=yes&inajax=1",
        "Method=POST",
        "TargetFrame=",
        "RecContentType=text/xml",
        "Referer=http://192.168.0.7/upload/forum.php",
        "Snapshot=t2.inf",
        "Mode=HTML",
        ITEMDATA,
        "Name=fastloginfield","Value=username",ENDITEM,
        "Name=username","Value={username}",ENDITEM,
        "Name=password","Value={username}",ENDITEM,
        "Name=quickforward","Value=yes",ENDITEM,
        "Name=handlekey","Value=ls",ENDITEM,
        "Name=questionid","Value=0",ENDITEM,
        "Name=answer","Value=",ENDITEM,
        LAST);

    lr_end_transaction("denglu",LR_AUTO);

    web_url("forum.php_2",
        "URL=http://192.168.0.7/upload/forum.php",
        "TargetFrame=",
        "Resource=0",
        "RecContentType=text/html",
        "Referer=",
        "Snapshot=t3.inf",
        "Mode=HTML",
        EXTRARES,
```

```
        "URL=static/image/common/arrwd.gif",ENDITEM,
        "URL=static/image/common/user_online.gif",ENDITEM,
        "URL=static/image/common/popupcredit_bg.gif",ENDITEM,
        LAST);
    return 0;
}
```

3. 浏览文章脚本创建

参照图 6.12 中所示测试用例设计进行"浏览文章"脚本创建。

(1) 在 Recording Options 对话框中,单击 General|Recording 结点,选择 HTML-based script 单选按钮,再单击 HTML Advanced 按钮,在打开的对话框中选择 A script containing explicit URLs only(e.g web_url,web_submit_data)模式,并录制"浏览文章"脚本。

(2) 依据如图 6.12 所示性能测试设计,进行脚本增强。

① 添加注释,便于脚本阅读及其他版本引用。

② 在浏览文章操作前插入集合点:lr_rendezvous("liulanwenzhang")。

图 6.27 启动扩展日志

③ 针对浏览文章操作,插入事务。

④ 通过"关联"实现随机浏览文章操作,即实现某种意义上的"文章链接参数化"。

第1步:启动扩展日志。选择 Vuser|Run-time Settings 菜单命令,在弹出的 Run-time Settings 对话框中选择 General|Log 结点,在右侧选择 Extended Log 单选按钮,并选中 Data returned by server 复选框,如图 6.27 所示。

第2步:查找动态数据左右边界。回放脚本,在如图 6.28 所示的回放日志中查找"aid"。并确定左边界为"upload/portal.php?mod=view&aid=",右边界为"""。

图 6.28 回放日志

注意:在 Discuz!社区的门户页面,将鼠标移至某超链接上,可在状态栏中查看超链接页面地址,例如 http://localhost/upload/portal.php?mod=view&aid=2 。经对比不同的超链接发现,aid="x"为动态数据。

第3步:添加关联函数。在 Action()函数中"浏览文章操作"之前,选择 Insert|New Step 菜单命令,在打开的 Add Step 对话框中,添加 web_reg_save_param()函数。如图 6.29 所示设置参数名、左右边界及需要收集的数据(在此收集所有,目的是从所有数据中随机取值)。

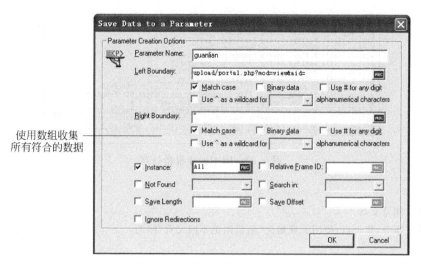

使用数组收集
所有符合的数据

图 6.29　关联函数属性配置

注意：关联函数需写在操作的界面之前。

第 4 步：添加关联函数后，查看脚本并进行编译。报错如图 6.30 所示。借此提醒读者，当边界为引号时，需借助"\"进行转义，如图 6.31 所示。

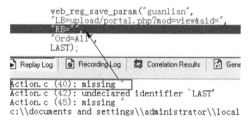

图 6.30　脚本编译报错

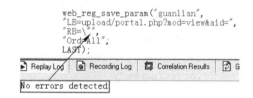

图 6.31　脚本编译报错处理

第 5 步：使用 lr_paramarr_random()函数从参数中随机取值。编写代码如下：

```
char * software;
software=lr_paramarr_random("guanlian");
```

第 6 步：查看参数收集情况。在如图 6.27 所示的日志中开启 Parameter substitution 并回放脚本，在如图 6.32 所示的回放日志中查看参数收集情况（以数组形式存放）。

第 7 步：参数替代常量。将"lr_paramarr_random()函数从'guanlian'参数中取到的随机值（即 software 中存放的值）"替代脚本中的常量（例如 URL＝http://192.168.0.7/upload/portal.php?mod＝view&aid＝3 中的"3"）。值得提醒的是，不能直接进行参数替换，需通过如下转化：

```
lr_save_string(software,"soft");
```

使用{soft}替换脚本中的常量值。

通过上述一系列脚本增强操作，最终生成脚本如下：

```
Action.c(44): Downloading resource "http://192.168.0.7/upload/static/image/commo
Action.c(44): Notify: Saving Parameter "guanlian_1 = 3"
Action.c(44): Notify: Saving Parameter "guanlian_2 = 3"
Action.c(44): Notify: Saving Parameter "guanlian_3 = 2"
Action.c(44): Notify: Saving Parameter "guanlian_4 = 3"
Action.c(44): Notify: Saving Parameter "guanlian_5 = 2"
Action.c(44): Notify: Saving Parameter "guanlian_6 = 3"
Action.c(44): Notify: Saving Parameter "guanlian_7 = 2"
Action.c(44): Found resource "http://192.168.0.7/upload/static/image/common/noph
Action.c(44): Warning -26627: HTTP Status-Code=404 (Object Not Found) for "http:
Action.c(44): Notify: Saving Parameter "guanlian_count = 7"
Action.c(44): web_url("Portal.php") highest severity level was "warning", 52478
Action.c(57): Notify: Parameter Substitution: parameter "guanlian_count" = "7"
Action.c(57): Notify: Parameter Substitution: parameter "guanlian_3" = "2"
Action.c(63): Resource "http://192.168.0.7/upload/data/cache/style_1_common.css?
```

图 6.32　脚本编译报错处理

```
/*
   操作：浏览文章
   增强：事务、集合点、使用关联解决"随机浏览不同文章"问题
*/
Action()
{
char * software;
web_add_cookie("nh7k_2132_lastvisit=1301141621; DOMAIN=192.168.0.7");
web_add_cookie("nh7k_2132_sid=Aan515; DOMAIN=192.168.0.7");
web_add_cookie("nh7k_2132_lastact=1301146772%09portal.php%09view;
DOMAIN=192.168.0.7");
web_add_cookie("nh7k_2132_lastact=1301149940%09forum.php%09; DOMAIN=192.168.0.7");

web_url("forum.php",
    "URL=http://192.168.0.7/upload/forum.php",
    "TargetFrame=",
    "Resource=0",
    "RecContentType=text/html",
    "Referer=",
    "Snapshot=t1.inf",
    "Mode=HTML",
    EXTRARES,
    "Url=static/image/common/background.png",ENDITEM,
    "Url=static/image/common/newarow.gif",ENDITEM,
    "Url=static/image/common/px.png",ENDITEM,
    "Url=static/image/common/nv.png",ENDITEM,
    "Url=static/image/common/nv_a.png",ENDITEM,
    "Url=static/image/common/qmenu.png",ENDITEM,
    "Url=static/image/common/search.gif",ENDITEM,
    "Url=static/image/common/titlebg.png",ENDITEM,
    "Url=static/image/common/chart.png",ENDITEM,
    LAST);

    web_reg_save_param("guanlian",
    "LB=upload/portal.php?mod=view&aid=",
```

```
        "RB=\"",
        "Ord=All",
        LAST);

    web_url("Portal.php",
        "URL=http://192.168.0.7/upload/portal.php",
        "TargetFrame=",
        "Resource=0",
        "RecContentType=text/html",
        "Referer=http://192.168.0.7/upload/forum.php",
        "Snapshot=t2.inf",
        "Mode=HTML",
        EXTRARES,
        "Url=static/image/common/title.png",ENDITEM,
        "Url=static/image/common/dot.gif",ENDITEM,
        LAST);
    software=lr_paramarr_random("guanlian");        //从 guanlian 参数中随机取值

    // lr_log_message("a=%s",software);             //使用输出函数调试

    lr_save_string(software,"soft");                //将 software 的值存放到 soft 中

        lr_rendezvous("liulanwenzhang");            //集合点

    lr_start_transaction("liulanwenzhang");         //开始事务
    web_url("软件学院 IT 企业文化系列讲座开讲",
        "URL=http://192.168.0.7/upload/portal.php?mod=view&aid={soft}",
        "TargetFrame=_blank",
        "Resource=0",
        "RecContentType=text/html",
        "Referer=http://192.168.0.7/upload/portal.php",
        "Snapshot=t3.inf",
        "Mode=HTML",
        EXTRARES,
        "Url=static/image/common/background.png","Referer=http://192.168.0.7/
upload/portal.php?mod=view&aid={soft}",ENDITEM,
        "Url=static/image/common/newarow.gif","Referer=http://192.168.0.7/upload/
portal.php?mod=view&aid={soft}",ENDITEM,
        "Url=static/image/common/px.png","Referer=http://192.168.0.7/upload/portal.
php?mod=view&aid={soft}",ENDITEM,
        "Url=static/image/common/nv.png","Referer=http://192.168.0.7/upload/portal.
php?mod=view&aid={soft}",ENDITEM,
        "Url=static/image/common/nv_a.png","Referer=http://192.168.0.7/upload/
portal.php?mod=view&aid={soft}",ENDITEM,
        "Url=static/image/common/qmenu.png","Referer=http://192.168.0.7/upload/
portal.php?mod=view&aid={soft}",ENDITEM,
        "Url=static/image/common/search.gif","Referer=http://192.168.0.7/upload/
```

```
            portal.php?mod=view&aid={soft}",ENDITEM,
        "Url=static/image/common/arrwd.gif","Referer=http://192.168.0.7/upload/
            portal.php?mod=view&aid={soft}",ENDITEM,
        "Url=static/image/common/pt_icn.png","Referer=http://192.168.0.7/upload/
            portal.php?mod=view&aid={soft}",ENDITEM,
        "Url=static/image/common/pt_item.png","Referer=http://192.168.0.7/upload/
            portal.php?mod=view&aid={soft}",ENDITEM,
        "Url=static/image/common/fav.gif","Referer=http://192.168.0.7/upload/
            portal.php?mod=view&aid={soft}",ENDITEM,
        "Url=static/image/common/oshr.png","Referer=http://192.168.0.7/upload/
            portal.php?mod=view&aid={soft}",ENDITEM,
        LAST);

    lr_end_transaction("liulanwenzhang",LR_AUTO); //结束事务
    return 0;
    }
```

6.5.2 测试场景创建与执行

在脚本成功创建基础上,使用 Controller 进行测试场景的创建与执行。以下,结合"单一业务场景"及"组合业务场景"两种方式并分别选取典型实例进行介绍。

1. 单一业务场景创建与执行

针对单一业务场景的创建与执行,以"浏览文章"脚本为例开展。参照图 6.12 中所示测试用例的"场景类型第 2 条"进行"浏览文章"场景创建与执行。

注意:对于场景类型中的其他条目,场景创建与执行的思路相同,限于篇幅不再赘述。

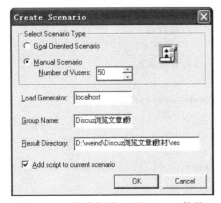

图 6.33 创建场景_配置 Vuser 数量

(1) 如图 6.33 所示针对"Discuz 浏览文章"脚本配置 Vuser 的数量为 50 个。

(2) 如图 6.34 所示定义 SLA:其中 Running Vusers 数量小于 20 时,平均事务响应时间不超过 2s;在 20~80 个区间内时,不超过 3s;大于 80 时,不超过 5s。

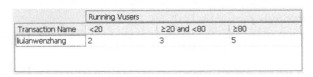

图 6.34 定义 SLA

(3) 如图 6.35 所示配置 Vuser 加载方式为每 5s 增加 10 个。

(4) 如图 6.36 所示配置待监控的系统资源计数器。

(5) 单击 Start Scenario 按钮,如图 6.37 所示开始执行场景。在此,读者可同步进行场

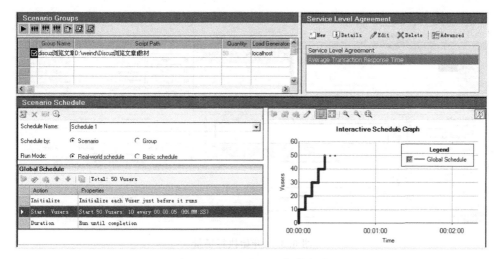

图 6.35　配置 Vuser 加载方式

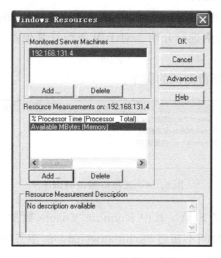

图 6.36　配置系统资源计数器

景及各项资源监控。

（6）待场景执行结束后，Controller 将汇总各负载发生器上的性能测试执行数据。

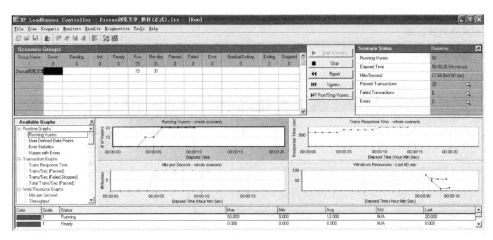

图 6.37 开始执行场景

2. 组合业务场景创建与执行

针对组合业务场景的创建与执行,参照表 6.3 中所示测试用例开展。以下,重点以表 6.3 中第一个组合场景为例进行介绍。对于组合场景其他条目,场景创建与执行的思路相同,限于篇幅不再赘述。

(1) 如图 6.38 所示选择待测试的脚本。

Group Name	Script Path	Quantity	Load Generators
discuz浏览文章教材	D:\weind\Discuz浏览文章教材	50	localhost
discuz登录教材	D:\weind\Discuz登录教材	50	localhost
discuz_注册教材	D:\weind\Discuz注册教材	50	localhost

图 6.38 选择待测试的脚本

(2) 如图 6.39 所示定义 SLA。其中 Running Vusers 数量在 20~80 区间内时(单位:个),期望 denglu 事务响应时间不超过 3s;liulanwenzhang 事务响应时间不超过 2s;zhuce 事务响应时间不超过 3s。

(3) 选择 Group 组模式,如图 6.40~图 6.42 所示针对 3 个组分别进行场景设计。

(4) 如图 6.36 所示配置待监控的系统资源计数器。

(5) 单击 Start Scenario 按钮,开始执行场景。在此,读者可同步进行场景及各项资源监控。具体场景执行情况同第 6.5.2 节。

6.5.3 测试结果分析

场景成功执行后,将进入 Analysis 模块进行结果分析和瓶颈定位。以下,结合第 6.5.2 节场景执行的结果进行分析。值得提醒的是,结果分析中要重点围绕如图 6.43 所示的"期望结果"开展。

(1) 查看如图 6.44 所示分析报告,观测场景整体运行情况。

由图 6.44 分析得出如下信息。

① 最大 Vuser 数为 50 个(Controller 中预先设置也为 50 个),即该情况正常。

② liulanwenzhang 事务的平均响应时间为 3.496s,90%响应时间为 4.55s。同时,SLA

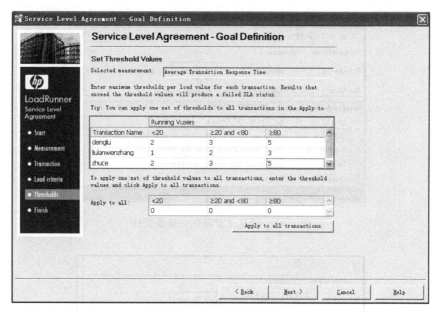

图 6.39 选择待测试的脚本

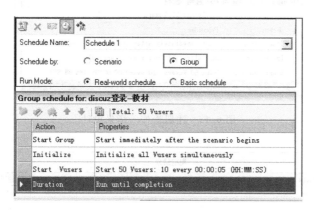

图 6.40 登录操作—场景设计

状态为失败(即未达到图 6.43 中所示的目标),需进一步分析失败原因(换言之,平均事务响应时间超时的原因)。

③ Action Transaction、liulanwenzhang、vuser and Transaction 及 vuser init Transaction 事务均显示 Pass 状态,即事务成功率均为 100%。

(2)进一步分析响应时间超时原因。打开如图 6.45 所示的 Average Transaction Response Time 图,查看具体事务响应时间信息。由于 liulanwenzhang 事务超过预期结果,特进一步分析。

第 1 步:选择 View|Show Transaction Breakdown Tree 菜单命令,启动事务细分树。如图 6.46 所示右击待分析的 liulanwenzhang 事务并选择 Web Page Diagnostics for "liulanwenzhang"菜单命令,查看网页细分图。

第 2 步:查看如图 6.47 所示的网页细分图。分析得出 192.168....mod=view&aid=9 (main URL)页面中

图 6.41　浏览文章操作—场景设计

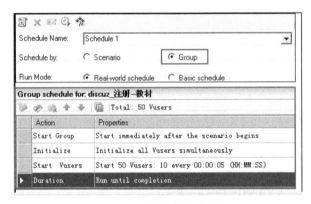

图 6.42　注册操作—场景设计

期望结果					
编号	测试项	平均事务响应时间	90%响应时间	事务成功率	CPU使用率	内存使用率
1	门户下浏览文章	≤2秒	≤2秒	>95%	≤70%	≤75%

图 6.43　浏览文章—期望结果

的 192.168....mod=view&aid=9 组件占用的响应时间较长。

第 3 步：针对问题页面进行详细分析。打开 Page Download Time Breakdown 图并在事务细分树中选择待分析的 192.168....mod=view&aid=9 (main URL) 页面，在如图 6.48 所示的页面下载时间细分图中可得出，First Buffer Time 占用最多。

第 4 步：针对问题时间类型 First Buffer Time 进行详细分析。打开 Time to First Buffer Breakdown 图并在事务细分树中选择待分析的 192.168....mod=view&aid=9 (main URL) 页面，在如图 6.49 所示的第一次缓冲时间细分图中可得出，Server Time 占用最多。

通过上述分析，得出服务器在处理上存在一些问题，导致平均事务响应时间超过期望结果。因此，需针对服务器进行性能调优。

(3) 分析事务概要。打开如图 6.50 所示的 Transaction Summary 图，观察到所有事务全部通过，即事务成功率(或业务成功率)为 100%。达到期望结果。

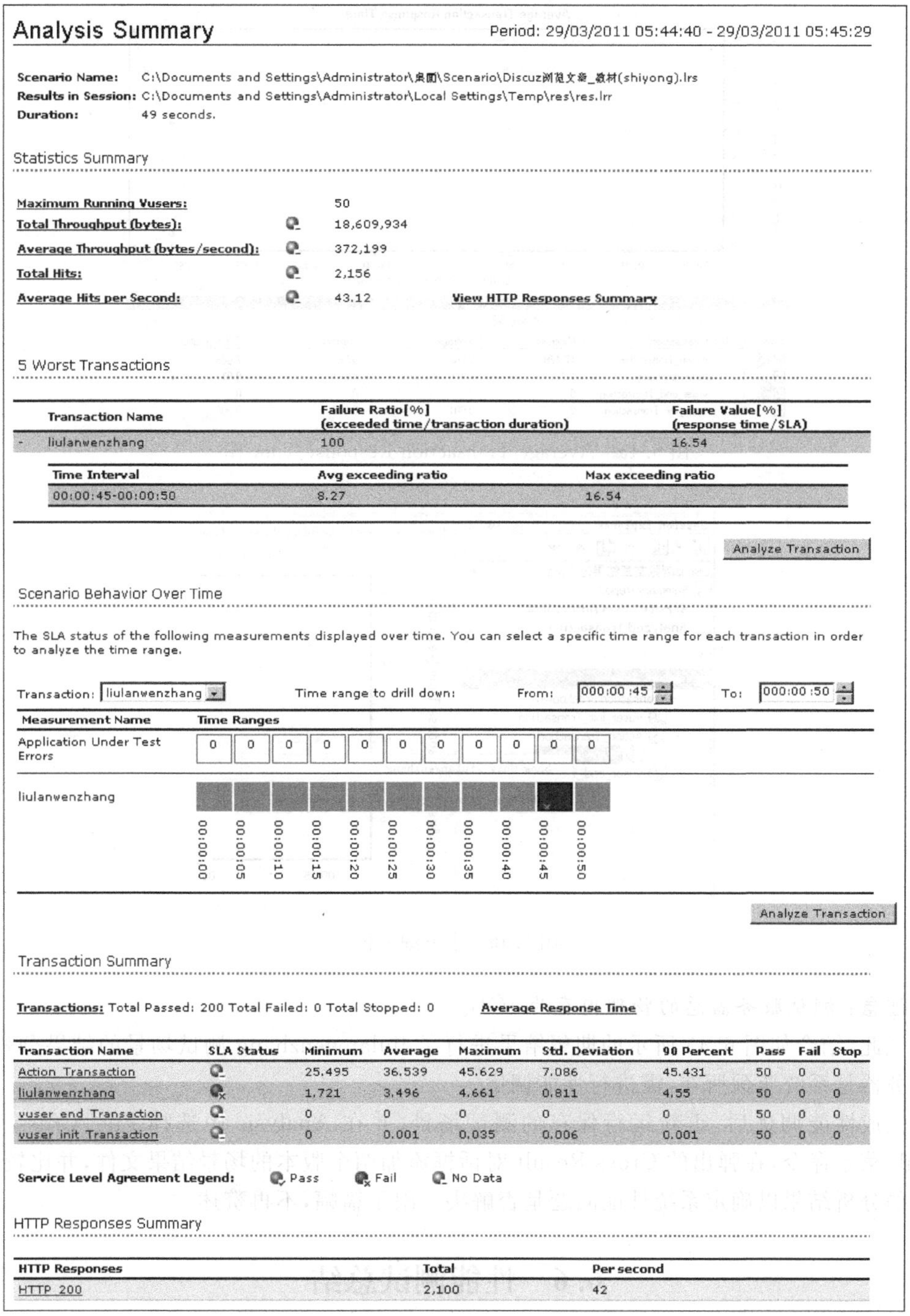

Analysis Summary

Period: 29/03/2011 05:44:40 - 29/03/2011 05:45:29

Scenario Name: C:\Documents and Settings\Administrator\桌面\Scenario\Discuz浏览文章_教材(shiyong).lrs
Results in Session: C:\Documents and Settings\Administrator\Local Settings\Temp\res\res.lrr
Duration: 49 seconds.

Statistics Summary

Maximum Running Vusers:	50
Total Throughput (bytes):	18,609,934
Average Throughput (bytes/second):	372,199
Total Hits:	2,156
Average Hits per Second:	43.12

View HTTP Responses Summary

5 Worst Transactions

Transaction Name	Failure Ratio[%] (exceeded time/transaction duration)	Failure Value[%] (response time/SLA)
liulanwenzhang	100	16.54

Time Interval	Avg exceeding ratio	Max exceeding ratio
00:00:45-00:00:50	8.27	16.54

Analyze Transaction

Scenario Behavior Over Time

The SLA status of the following measurements displayed over time. You can select a specific time range for each transaction in order to analyze the time range.

Transaction: liulanwenzhang　Time range to drill down:　From: 000:00:45　To: 000:00:50

Measurement Name	Time Ranges										
Application Under Test Errors	0	0	0	0	0	0	0	0	0	0	0
liulanwenzhang											
	00:00:00	00:00:05	00:00:10	00:00:15	00:00:20	00:00:25	00:00:30	00:00:35	00:00:40	00:00:45	00:00:50

Analyze Transaction

Transaction Summary

Transactions: Total Passed: 200 Total Failed: 0 Total Stopped: 0　Average Response Time

Transaction Name	SLA Status	Minimum	Average	Maximum	Std. Deviation	90 Percent	Pass	Fail	Stop
Action Transaction		25.495	36.539	45.629	7.086	45.431	50	0	0
liulanwenzhang		1.721	3.496	4.661	0.811	4.55	50	0	0
vuser end Transaction		0	0	0	0	0	50	0	0
vuser init Transaction		0	0.001	0.035	0.006	0.001	50	0	0

Service Level Agreement Legend: Pass　Fail　No Data

HTTP Responses Summary

HTTP Responses	Total	Per second
HTTP 200	2,100	42

图 6.44　分析概要报告

(4) 分析系统资源图。打开如图 6.51 所示的 Windows Resources 图，观察得出 CPU 使用率为 14.051% 小于 70%，达到预期结果；内存使用率为(1×1024－513.5)/1×1024＝49%，小于 75%达到期望结果。

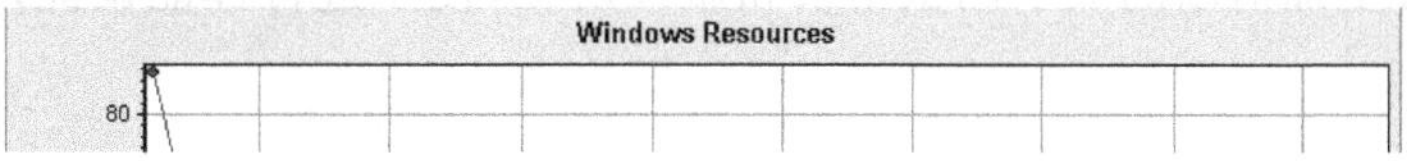

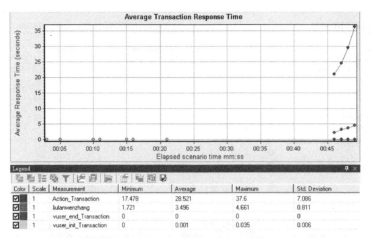

图 6.45 Average Transaction Response Time 图

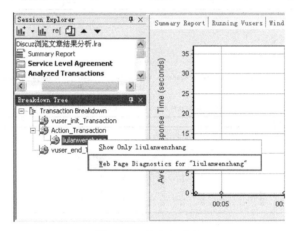

图 6.46 事务细分树

注意：测试服务器总的物理内存为 1GB。

至此，结合如图 6.43 所示的期望结果进行了 liulanwenzhang 测试场景的结果分析，得出服务器是系统瓶颈所在，需进行性能调优。

完成性能调优后，重新运行保存的测试场景，并在 Analysis 中选择 File|Cross With Result 菜单命令，在弹出的 Cross Result 对话框添加两个版本的场景结果文件，并比较两个版本的分析结果以确定系统性能问题是否解决。限于篇幅，不再赘述。

6.6 性能测试总结

通过前面各阶段的实施，性能测试已接近尾声——性能测试总结阶段。该阶段的工作同样不容忽视。有的读者认为，既然 LoadRunner 中支持性能测试报告的生成，直接提交自动生成的 HTML 或 Word 报告即可。但是不建议读者采用这种方式进行测试总结，原因如下：其一，仅依靠数据、图表的罗列呈现的报告没有使用价值的；其二，带有分析性、总结性语言的报告能够更加清晰的展示测试结果和瓶颈所在，便于进行性能调优；其三，更加灵活

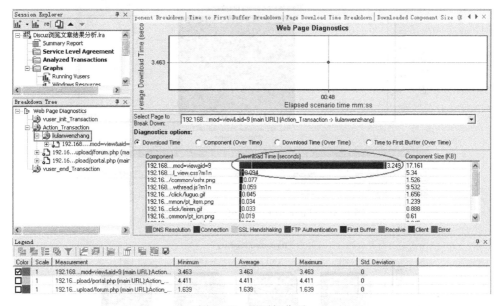

图 6.47 网页细分图

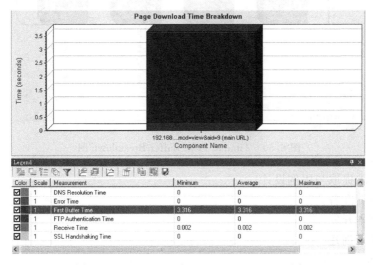

图 6.48 Page Download Time Breakdown 图

的适应于企业项目规范化、文档规范化的需要。

不同的公司中,性能测试总结报告模板各异,但核心内容统一。主要内容如下。

(1) 项目背景与系统概述。

(2) 性能测试目的。

(3) 测试范围。

(4) 测试环境。

(5) 测试方法与工具。

(6) 测试人员与进度。

(7) 测试过程。

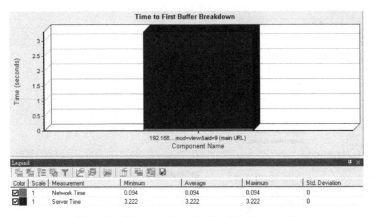

图 6.49　Time to First Buffer Breakdown 图

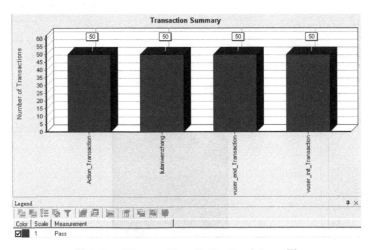

图 6.50　Time to First Buffer Breakdown 图

① 测试需求提取与用例设计。
② 测试数据准备。
③ 测试脚本开发。
④ 测试场景创建。
(8) 测试结果分析。
① 分析概要报告。
② 分析各类图表。

注意：以图文并茂的方式逐步分析系统性能状况及瓶颈所在。

(9) 测试结论与改进建议。
(10) 测试风险分析。

不难发现,性能测试总结过程即以上各小节项目开展的过程。读者通过简要总结分别呈现即可。

6.7 同步训练

6.7.1 实验目标

(1) 能够成功搭建 Discuz!社区项目。
(2) 能够结合 Discuz!社区项目完整开展性能测试。
(3) 能够结合实际情况分析测试结果、确定系统瓶颈。

6.7.2 前提条件

熟练掌握 LoadRunner 工具的使用。

6.7.3 实验任务

(1) 搭建 Discuz!社区项目。
(2) 针对 Discuz!社区项目的门户模块进行完整的性能前期分析、测试执行及结果分析。
(3) 针对 Discuz!社区项目的广场模块进行完整的性能前期分析、测试执行及结果分析。

第7章 C Vuser 脚本开发

使用 LoadRunner 工具进行大量用户并发测试,往往事先需要模拟一个或多个人工的基础操作,如下实例展示一个常见的操作。

第1步:打开 Internet Explorer。
第2步:输入被测系统地址。
第3步:使用正确的用户名、密码登录系统。
第4步:进行测试操作。

为了执行上述操作,LoadRunner 引入了一个新名词——虚拟用户(Visual User,Vuser),并通过虚拟用户来模拟真实系统中用户的实际行为。LoadRunner 为了完成这类模拟操作,需要将 Vuser 执行操作的过程生成为脚本(生成脚本的方式支持"直接录制"和"手工编写"两种类型)。生成模拟用户行为脚本的过程即称为"Vuser 脚本开发"。

用于创建和开发 Vuser 脚本的主要工具是 Virtual User Generator(VuGen)。关于 VuGen 基本操作,本书前面章节中已做介绍,不再赘述。本章中,着重研究 Vuser 脚本的开发技术。

本章讲解的主要内容如下:
(1) Vuser 脚本基础知识;
(2) C 语言基础知识;
(3) C Vuser 函数介绍;
(4) C Vuser 脚本开发实例。

7.1　Vuser 脚本基础知识

通常,Vuser 脚本的开发过程始于基本脚本的录制。图 7.1 所示为 Vuser 脚本开发的基本流程。

图 7.1　脚本开发

7.1.1　Vuser 脚本语言分类

LoadRunner 支持多种语言进行 Vuser 脚本的开发。简要介绍如下。
(1) C 语言:用于使用复杂的 COM 构造和 C++ 对象的应用程序。
(2) Visual Basic:用于基于 Visual Basic 的应用程序,这些应用程序使用 Visual Basic 的完整功能(与 VBScript 不同)。
(3) VBScript:用于基于 VBscript 的应用程序,如 ASP。

(4) JavaScript：用于基于 JavaScript 的应用程序，如 JS 文件和动态 HTML 应用程序。

录制会话后，可以使用常规的 C、Visual Basic、VBScript 或 JavaScript 代码来修改或增强脚本。默认情况下，VuGen 使用 C 语言来创建基于大多数协议的 Vuser 脚本，即 C Vuser 脚本；若使用 Java 创建 Corba-Java/Rmi-Java Vuser 脚本，则称为 Java Vuser 脚本。

7.1.2 Vuser 函数分类

进行用户行为录制时，VuGen 将录制下来的用户操作生成由 Vuser 函数构成的脚本。其中，Vuser 函数主要有以下两种类型。

(1) 通用 Vuser 函数：即 lr 保留函数，均拥有相同的前缀 lr。通用函数可以应用于任何类型的 Vuser 脚本。

(2) 针对特定协议的 Vuser 函数：除了通用 Vuser 函数外，VuGen 还会在录制时生成针对特定协议的函数，并将它们插入到 Vuser 脚本中。这些函数是专门针对要录制的 Vuser 的类型而生成的。

7.1.3 C Vuser 脚本简介

VuGen 默认使用 C 语言来创建基于大多数协议的脚本，即 C Vuser 脚本。一个基本的 C Vuser 脚本包括如图 7.2 所示的内容，读者可根据实际需要自行在其中进行脚本的编写或增强。结合图 7.2 所示的各部分，简要解释如下。

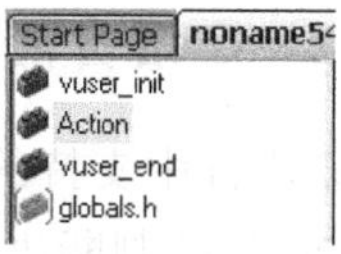

(1) Vuser_init：用于记录处于 Vuser 开始状态下的操作。

(2) Action：类似于 C 语言的 Main 函数，用于记录 Vuser 的各种操作。Action 函数可以有多个，按先后顺序执行。

图 7.2 Vuser 脚本结构

(3) vuser_end：用于记录处于 Vuser 结束状态下的操作。

(4) globals.h：用于记录全局变量，头文件等应用于全局的数据。

LoadRunner C Vuser 使用的是未进行微软扩展的标准 ANSI C 语法。包括控制流和语法在内的，所有标准的 ANSI C 规则都适用于该脚本。同其他 C 语言程序中的操作，读者既可以向该脚本中添加注释和条件语句，又可以使用 ANSI C 规则声明和定义变量。

值得提醒的是，在 Vuser 脚本中使用任何 C 函数前，均需注意以下内容。

(1) Vuser 脚本中，大小写是敏感的。

(2) Vuser 脚本无法将其中某个函数的地址作为回调传递给库函数。

(3) Vuser 脚本不支持 stdargs、longjmp 和 alloca 函数。

(4) Vuser 脚本不支持结构参数或返回类型。支持指向结构的指针。

(5) Vuser 脚本中，字符串为只读。任何写入字符串的尝试都将生成访问冲突。

7.2 C 语言基础知识

为了更好地学习 C Vuser 脚本的编写，本节中将简要介绍 C 语言相关基础知识。

7.2.1 C 语言结构

以下，结合一个标准 C 语言程序，进行 C 语言结构的讲解。

```
#include <stdio.h>          // include 为文件包含命令,扩展名为.h 的文件为头文件
int main()                  //主函数
{
    int x,y,sum;            //定义变量
    printf("Please input two numbers!\n");      //输出相关内容至屏幕
    scanf("%d,%d",&x,&y);                       //读取输入内容,输入值至对应变量
    sum=x+y;                                    //计算两变量之和
    printf("sum=%d",sum);                       //输出结果至屏幕
    return 0;                                   //函数返回值
};
```

C 源程序的结构特点如下:

(1) 一个 C 语言源程序可以由一个或多个源文件组成。

(2) 每个源文件可由一个或多个函数组成。

(3) 一个源程序不论由多少文件组成,都有且仅有一个 main 函数,即主函数。

(4) 源程序中可以有预处理命令(include 命令仅为其中的一种),预处理命令通常应放在源文件或源程序的最前面。

(5) 每一个说明或语句都必须以分号结尾。但预处理命令、函数头及花括号"}"例外。

(6) 关键字之间必须至少用一个空格以示间隔。

7.2.2 C 语言常用语句

C 语言中支持的语句类型繁多。在此,结合实际程序开发中较常用的输入输出语句、循环语句、条件判断语句及转向语句等语句进行介绍。

1. 输入输出语句

(1) printf(const char * format,[argument])

语句说明:产生格式化输出的语句。format 为格式控制,argument 为参数表列(参数个数、类型是可变的)。

语句实例 1:

```
printf("hello world");
```

语句实例 2:

```
printf("%d",x);
```

语句实例 3:

```
printf("%d,%s",x,y);
```

(2) scanf(char * format[,argument,…])

语句说明:通用终端格式化输入语句。format 为格式控制,argument 地址表列是由若干个地址组成的表列,可以是变量的地址或字符串的首地址。

语句实例:

```
int x,y,z;
scanf("%d,%d,%d",&x,&y,&z);
```

```
printf("%d,%d,%d",x,y,z);
```

2. 循环语句

(1) for (initialization; Expression; increment)…statements

语句说明：initialization 为语句执行时仅执行一次的表达式；Expression 为布尔类型的表达式，当值为假时函数停止循环；increment 为每次循环结束前执行的表达式；statements 为可选项，当值为真时执行，否则停止循环。

语句实例：

```
int i,sum;
for (i=1;i<=10;i++)
{
sum=sum+1;
printf("the total sum:%d",sum);
}
```

(2) while (Expression)…statements

语句说明：Expression 为布尔类型的表达式，当值为真时执行 statements 部分的语句。

语句实例：

```
int i=5;
while(i>0)
{
i=i--;
}
printf ("end!");
```

(3) do{ statements }while (Expression)

语句说明：本语句为 while 语句的变体，各参数含义相同。先执行 statements 部分的语句，接着进行判断，当 Expression 值为真时继续循环，否则停止循环。

语句实例：

```
int i=0;
do{
i=i+1;
}while(i=0);
printf("i=%d",i);
```

输出结果为 i=1。

3. 条件判断语句

(1) if (Expression) statements

语句说明：当值为真时，执行 statements 部分的语句，否则跳过。

语句实例：

```
int i;
scanf("please input a number",&i);
```

```
if (i>0)
printf("i>0");
```

(2) if (Expression) statements1…else statements2

语句说明：当值为真时执行 statements1，否则执行 statements2。

语句实例：

```
int i;
scanf("please input a number",&i);
if (i>0)
printf("i>0");
else
printf("i<=0");
```

(3) if (Expression 1) statements1 … else if (Expression 2) statements2 … else if (Expression n) statements n

语句说明：当 Expression 1 值为真时执行 statements1，为假时进行判断 Expression 2 的值，若为真执行 statements2，否则判断 Expression 3……如此循环直至所有条件判断完毕。

语句实例：

```
int i;
scanf("please input a number",&i);
if (i>0)           printf("i>0");
else if(i=0)       printf("i=0");
else if(i<0)       printf("i<0");
```

(4) switch（controlling Expression）{case Expression1：statements1；case Expression2：statements2；… case Expression n：statements n；default：…}

语句说明：当 controlling Expression 的值等于任一 Expression 时，则执行对应的 statements 语句内容和其后的所有语句，为了防止误操作，一般在每一 statements 后加上 break 中断语句来停止判断。

语句实例：

```
int i;
scanf("please input your number",&i);
switch (i)
{
case 1:
    printf("your name is ZhangFan");
    break;
case 2:
    printf("your name is LiJun");
    break;
case 3:
    printf("your name is WangQi");
```

```
        break;
default:
        printf("I don't know your name");
}
```

4. 转向语句

goto lable

语句说明：跳转到指定标签处。

语句实例：

```
int i;
for(i=1;i<=5;i++)
{
if (i=5)
goto stop;
printf("loop is countiue…%d",&i);
}
stop: printf("loop is break! ");
```

7.3　C Vuser 函数介绍

首先，阅读一个简单的 C Vuser 脚本实例，它实现 IP 地址的获取及输出的功能。

```
Action()
{
char * ip;
ip=lr_get_vuser_ip();
if (ip)
lr_output_message("The IP address is %s",ip);
}
```

通过上述程序可以得出，C Vuser 脚本具有标准 ANSI C 语言的特征。除此之外，还具备其特有的函数，均以"lr_"为前缀显示。通过该系列函数的使用，可实现 LoadRunner 中特有的功能，例如设置思考时间、更改事务状态及创建集合点等。

在 Vuser 脚本知识及 C 语言基础之上，本小节将结合实例针对 C Vuser 脚本及常用函数进行介绍。

7.3.1　hello world 程序

参照各编程语言学习的惯例，首先介绍一个最简单的脚本实例如下。

```
lr_output_mssage("hello world");
```

上述代码的作用：输出"hello world"。使用了 lr_output_message()函数将带有脚本行号的消息发送到输出窗口。（关于 lr_message 系列函数，参见第 7.3.4 节。）

7.3.2　lr 参数的赋值与取值

在脚本开发中,多数情况下需要使用 LoadRunner 管理的参数(即参数化中的"{参数名}"),该参数与 C 语言中的变量不同,两者不能混淆。

1. lr 参数的赋值

将 C 语言的变量/常量赋值给 LoadRunner 管理的参数,则必须使用参数赋值函数 lr_save_string()。

lr_save_string()的作用是将指定的 C 语言变量或者常量赋值给 LoadRunner 参数。它的格式为:

lr_save_string (const char * param_value,const char * param_name);

以下代码实现 lr 参数的赋值操作。

```
char * x;
x="hello world";
lr_save_string(x,"y");
```

2. lr 参数的取值

上例代码中,进行了 LoadRunner 参数的赋值。若进行取值操作,需使用 lr_eval_string()函数。lr_eval_string()的主要作用是返回脚本中一个参数的当前值,返回值为 char 型。它的格式为:

lr_eval_string (const char * param_name);

延续使用上例代码,如需要输出 lr 参数{y}的值,可使用如下代码:

```
char * x;
x="hello world";
lr_save_string(x,"y");
lr_output_message(lr_eval_string("{y}"));
```

7.3.3　字符串处理

注意:HP 官方提供的 LoadRunner Vuser 帮助文档中明确提出,C Vuser 脚本中的字符串数组是只读的,任何修改字符串长度的操作都会导致错误。数组长度最大为 32K,超长也会导致错误。在本小节中各代码均遵循这一原则,不再单独说明。

以下,介绍 C Vuser 脚本中常用的字符串操作函数。

(1) atoi (const char * string)

函数说明:转换一个字符串为数字。在进行转换时,当函数读取到第一个非数字字符时,则停止转换,返回对应的整型数据。特别要注意的是,若待转换字符串 string 第一个非空格字符不存在(即字符串为空)或首字符为非数字字符,则直接返回 0。

函数实例:

```
int a;
char str[10]="e123";
```

```
a=atoi(str);
lr_message("string=%s integer=%d",str,a);
```

执行结果如下:

string=e123 integer=0

因函数转换时首字符为非数字,所以直接返回 0。

(2) itoa (int value,char * str,int radix)

函数说明:将指定数字按指定进制转换为对应字符。其中 value 为要转换的整型数据;str 为用于储存转换后字符串的变量名;radix 为转换进制,默认为 10 进制,也可以为其他值。

函数实例:

```
int a=123;
char str[10];
itoa(a,str,10);
lr_message("integer=%d string=%s",a,str);
```

执行结果如下:

integer=123 string=123

即将整型值 123 按十进制转换为字符串值"123"。

(3) strlwr (char * string)

函数说明:将指定字符串转换为小写。

函数实例:

```
char name[50]="Software College of Hebei Nomal University";
lr_message("the name to lowercase is:%s",strlwr(name));
```

执行结果如下:

the name to lowercase is: software college of hebei nomal university

(4) strupr (char * string)

函数说明:将指定字符串转换为大写。

函数实例:

```
char name[20]="hello world";
lr_message("the name to upercase is: %s",strupr(name));
```

执行结果如下:

the name to upercase is: HELLO WORLD

注意:LoadRunner C Vuser 中对大小写敏感。使用以上两函数时请勿混淆。

(5) strcat (char * str1,const char * str2)

函数说明:连接两字符串,即将 str2 字符串添加到 str1 的结尾处。

函数实例:

```
char str1[10]="hello";
char str2[10]="world";
lr_message("str1=%s\n",str1);
strcat(str1,str2);
lr_message("new str1=%s",str1);
```

执行结果如下:

```
str1=hello
new str1=helloworld
```

注意:在使用 strcat 函数时,若 str1 的内存区域无法容纳 str2,则会导致错误。

(6) strcpy (char * dest,const char * source)

函数说明:将源字符串内容复制给目标字符串。

函数实例:

```
char dest[10]="hello";
char source[20]="hello world";
lr_message("dest=%s\n",dest);
strcpy(dest,source);
lr_message("new dest=%s",dest);
```

执行结果如下:

```
Dest=hello
New dest=hello world
```

注意:在使用 strcpy 函数时,若目标字符串的内存区域没有足够的空间容纳源字符串,则会导致错误。

(7) strlen (const char * string)

函数说明:返回指定字符串的长度,不包括结束符 null。

函数实例:

```
char name[50]="Software College of Hebei Nomal University";
lr_message("the name is%s\n it has %d chars",name,strlen(name));
```

执行结果如下:

```
the name is Software College of Hebei Nomal University
it has 42 chars
```

(8) lr_save_var (const char * param_value,unsigned long const value_len,unsigned long const options,const char * param_name)

函数说明:将指定的字符串按需求进行截取并赋值给参数。param_value 为待截取的字符串,value_len 为截取长度,option 为可选项,默认为 0,param_name 为要保存的参数名称。

函数实例:

```
char x[20];
```

```
lr_save_var("hello world",5,0,"x");
lr_output_message("x=%s",lr_eval_string("{x}"));
```

执行结果如下:

```
x=hello
```

函数扩展:lr_save_var()函数还可在截取字符串时进行偏移,来截取指定字符串中的某一部分,用法是在 param_value 后使用"+n"(不含引号),其中 n 为偏移量。例如

```
char x[20];
lr_save_var("hello world"+6,5,0,"x");
lr_output_message("x=%s",lr_eval_string("{x}"));
```

执行结果如下:

```
x=world
```

(9) strcmp (const char * string1,const char * string2)

函数说明:比较两字符串,不区分大小写。当 string1>string2 时,返回值大于 0;当 string1=string2 时,返回值等于 0;当 string1<string2 时,返回值小于 0。

函数实例:

```
char str1[20]="hello";
char str2[20]="hello world";
int a;
a=strcmp(str1,str2);
if (a>0)
    lr_message("str1>str2");
else if (a<0)
    lr_message("str1<str2");
else
    lr_message("str1=str2");
```

执行结果如下:

```
str1<str2
```

读者可自行修改 str1 与 str2 的值来观察输出结果。

(10) stricmp (const char * string1,const char * string2)

函数说明:比较两字符串,区分大小写。当 string1>string2 时,返回值大于 0;当 string1=string2 时,返回值等于 0;当 string1<string2 时,返回值小于 0。此函数与 strcmp()区别在于比较时区分大小写,在此不重复举例介绍。

7.3.4 message 函数

LoadRunner 中提供了一系列的 message 函数,用于在 Vuser 脚本运行时将特定信息输出。第 7.3.1 节程序实例中使用的 lr_message(),就是最基本的 message 函数之一。本小节中,将针对脚本开发中常用的 message 函数简要介绍。

注意：要开启 message 输出，需事先在 VuGen 中选择 Vuser|Run-time Settings 菜单命令，在弹出的 Run-time Settings 对话框中选择 General|Log 结点，在右侧选中 Enable logging 复选框，如图 7.3 所示。

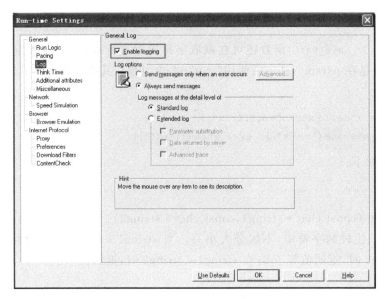

图 7.3　启动日志功能

（1）lr_message (const char * format,exp1,exp2,…,expn)

函数说明：lr_message 函数将信息发送到输出窗口和日志文件。在 VuGen 中运行时，输出文件为 output.txt，是最常用的输出函数之一。该函数用法与 C 语言中的 printf 函数类似，可输出指定字符串、变量等内容。

函数实例 1：输出指定字符串 lr_message("hello world")；

函数实例 2：输出变量

```
lrt_mssage("hello world");
```

（2）lr_output_message (const char * format,exp1,exp2,…,expn)

函数说明：lr_output_message()作用与 lr_message()函数类似，但 lr_output_message()函数将带有脚本的行号的消息发送到输出窗口和日志文件。用法与基本 lr_message()基本相同。

函数实例：一个 Action 脚本中执行了该语句：

```
lr_output_message("hello world");
```

执行结果会显示：

```
action(x): hello world
```

其中,x 为该语句所在行号。

（3）lr_log_message (const char * format,exp1,exp2,…,expn)

函数说明：lr_log_message()与 lr_message()和 lr_out_message()不同，lr_log_ message()将消息发送到 Vuser 日志文件,而不是发送到输出窗口。该函数与上述两函数类似,在此不重复举例介绍。

注意:lr_message、lr_output_message、lr_log_message 极为类似,应用时要根据实际情况进行选择。

除上述函数外,LoadRunner 还支持如下 message()函数,这些函数可输出某些特定信息。以下简要介绍。

(1) lr_vuser_status_message (const char * format)

向控制器或优化模块控制台的 vuser 窗口的"状态"区域发送返回内容,该内容同时也会被写入日志文件。

(2) lr_error_message (const char * format,exp1,exp2,…,expn)

将错误消息发送到输出窗口和 Vuser 日志文件。

(3) lr_debug_message (unsigned int message_level,const char * format,…)

在指定的消息级别处于活动状态时发送一条调试信息。如果指定的消息级别未出于活动状态,则不发送消息。

(4) lr_set_debug_message (unsigned int message_level,unsigned int lr_switch_on/off);

设置脚本执行的调试消息级别为 message_lvl,lr_switch_on/off 控制设置是否启用。

7.3.5 Web 操作函数

操作函数是经录制后生成 Web 脚本时最基本也是最常用的一类函数,用于 Vuser 模拟用户访问网页时的一系列操作。常用 Web 操作函数如下。

(1) web_url (const char * Name,const char * url,< List of Attributes >,[EXTRARES,<List of Resource Attributes>,] LAST);

函数说明:web_url 函数可模拟从服务器下载文件的操作。它可加载由 url 参数所指定的 url 超链接,不依赖于上下文。

参数解释:

① Name:VuGen 中树视图下及脚本执行结果中显示的名称。

② url:要打开页面的 URL 地址。

③ List of Attributes 支持如表 7.1 所示的属性。

表 7.1 List of Attributes 属性

参 数 名	说　　明
Resource	该 URL 是否为资源,格式为"Resource=0/1"
RecContentType	录制期间相应的报头文本类型,格式为"RecContentType=value"
Referer	要提交页面请求的 URL 地址
Snapshot	快照文件名称
Mode	录制模式

④ EXTRARES：分隔符，标记下一个参数是资源属性列表。
⑤ List of Resource Attributes 支持如表 7.2 所示的属性。

表 7.2 List of Resource Attributes 属性

参 数 名	说　　明
url	Web 资源地址
Referer	发送请求的页面
ENDITEM	资源结束标识符，每一资源后都要使用

⑥ LAST：属性列表结束标记符。

函数实例：

```
web_url("WebTours",
    "URL=http://127.0.0.1:1080/WebTours/",
    "Resource=0",
    "RecContentType=text/html",
    "Referer=",
    "Snapshot=t1.inf",
    "Mode=HTML",
    LAST);
```

(2) web_link (const char * StepName,<List of Attributes>,[EXTRARES,<List of Resource Attributes>,] LAST);

函数说明：web_link 函数可模拟鼠标打开参数所指定的超链接，必须依靠上下文操作执行。

参数解释：

① StepName：VuGen 中树视图中显示的名称。

② List of Attributes 支持如表 7.3 所示的属性。

表 7.3 List of Attributes 属性

参 数 名	说　　明
Text	超链接中的文字，区分大小写
Frame	所在的 frame 名称
Targetframe	当前超链接或资源所在的 Frame 的名称
ResourceByteLimit	下载文件大小的限制
Ordinal	在属性筛选出元素不唯一的情况下，用它可指定其中的一个

③ EXTRARES：分隔符，标记下一个参数是资源属性列表。

④ List of Resource Attributes 支持同表 7.2 所示的属性。

⑤ LAST：属性列表结束标记符。

函数实例：

```
web_link("sign up now",
    "Text=sign up now ",
    "Snapshot=t2.inf",
    LAST);
```

(3) Web_image (const char * StepName,<List of Attributes>,[EXTRARES,<List of ResourceAttributes>,] LAST);

函数说明：web_image 函数可模拟鼠标单击某指定名称图片的操作，必须依靠上下文操作执行。

参数解释：

① StepName：VuGen 中树视图中显示的名称。

② List of Attributes 支持如表 7.4 所示的属性。

表 7.4　List of Attributes 属性

参 数 名	说　　明
ALT	图片的 ALT 属性，即鼠标移至图片处，显示的浮动文字
SRC	图片的 SRC 属性，可以是图片的文件名
Frame	所在的 Frame 名称
Targetframe	当前超链接或资源所在的 Frame 的名称
Ordinal	在属性筛选出元素不唯一的情况下，用它可指定其中的一个

③ EXTRARES：分隔符，标记下一个参数是资源属性列表。

④ List of Resource Attributes 支持同表 7.2 所示的属性。

⑤ LAST：属性列表结束标记符。

函数实例：

```
web_image("Home Button",
    "Alt=Home Button",
    "Snapshot=t4.inf",
    LAST);
```

(4) web_submit_data(const char * StepName,<List of Attributes>,ITEMDATA,<List of Data>,[EXTRARES,<List of ResourceAttributes >] LAST);

函数说明：web_submit_data 函数处理无状态或者上下文无关的表单提交。可用来生成表单的 GET 或 POST 请求，该类请求与 Form 自动生成的请求是一样的。发送这些请求时不需要表单上下文。

参数解释：

① StepName：VuGen 中树视图中显示的名称。

② List of Attributes 支持如表 7.5 所示的属性。

③ ITEMDATA：数据域和属性的分隔符。

④ List of Data 支持如表 7.6 所示的属性。

⑤ EXTRARES：分隔符，标记下一个参数是资源属性列表。

⑥ List of Resource Attributes 支持同表 7.2 所示的属性。
⑦ LAST：属性列表结束标记符。

表 7.5 List of Attributes 属性

参 数 名	说　　明
Action	Form 中的 action 属性
method	表单提交方法，可选值为 post/get
Enctype	编码方式
EncodeAtSign	是否使用 ASCII 对符号@进行编码
Targetframe	当前超链接或资源所在的 Frame 的名称

表 7.6 List of Data 属性

参 数 名	说　　明
Name	表单名称
Value	表单的值
ENDITEM	资源结束标识符，每一资源后都要使用

函数实例：

```
web_submit_data("member.php",
"Action=http://localhost/dz/member.php?mod=logging&action=login&loginsubmit=
yes&infloat=yes&inajax=1",
    "Method=POST",
    "RecContentType=text/xml",
    "Referer=http://localhost/dz/forum.php",
    "Snapshot=t2.inf",
    "Mode=HTML",
    ITEMDATA,
    "Name=fastloginfield","Value=username",ENDITEM,
    "Name=username","Value=admin",ENDITEM,
    "Name=password","Value=123",ENDITEM,
    "Name=quickforward","Value=yes",ENDITEM,
    "Name=handlekey","Value=ls",ENDITEM,
    "Name=questionid","Value=0",ENDITEM,
    "Name=answer","Value=",ENDITEM,
    LAST);
```

以上脚本实现了"对本地搭建的论坛模拟进行登录的操作"，web_submit_data 函数用 POST 的方法提交了登录页面内容。

（5）web_submit_form (const char * StepName，＜List of Attributes＞，＜List of Hidedden Fields＞，ITEMDATA，＜List of Data Fields＞，［EXTRARES，＜List of ResourceAttributes＞］LAST)；

函数说明：web_submit_form 函数可模拟提交表单操作，必须依靠上下文操作执行。

参数解释：
① StepName：VuGen 中树视图中显示的名称。
② List of Attributes 支持如表 7.7 所示的属性。

表 7.7 List of Attributes 属性

参 数 名	说　　明
Action	Form 中的 action 属性
Frame	所在的 Frame 名称
Targetframe	当前超链接或资源所在的 Frame 的名称
Ordinal	在属性筛选出元素不唯一的情况下，用它可指定其中的一个
ResourceByteLimit	下载文件大小的限制

③ List of Hidedden Fields：通过此属性可以使用一串隐含域来标识 Form。
④ TEMDATA：数据域和属性的分隔符。
⑤ List of Data Field 支持同表 7.6 所示的属性。
⑥ EXTRARES：分隔符，标记下一个参数是资源属性列表。
⑦ List of Resource Attributes 支持同表 7.2 所示的属性。
⑧ LAST：属性列表结束标记符。

函数实例：

```
web_submit_form("login.pl",
    "Snapshot=t2.inf",
    ITEMDATA,
    "Name=username","Value=jojo",ENDITEM,
    "Name=password","Value=bean",ENDITEM,
    "Name=login.x","Value=29",ENDITEM,
    "Name=login.y","Value=11",ENDITEM,
    LAST);
```

以上脚本模拟了 LoadRunner 自带的 HP Web tours 站点的提交登录信息的操作。

7.3.6　cookie 函数

Web 系统测试中，经常会遇到需要登录才能进行操作的情况。如果针对每一 Vuser 都采取"先执行模拟登录，再进行后续待测试的操作"的方式，则当 Vuser 数量较少的情况下一般可以正常执行；但当 Vuser 达到一个较大的数量级时，登录失败的问题就会频繁出现。当性能测试对象并非是"登录功能"，而是登录之后的其他操作时，上述登录失败问题的发生，势必会影响本次测试工作的目的实现。

注意：Cookie 是 Web 服务器保存在用户硬盘上的一段文本。Cookie 允许一个 Web 站点在用户的计算机上保存信息并且可随后再使用它。通常它存放于 C:\Documents and Settings\Administrator\Cookies 文件夹下。

若该系统实现中采用了 cookie 方式，为解决上述提到的问题，即可使用 cookie 函数，达到跳过登录步骤直接进行后续操作的目的。LoadRunner 为用户提供了以下 cookie 相关操作函数。

(1) web_add_cookie (const char * Cookie);

函数说明：web_add_cookie 函数可以添加新的 cookie，新的 cookie 将覆盖旧的同名 cookie。

函数实例：web_add_cookie("u0ac_2132_lastact＝1299807200%09forum.php%09; DOMAIN＝localhost");

(2) web_remove_cookie (const char * Cookie);

函数说明：web_remove_cookie 函数可在 Vuser 可用 cookie 列表中删除指定的 cookie。

函数实例：web_remove_cookie("u0ac_2132_lastact＝1299807200%09forum.php%09; DOMAIN＝localhost");

(3) web_cleanup_cookie();

函数说明：web_cleanup_cookie 函数可删除所有当前脚本储存的 cookie。

7.3.7 身份验证函数

测试工作中，往往会遇到某些 Web 系统登录采用 Windows 集成身份验证，或需要使用代理服务器进行数据中转。此时，如果直接录制脚本，在回放时大多会遇到登录失败的问题。针对这种情况，LoadRunner 为用户提供了身份验证函数。常用身份认证函数介绍如下。

(1) web_set_user (const char * username, const char * password, const char * host: port);

函数说明：web_set_user 函数可模拟指定 Web 服务器或代理服务器的登录字符串，进行身份验证操作。

参数解释：

① username：登录用户名。

② password：登录密码。

③ host：登录服务器地址。

④ port：登录服务器端口。

函数实例：Web_set_user ("administrator","123","127.0.0.1:8080")

上例中，针对 IP 地址为 127.0.0.1，端口号为 8080 的服务器进行了模拟登录操作。

(2) web_set_certificate (const char * CertificateNumber);

函数说明：web_set_certificate 函数可在服务器需要客户端提供证书时提供指定编号的证书。

(3) web_set_certificate_ex (const char * option_list, LAST);

函数说明：web_set_certificate_ex 函数可设置证书和关键文件属性，只有使用 IE 进行录制时才使用该函数。

注意：证书函数因涉及知识较多，在此不详细介绍，有兴趣的读者可自行研究。

7.3.8 检查函数

检查函数通常用于性能测试过程中的功能验证,它可在 Web 页面中查找指定的内容,通常用于检验操作执行结果与预期是否相同。某种程度上讲,插入检查函数是性能测试结果有效性的重要检查手段。常用 C Vuser 检查函数如下。

(1) web_find (const char * StepName,<attribute_list>,char * searchstring,LAST);

函数说明:web_find 函数可在 html 页面中查找指定的字符串,必须基于上下文内容。

参数解释:

① StepName:VuGen 中树视图下及脚本执行结果中显示的名称。

② attribute_list 支持如表 7.8 所示的属性。

表 7.8 attribute_list 属性

参数名	说明	格式	默认值
Frame	在多 frame 情况下,定义要查找的范围	Frame=value	
expect	检查通过的条件	expect=found/notfound	Found
Matchcase	是否区分大小写	matchcase=yes/no	no
Repeat	查找到收一个匹配字符串后是否继续搜索	repeat=yes/no	yes
Report	显示结果条件	report=success/failure/always	always
Onfailure	失败时是否继续	Onfailure=value	continue on error

③ Searchstring:要查找的字符串内容,不区分大小写,格式为"what=string"。

④ LAST:属性列表结束标记符。

函数实例:

```
web_url("WebTours",
"URL=http://127.0.0.1:1080/WebTours/",
"Resource=0",
"RecContentType=text/html",
"Referer=",
"Snapshot=t1.inf",
"Mode=HTML",
LAST);
Web_find("web_find",
    "what=WebTours",
     LAST);
```

上例实现在 http://127.0.0.1:1080/WebTours/页面(LoadRunner 订票网页)上查询"WebTours"字符串。

(2) web_reg_find (const char * StepName,<attribute_list>,LAST);

函数说明:web_reg_find 属于注册函数,注册了在页面中搜索指定字符串的操作请求,并在下一 Action 类函数中进行搜索,此函数在 HTML-based 和 URL-based 的脚本中均可使用。

参数解释：

① StepName：VuGen 中树视图下及脚本执行结果中显示的名称。

② attribute_list 支持如表 7.9 所示的属性。

表 7.9 attribute_list 属性

参数名	说 明	格 式	默 认 值
Text	要查找的内容，非空	Text=string	
TextPfx	未指定 text 属性时使用此属性，要查找的字符串前缀	TextPfx=string	
TextSfx	未指定 text 属性时使用此属性，要查找的字符串后缀	TextSfx=string	
Search	字符串查找位置	Search = Headers/body/NORESOURCE/ALL	NORESOURCE
Fail	当查找发生错误时的处理选项，分别对应查找成功/失败时发生的错误	Fail=Found/NotFound	
ID	在日志文件中标识当前函数		
SaveCount	要查找的内容匹配个数	SaveCount=value	

③ LAST：属性列表结束标记符。

函数实例：

```
web_reg_find("Web_find",
    "text=WebTours"
    LAST);
web_url("WebTours",
"URL=http://127.0.0.1:1080/WebTours/",
"Resource=0",
"RecContentType=text/html",
"Referer=",
"Snapshot=t1.inf",
"Mode=HTML",
LAST);
```

上例实现在 LoadRunner 自带的订票网站页面查找字符串"WebTours"。

注意：web_reg_find 函数执行时，要先进行注册操作，因此要将其放在请求语句之前。从效率方面来说，本函数执行速率优于 web_find 函数。

(3) web_global_verification (＜List of Attributes＞,LAST)；

函数说明：属于注册函数，注册一个在 Web 页面中搜索文本字符串的请求，与 web_reg_find 存在差异。web_reg_find 仅在下一个 Action 函数中执行搜索，而 web_global_verification 在之后所有的 Action 类函数中执行搜索。它可以搜索页面的 body，headers，html 代码或者是整个页面。

参数解释：

① List of Attributes：支持如表 7.10 所示的属性。

表 7.10 List of Attributes 属性

参数名	说明	格式	默认值
Text	要查找的内容，非空	Text＝string	
TextPfx	未指定 text 属性时使用此属性，要查找的字符串前缀	TextPfx＝string	
TextSfx	未指定 text 属性时使用此属性，要查找的字符串后缀	TextSfx＝string	
Search	字符串查找位置	Search＝Headers/body/NORESOURCE/ALL	NORESOURCE
Fail	当查找发生错误时的处理选项，分别对应查找成功/失败时发生的错误	Fail＝Found/NotFound	
ID	在日志文件中标识当前函数		

② LAST：属性列表结束标记符。

函数实例：

```
web_global_verification ("text=WebTours",
    LAST);
web_url("WebTours",
"URL=http://127.0.0.1:1080/WebTours/",
"Resource=0",
"RecContentType=text/html",
"Referer=",
"Snapshot=t1.inf",
"Mode=HTML",
LAST);
```

注意：

① web_global_verification 函数无法在 WAP 协议下运行。

② TextPfx/TextSfx 属性仅在 Text 属性不存在时使用，不能与 Text 属性共存。

(4) web_image_check (const char * CheckName,＜List of Attributes＞,＜"Alt＝alt" ‖ "Src＝src"＞,LAST)；

函数说明：web_image_check 函数可检查指定的图像是否在 html 页面中出现，只能在选择 HTML-base 模式下才可使用。

参数解释：

① CheckName：VuGen 中树视图中显示的名称。

② List of Attributes：支持如表 7.11 所示的属性。

③ Alt/Src：图片的 Alt/Src 属性，Alt 与 Src 属性二者必选其一。

④ LAST：属性列表结束标记符。

表 7.11 List of Attributes 属性

参数名	说 明	格 式	默 认 值
Expect	检查通过的条件	expect=found/notound	Found
Matchcase	是否区分大小写	matchcase=yes/no	no
Repeat	查找到收一个匹配字符串后是否继续搜索	repeat=yes/no	yes
Report	显示结果条件	report=success/failure/always	always
Onfailure	失败时是否继续	Onfailure=value	continue on error

函数实例：

```
web_url("WebTours",
    "URL=http://127.0.0.1:1080/WebTours/",
    "Resource=0",
    "RecContentType=text/html",
    "Referer=",
    "Snapshot=t1.inf",
    "Mode=HTML",
    LAST);
web_image_check("web_image_check",
"expect=NotFound",
"Alt=Home Button ",
"matchcase=no",
"repeat=no",
"report=failure",
"Onfailure=abort",
LAST);
```

注意：必须在 Run-time-setting 设置中启用"内容检查选项（Enable image and text check)"，检查函数才会生效。

7.3.9 dll 文件的调用

在 LoadRunner 脚本中，允许用户调用第三方 dll。通过调用外部 dll，可以直接对一些较为复杂的算法进行调用，一方面减少测试资源的开销，另一方面也可简化某些程序的测试工作步骤。

实现第三方 dll 的调用，需使用 lr_load_dll 函数。语法格式如下。

```
lr_load_dll(lib_path&name)
```

其中，函数参数 lib_path 和 name 为 dll 文件的路径及文件名。

函数实例：

lr_message()系列输出函数能将信息输出至信息窗口或日志文件，但在工作中有时需要使用更为明显的方式来输出数据或进行用户交互，这时就可以调用 Windows 自带的 API

函数，来实现。举一个简单的实例如下。

```
lr_load_dll("user32.dll");
MessageBoxA(NULL,"hello world!","dll test",0);
```

将上述实例代码复制至 Action 中，执行结果如图 7.4 所示。

图 7.4　调用 dll

注意：本例中为了演示函数原理在程序中进行调用，但出于脚本优化原则，一般在 vuser_init 中进行调用的 dll 声明，之后在整个脚本中均可任意使用该 dll 中的函数。

除使用 lr_load_dll 函数进行第三方 dll 调用外，还可修改 LoadRunner 安装目录 dat 文件夹下的 mdrv.dat 文件来全局加载 dll，使该 dll 中的函数应用于全部 Vuser 脚本，无须在脚本中重复声明。它的语法格式为：

```
PLATFORM_DLLS=my_dll1,mydll2…
```

当使用时，将 PLATFORM 替换为平台环境名称即可，要查看平台环境名称，可参见如图 7.5 所示的 mdrv.dat 文件中所标注行的开头部分。例如调用实例应用中的 dll 只需使用如下语句：

```
WINNT_DLLS=user32.dll
```

此后即可任意调用 user32.dll 中的函数。

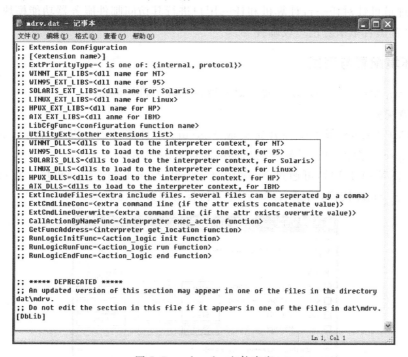

图 7.5　mdrv.dat 文件内容

注意：LoadRunner 支持调用的第三方 dll 必须使用标准的 ANSI C，即文件头中有标明 extern "C" 的 dll 文件才可以使用，使用 C♯、Visual Basic 开发的 dll 则无法调用。

7.4 C Vuser 脚本开发实例

LoadRunner 可录制多种多样的协议脚本,除标准的 Web(HTTP/HTML)协议外,较为常用的还有 Web(Click and Script)、Java Vuser、ODBC、SMTP 等。在本节中,将以 SMTP 邮件服务器的测试脚本为例,讲解 Vuser 脚本开发中的一些技巧。

7.4.1 SMTP 服务器选择

SMTP(Simple Mail Transfer Protocol,简单邮件传输协议)是一种高效且稳定的电子邮件传输方式,以配置简单、使用方便为广大邮件管理员所欢迎。基于 SMTP 的邮件服务器繁多,常用的 Sina、163/126、GMail、Yahoo!等邮箱均采用 SMTP 方式。

本节中,将采用 Pegasus Mail 公司的 Mercury 邮件服务器为例进行讲解。该邮件服务器功能强大、特点显著:其一,它是一款免费且基本的邮件服务器软件,能够用于 Novell 和微软 Windows 平台;其二,Mercury 邮件服务器软件在 Windows 操作系统下仅需要 1.5MB 的硬盘空间,运行时的物理内存最大需求只有 3MB;其三,它集成了许多功能,如支持邮件列表和其他群发邮件的通信方式,包括提示板、自动邮件列表订阅和取消订阅、用电子邮件远程传送文件、地址簿查询请求和远程邮件列表管理等;其四,它提供了一套完整的 API 接口帮助文档及源代码,用户可根据实际需求来进行开发任何邮件处理功能的插件;其五,安全性好,管理员可针对任一台计算机和任一用户进行其访问邮件服务器功能模块的设置,还可以通过设置黑名单来防止垃圾邮件等。

7.4.2 环境配置与测试

以下,将介绍服务器的环境配置并对配置好的环境进行测试。

1. 环境配置

在 XAMPP 1.6X 版本中即开始集成 Mercury 邮件服务器。以下将结合 XAMPP 及 Outlook Express(简称 OE,微软公司出品的邮件管理程序)进行介绍。

(1) 安装 XAMPP 后,可通过 XAMPP Control Panel 方式启动程序。在如图 7.6 所示窗口中单击 Start 按钮,当显示 Running 时,标志服务器已启动。

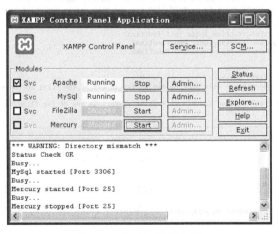

图 7.6 启动邮件服务器

注意：因 Mercury 邮件服务器程序无法注册为系统服务自启动，读者需每次开机时重新运行。当然，读者可将 XAMPP 安装目录下的 Mercury_start.bat 文件添加至 Windows 启动项，来达到自启动的目的。

（2）成功启动后，单击 Admin 按钮，可打开如图 7.7 所示的 Mercury 邮件服务器窗口。

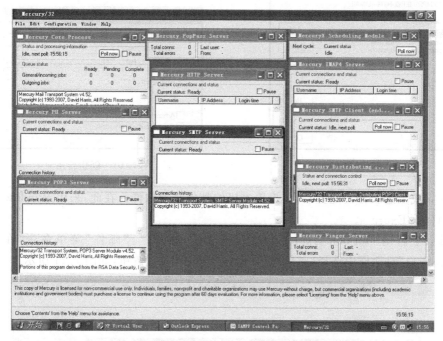

图 7.7　邮件服务器窗口

图 7.7 中各子窗体显示了邮件服务器各子进程的状态，在此不一一介绍，有兴趣的读者可自行搜索相关资料。

（3）修改邮件服务器配置，以便能使用 Outlook Express 正常收发邮件。在图 7.7 所示的 Mercury 邮件服务器窗口中选择 Configuration | MercuryS SMTP Server 菜单命令，在弹出的 Mercury SMTP Server 对话框中选择 Connection Control 选项卡，在其中取消选择 Do not permit SMTP replaying of non-local mail 复选框，如图 7.8 所示。

（4）创建测试用户。在图 7.7 所示的 Mercury 邮件服务器窗口中选择 Configuration | Manage Local Users 菜单命令，进入图 7.9 所示 User defined for this system（用户设置）对话框并可以看到系统已创建了 3 个默认用户。单击 Add 按钮，在弹出的 User details 对话框中创建一个用户名为 test、密码为 123456 的测试用户，如图 7.10 所示。单

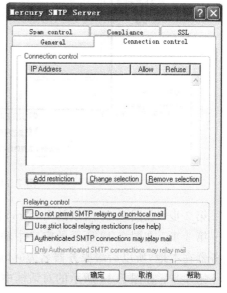

图 7.8　邮件服务器配置

击 OK 按钮返回 User defined for this system 对话框,再单击 Close 按钮返回 Mercury 邮件服务器窗口。

图 7.9 用户列表

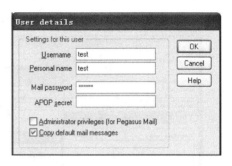

图 7.10 创建新用户

(5)完成上述服务器配置后,将设置本机的邮件收发软件。在此,采用 Windows XP 自带的 Outlook Express。

第 1 步:启动 Outlook Express,选择"工具"|"账户"|"邮件"菜单命令,在弹出的"Internet 账户"对话框中选择"邮件"选项卡,并单击"添加"按钮,如图 7.11 所示。

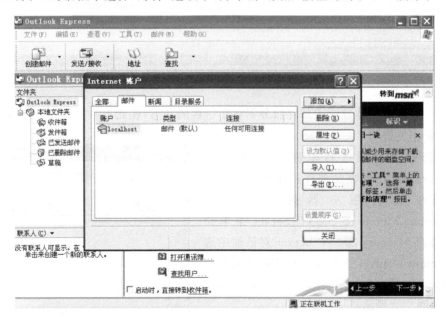

图 7.11 添加新邮件账户

第 2 步:在图 7.12 所示的 Internet 连接向导中,输入发件人并单击"下一步"按钮。

第 3 步:在图 7.13 所示的窗口中输入邮件地址,即刚才添加的测试账户。在此,由于服务器在本地,所以后缀服务器名为@localhost,完成后单击"下一步"按钮。

第 4 步:在图 7.14 所示的对话框中设置发送和接收邮件服务器均为 localhost,完成后单击"下一步"按钮。

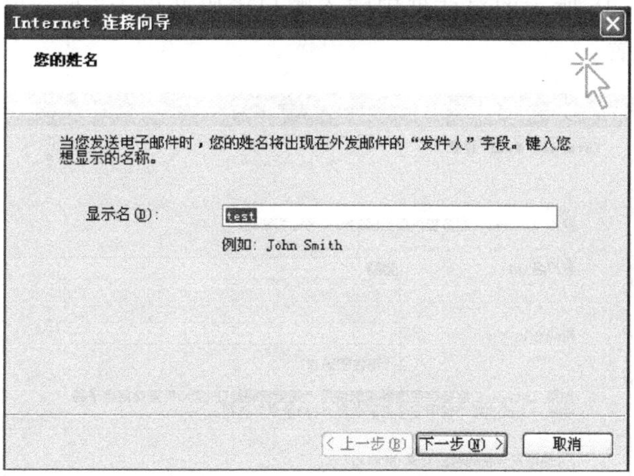

图 7.12　设置账户名称

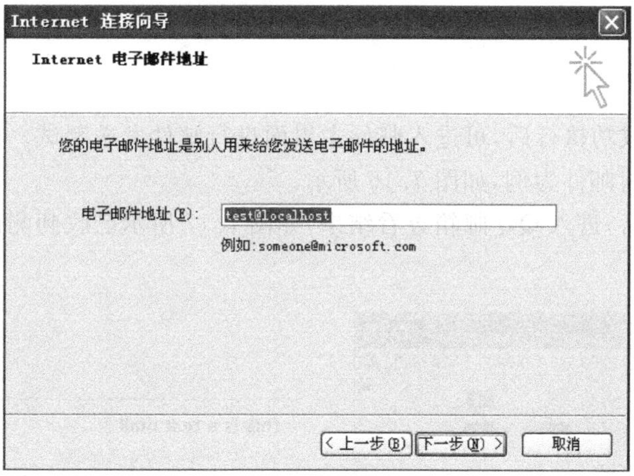

图 7.13　设置邮件地址

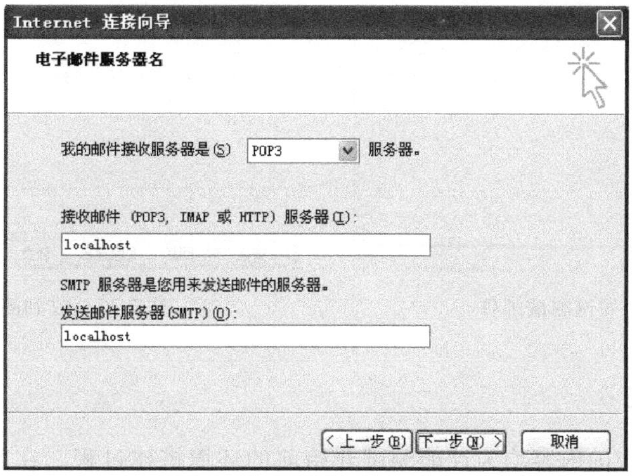

图 7.14　设置邮件服务器名称

第5步：在图7.15所示的对话框中输入账户密码并单击"下一步"按钮,进入祝贺窗口。到此,已完成设置。

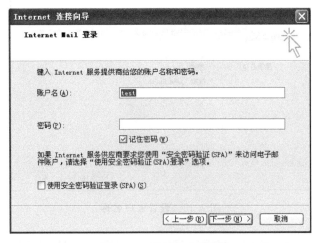

图7.15 设置账户密码

2. 环境测试

上述步骤全部成功执行后,可进入邮件主界面进行邮件发送测试。以 Outlook Express 向 QQ 邮箱发送一封邮件为例,如图7.16所示。

邮件发送完成后,进入 QQ 邮箱查看结果,如图7.17所示已收到测试邮件,则表明邮件发送功能正常。

图7.16 发送测试邮件

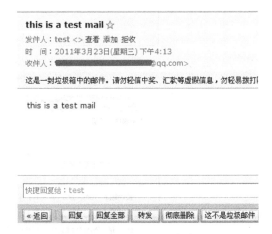

图7.17 收到测试邮件

7.4.3 脚本开发

本章前两小节中的内容均为性能测试开始前的环境搭建过程。在此基础上,将正式步入正题——测试脚本开发。

1. 邮件发送脚本

下面,依次介绍脚本开发的过程。

(1) 在如图 7.18 所示的 LoadRunner 主界面上,单击 Create/Edit Scripts 按钮,启动 VuGen。

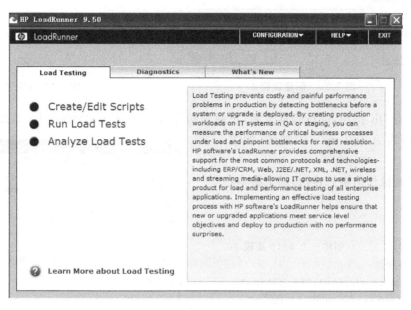

图 7.18　LoadRunner 启动界面

(2) 创建一个新脚本,在如图 7.19 所示的 New Visual User 对话框中选择 SMTP 协议并单击 Create 按钮。

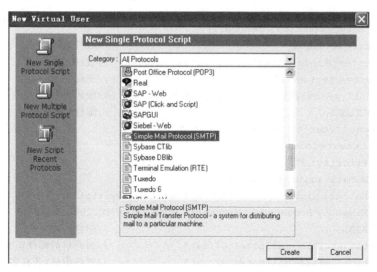

图 7.19　协议选择

(3) 在打开的 Start Recording(开始录制)对话框中进行配置,文件路径选择 OutLook Express 默认安装位置,如图 7.20 所示。OutLook Express 程序如图 7.21 所示。

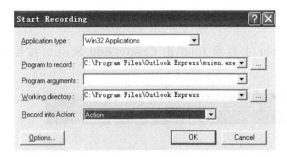

图 7.20 创建新脚本　　　　　　　　　　

图 7.21 OE 程序

(4) 单击 OK 按钮,进行脚本录制,录制的操作为给自身(test@localhost)发送一封标题与正文均为 A test mail 的邮件,如图 7.22 所示。

(5) 录制操作结束后,可得如下脚本:

```
Action()
{
smtp1=0;         //创建一个 smtp 连接 ID
//登录邮箱
smtp_logon_ex(&smtp1,"SmtpLogon",
    "URL=smtp://test@localhost",
              //smtp 服务器地址
    "CommonName=LoadRunner Vuser",
              //显示发件人名称,可自行更改
    LAST);
//发送邮件
smtp_send_mail_ex(&smtp1,"SendMail",
    "To=test@localhost",                //收件人地址
    "From=<test@localhost>",            //发件人地址
    "Subject=a test mail",              //主题
    "ContentType=multipart/alternative;", //编码类型
     MAILOPTIONS,                        //邮件相关信息
      "From: \"test\" <test@localhost>",
      "To: <test@localhost>",
      "X-Priority: 3",
      "X-MSMail-Priority: Normal",
      "X-Mailer: Microsoft Outlook Express 6.00.2900.5512",
      "X-MimeOLE: Produced By Microsoft MimeOLE V6.00.2900.5512",
     MAILDATA,                          //邮件内容
      "AttachRawFile=mailnote1_01.dat", //编码后的邮件正文
      "AttachRawFile=mailnote1_02.dat", //邮件附件,若有多个则依次附加
       LAST);
smtp_logout_ex(&smtp1);                 //退出
smtp_free_ex(&smtp1);                   //释放 smtp 连接
return 0;
}
```

图 7.22 录制邮件内容

注意：因采用 OutLook Express 录制，不必输入邮箱用户名及密码。若采用其他邮件客户端，如火狐，则需在 smtp_logon_ex 函数中添加"LogonUser＝[user name]"，"LogonPass＝[password]"参数来完成登录。

通过脚本可以看出，LoadRunner 使用了一系列 smtp 函数来模拟邮件发送的操作，关于 SMTP 系列函数详解，可参见 LoadRunner 官方帮助手册。在以下实例中，主要实现对"邮件正文"的参数化。

（1）参数化数据准备。在脚本文件目录下新建一个 new.txt 文件，在里面写入要替换的邮件内容，如图 7.23 所示。

注意：使用 AttachRawFile＝new.txt 这种直接替换文件名的参数化方式是不可取的。有兴趣的读者可以尝试一下，这样虽然能发送成功邮件，但邮件内容会为空，因为自行编写的 DAT 文件没有包含邮件头标记，OutLook Express 在接收时无法将其转义成标准的邮件正文所导致。

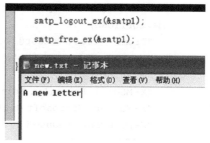

（2）插入参数化语句。上文代码注释中已指出，OutLook Express 将邮件正文编码后保存为

图 7.23 预参数化的邮件正文内容

mailnote1_01.dat。在 VuGen 中打开该文件，内容如图 7.24 所示。可以看出文件内容已经过编码。在此，为达到参数化正文的目的，需要使用 smtp_translate_ex 函数。请在脚本中添加如下语句：

smtp_translate_ex(&smtp1,"new.txt","Content-Type: text/plain; \n charset=\"gb2312\"\n Content-Transfer-Encoding: base64\n",RAW_CONTENT,"new_output.txt");

图 7.24 编码后的邮件正文内容_mailnote1_01.dat

细心读者可以看出，smtp_translate_ex 第 3 个参数与 mailnote1_01.dat 文件头内容（如图 7.24 所示）相同。通过该函数，可以将源文件按指定编码格式进行编码并保存至新文件中。经编码后的新文件可正常被 OE 解析。

至此，脚本增强已基本完成，生成的新脚本如下：

```
Action()
{
smtp1=0;                                              //创建一个 SMTP 连接 ID
//登录邮箱
smtp_logon_ex(&smtp1,"SmtpLogon",
    "URL=smtp://test@localhost",                      //SMTP 服务器地址
    "CommonName=LoadRunner Vuser",                    //显示发件人名称，可自行更改
```

```
        LAST);
    //参数化邮件正文
    smtp_translate_ex(&smtp1,"new.txt","Content-Type: text/plain;\n charset=\"gb2312\"\nContent-Transfer-Encoding: base64\n",RAW_CONTENT,"new_output.txt");
        //发送邮件
    smtp_send_mail_ex(&smtp1,"SendMail",
        "To=test@localhost",                                    //收件人地址
        "From=<test@localhost>",                                //发件人地址
        "Subject=a test mail",                                  //主题
        "ContentType=multipart/alternative;",                   //编码类型
        MAILOPTIONS,                                            //邮件相关信息
            "From: \"test\" <test@localhost>",
            "To: <test@localhost>",
            "X-Priority: 3",
            "X-MSMail-Priority: Normal",
            "X-Mailer: Microsoft Outlook Express 6.00.2900.5512",
            "X-MimeOLE: Produced By Microsoft MimeOLE V6.00.2900.5512",
        MAILDATA,                                               //邮件内容
            "AttachRawFile=new_output.txt",                     //参数化的新邮件正文
        LAST);
        smtp_logout_ex(&smtp1);                                 //退出
        smtp_free_ex(&smtp1);                                   //释放 SMTP 连接
    return 0;
    }
```

2. 邮件接收脚本

完成邮件发送操作后,可编写脚本验证邮件是否成功收到。在该脚本编写中需要采用 POP3 协议。POP3,全名为 Post Office Protocol-Version(邮局协议版本 3)。本协议主要用于邮件的收取,支持使用客户端远程管理在服务器上的电子邮件。

以下,介绍具体操作。

(1) 创建一个新脚本,选择 POP3 协议类型并在 Action 中输入以下代码:

```
Action()
{
    int a;                                                  //定义邮件计数变量
pop31=0;                                                    //定义 POP3 连接
pop3_logon_ex(&pop31,"Pop3Logon",                           //创建 POP3 连接
    "URL=pop3://test:123456@localhost",
    LAST);

pop3_command_ex(&pop31,"Pop3Command",                       //执行 POP3 命令
    "Command=STAT",
    LAST);

    a=pop3_list_ex(&pop31,"Pop3List",                       //获取服务器邮件数
    LAST);
    lr_output_message("There are %d mails on server.\n",a); //输出邮件数量
```

```
pop3_retrieve_ex(&pop31,"RetrieveMail",          //收取邮件
    "RetrieveList=1",                             //邮件 ID
    "DeleteMail=No",                              //是否删除服务器上的邮件
        "SaveAs=d:\\mail.txt",                    //邮件另存为
    LAST);

pop3_logoff_ex(&pop31);                           //断开 POP3 连接
pop3_free_ex(&pop31);                             //释放 POP3 连接
return 0;
}
```

（2）输入上述代码后，按 Shift+F5 键执行编译通过。

（3）运行上述脚本，可在 Replay Log 选项卡中看到如图 7.25 所示的执行结果。打开 mail.txt，可以看到如图 7.26 所示的接收到的邮件内容。

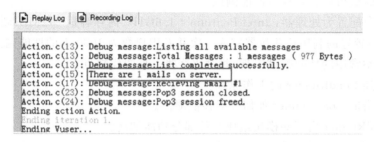

图 7.25　接收邮件脚本执行结果

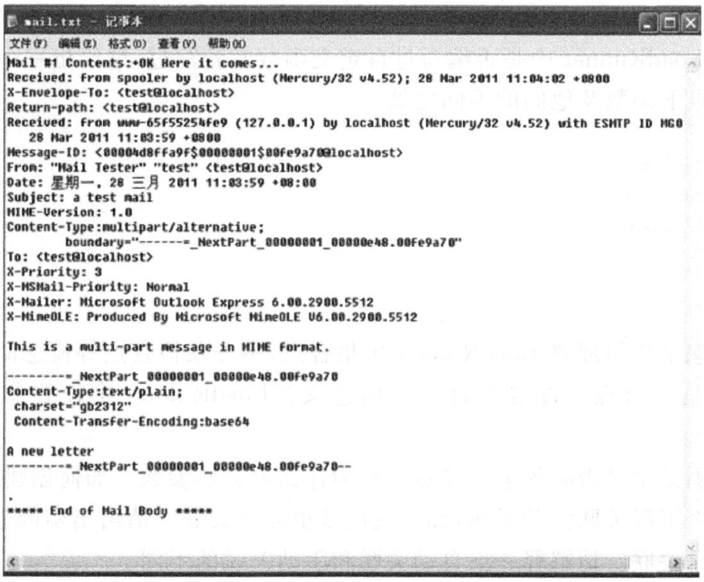

图 7.26　接收到的邮件正文

至此，本次脚本开发过程已完成，有兴趣的读者可自行进行其他尝试，如参数化附件、模拟其他邮件程序发送等功能。

附 录 A

本书仅列举了搜集到的性能测试常见面试和笔试题目,用于抛砖引玉。读者可结合前文讲解的知识进行自查。希望对读者跨入性能测试岗位有所帮助。

(1) 什么是性能测试?什么是负载测试?什么是压力测试?并分别举例说明。

(2) 性能测试中包含了哪些测试类型?

(3) 简述性能测试开展的完整思路和步骤?

(4) 通常如何得出性能测试需求?如何针对需求进行设计与并分析?

(5) 什么时候可以开始执行性能测试?

(6) 有 5 台配置为处理器:Intel Pentium 4 1.6GHz、内存容量 512MB、硬盘容量 40GB 的计算机,如何较好的利用这些机器完成一次并发用户数为 1000 人的性能测试工作?

(7) 请列举常用的性能测试工具,并对比这些工具的优缺点?

(8) 请简述 LoadRunner 的工作原理?

(9) 简述借助 LoadRunner 如何开展性能测试。

(10) LoadRunner 由哪些模块组成?各部分功能如何?

(11) 请解释一下如何录制 Web 脚本?

(12) 通常您如何调试 LoadRunner 脚本?

(13) Vuser_init、Action 及 Vuser_end 中包括什么内容,简述三者区别?

(14) 您在 LoadRunner 中是否编写过自定义函数?若写过,请给出一个函数实例。

(15) 解释以下函数及他们的不同之处。

lr_debug_message
lr_output_message
lr_error_message
lrd_stmt
lrd_fetch

(16) 请问您是如何理解 LoadRunner 中集合点,事务及检查点等概念的?

(17) 什么是集合点?设置集合点有何意义?LoadRunner 中设置集合点的函数是哪个?

(18) 性能测试中是否必须进行参数化?为什么要创建参数?如何创建参数?

(19) 您是否了解关联?若了解,如何找出哪里需要关联?请给出实例进行解释。

(20) 什么是关联?请解释一下自动关联和手动关联的不同。

(21) 请简述手动关联的步骤。

(22) 平时在注册邮箱等关联操作时,经常遇到需要输入验证码的情况。请问:如果针对一套带验证码的应用软件进行性能测试,如何来进行?

(23) LoadRunner 中思考时间是什么?有什么作用?用什么函数表示?

(24) LoadRunner 工具:Web 系统中,username 参数表为 file 类型,表中有 12 个值,分

别为 a、b、c、d、e、f、g、h、i、j、k、l。测试场景中虚拟用户数为 4，迭代次数为 3，参数中 Select next row 与 Update value on 分别为"Sequential,Each Iteration"与"Unique,Once"时，写出迭代 5 次的取之情况。

(25) 简述录制选项、运行时设置、通用选项三者的作用。

(26) 在 VuGen 中支持几种日志方式？何时选择关闭日志？何时选择标准和扩展日志？

(27) LoadRunner 的哪个模块可以模拟多用户并发下回放脚本？

(28) 什么是场景？在 Controller 中如何设置场景？

(29) 场景设置有哪几种方法？

(30) LoadRunner 中有基于目标和手动两种场景设计方式，他们分别适用于什么情况？

(31) LoadRunner 中有几种并发执行策略，含义分别是什么？

(32) 什么是逐步递增？您如何来设置？

(33) LoadRunner 如何监控 Windows 系统资源？主要监控哪些资源？

(34) 以线程方式运行的虚拟用户有哪些优点？

(35) 当需要在出错时停止执行脚本，该怎么做？

(36) 什么是吞吐量？

(37) 响应时间和吞吐量之间的关系是什么？

(38) 说明一下如何在 LR 中配置系统计数器？

(39) 通常您如何识别性能瓶颈？

(40) 如果 Web 服务器、数据库以及网络都正常，问题可能会出在哪里？

(41) 如何发现 Web 服务器的相关问题？

(42) 如何发现数据库的相关问题？

(43) 解释 6 个常用的性能指标的名称与具体含义。

(44) 解释一下合并图和关联图的区别？

附 录 B

软件评测师考试属于全国计算机技术与软件专业技术资格考试(简称计算机软件资格考试)中的一个中级考试。在某种意义上,该考试能够有效衡量测试人员的理论知识扎实程度与技术水平的高低。

其中,性能测试的知识在软件评测师考试中占有绝对的分量。附录 B 中列举了历年考试中较典型的性能测试相关题目。同样,仅此抛砖引玉,希望对读者有所帮助。

B.1 2009 年上半年软件评测师下午试题

阅读下列说明,回答问题 1 至问题 5,将解答填入答题纸的对应栏内。(20 分)

[说明]

某"网站稿件管理发布系统"是采用 J2EE 架构开发的 B/S 系统,Web 服务器、应用服务器以及数据库服务器部署在一台物理设备上。

系统实现的功能主要包括稿件管理和文档上传下载。稿件管理模块可以对稿件进行增加、查询、删除、修改、显示和批准等操作,批准后的稿件即可在网站上发布;文档上传下载模块可以将稿件直接以 Word 文档的格式进行上传下载。

系统性能需求如下:

① 主要功能操作在 5s 内完成;
② 支持 50 个在线用户;
③ 稿件管理的主要功能至少支持 20 个并发用户;
④ 在 50 个用户并发的高峰期,稿件管理的主要功能,处理能力至少要达到 8trans/s;
⑤ 系统可以连续稳定运行 12 小时。

[问题 1](3 分)

简要叙述"网站稿件管理发布系统"在生产环境下承受的主要负载类型。

[问题 2](3 分)

简要叙述进行"网站稿件管理发布系统"的性能测试中应测试的关键指标。

[问题 3](3 分)

请简述访问系统的"在线用户"和"并发用户"的区别。

[问题 4](3 分)

系统性能需求中要求"系统可以连续稳定运行 12 小时",若系统连续运行 12 小时完成的总业务量为 1000 笔,系统能够提供的最大交易执行吞吐量为 200 笔/小时,试设计测试周期,并说明理由。

[问题 5](8 分)

图 B.1 为并发 50 个用户执行"稿件查询"操作的测试结果。

① 请判断结果是否满足系统性能需求并说明理由。

② 简要说明 Transactions per Second 与 Average Transaction Response Time 之间的关系。

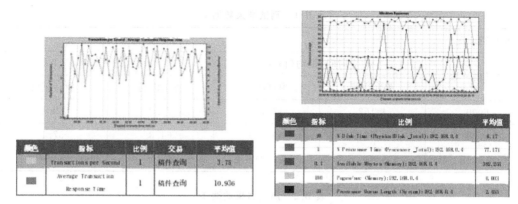

图 B.1　并发 50 个用户执行"稿件查询"操作的测试结果

B.2　2008 年上半年软件评测师下午试题

阅读下列说明，回答问题 1 至问题 5，将解答填入答题纸的对应栏内。(20 分)
[说明]
　　信息系统测试中，系统的时间特性、资源利用性等是衡量其效率的重要性指标。在软件测试中通常会借助于自动化负载压力测试考核系统在一定的大用户量访问、长时间运行、大数据量处理的使用场景下系统的性能是否满足需求，在不满足的情况下通过故障诊断和性能调优的手段，获得系统性能的提升。
　　图 B.2 是某网上报名系统的负载压力测试拓扑图，主要包括数据库服务器、应用服务器、网络设备、负载均衡设备以及测试用机。测试环境网络带宽 100Mps，应用服务器选择 Apache Tomcat 5.0，数据库服务器选择 Oracle 10g，两类服务器操作系统都采用 Windows 2000 Server(SP4)。

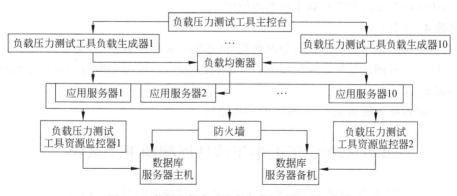

图 B.2　某网上报名系统的负载压力测试拓扑图

　　负载压力测试中模拟大量考生通过此系统执行网上报名，主要测试用例包括"考生注册"和"预订座位"，报名操作的顺序是先执行"考生注册"，再执行"预订座位"。系统性能要求能够承受10000用户并发访问,业务执行成功率保持在80%以上,表B.1和表B.2是测试结果数据,其中数据库服务器资源利用属合理范围,网络带宽足够,未在结果中描述。

表 B.1 测试结果数据 1

交易执行情况

并发用户数	响应时间(平均值)/s		交易执行成功率(%)	
	考生注册	预订座位	考生注册	预订座位
6000	4.162	13.102	79.2	69.4
7000	9.067	19.600	64.3	57.1
10 000	13.287	24.947	52.0	41.7

表 B.2 测试结果数据 2

服务器资源利用

并发用户数 资源指标	CPU占用率(平均值)(%)	可用内存(平均值)/MB	Disk time(平均值)(%)
6000	20.421	1122	0.043
7000	19.950	1255	0.034
10 000	20.201	1075	0.050

[问题1](4分)

衡量系统执行效率的时间特性指标中通常会包括:业务执行响应时间和吞吐量,请描述上述两个指标的概念。

[问题2](3分)

简述此系统测试环境中负载均衡设备的使用。

[问题3](5分)

简述测试用机中负载压力测试工具主控台、负载压力测试工具负载生成器的作用,并论述此项目中采用分布式部署负载生成器的原因。

[问题4](4分)

请分析测试结果中的交易执行情况数据,陈述随并发用户数递增,交易执行成功率降低的可能原因。分析测试结果中应用服务器资源利用数据,判断服务器利用是否有瓶颈存在。

[问题5](4分)

若系统的性能不能满足需求,有哪些调优措施。

B.3 2007年上半年软件评测师下午试题

阅读下列说明,回答问题1~问题5,将解答填入答题纸的对应栏内。(16分)

[说明]

负载压力性能测试是评估系统性能、性能故障诊断以及性能调优的有效手段。表B.3是针对税务征管系统中"税票录入"业务的测试结果,系统服务器端由应用服务器和单结点数据库服务器组成。

表 B.3 针对税务征管系统中"税票录入"业务的测试结果

并发用户数	交易吞吐量平均值 /trans·s^{-1}	交易响应时间平均值/s	数据库服务器 CPU 平均利用率(%)	应用服务器 CPU 平均利用率(%)
10	0.56	0.57	37.50	13.58
20	2.15	1.16	57.32	24.02
30	3.87	3.66	70.83	39.12
50	7.02	6.63	97.59	53.06

[问题 1](4 分)

简述交易吞吐量和交易响应时间的概念。

[问题 2](2 分)

试判断随着负载增加,当交易吞吐量不再递增时,交易响应时间是否会递增,并说明理由。

[问题 3](3 分)

根据上述测试结果,判断服务器资源使用情况是否合理,为什么?

[问题 4](5 分)

在并发用户数为 50 时,如果交易吞吐量和交易响应时间都不满足需求,简述数据库端造成此缺陷的主要原因,有效的解决方案是什么?

[问题 5](2 分)

去年全年处理"税票录入"交易约 100 万笔,考虑到 3 年后交易量递增到每年 200 万笔。假设每年交易量集中在 8 个月,每个月 20 个工作日,每个工作日 8 小时,试采用 80～20 原理估算系统服务器高峰期"税票录入"的交易吞吐量(trans/s)。

参 考 文 献

[1] 柳纯录,黄子河,陈渌萍. 软件评测师教程[M]. 北京:清华大学出版社,2005.
[2] 陈绍英,刘建华,金成姬. LoadRunner 性能测试实战[M]. 北京:电子工业出版社,2008.
[3] 陈霁,牛霜霞,龚永鑫. 性能测试进阶指南——LoadRunner 9.1 实战[M]. 北京:电子工业出版社,2009.